高等学校创新型实验教材

分析化学实验

王 平 主编　江 艳　李奕萱　副主编

化学工业出版社
·北京·

内容简介

本书是依据"分析化学"教学大纲和教材多年使用实际情况编写而成。全书分 11 章，共计 61 个实验。为教学和训练学生的基本实验技能，内容除分析化学实验基本知识、实验仪器与操作方法外，还包括分析化学中的称量操作、酸碱滴定法、配位滴定法、氧化还原滴定法、沉淀滴定法、重量分析法及分光光度法等实验内容；根据需要还增加了综合性实验和设计性实验两个章节，重在培养学生创新能力和综合实验技能。各实验均包含应用背景，实验目的和要求，实验原理，实验仪器、材料与试剂，实验操作，注释，思考题八个部分。全书收载实验内容丰富，可选择性多，重现性好，易于操作，为将来从事化工行业工作打下良好的分析实验基础。

本书可供高等院校化学、化工、轻工、材料、食品、环境等专业及相关专业师生使用，也可供从事化学检验等工作的科技人员参考。

图书在版编目（CIP）数据

分析化学实验 / 王平主编. —北京：化学工业出版社，2021.10（2024.2 重印）

高等学校创新型实验教材

ISBN 978-7-122-39590-0

Ⅰ. ①分… Ⅱ. ①王… Ⅲ. ①分析化学–化学实验–高等学校–教材 Ⅳ. ①O652.1

中国版本图书馆 CIP 数据核字（2021）第 142869 号

责任编辑：马 波 徐一丹　　　　　　　文字编辑：陈 雨
责任校对：杜杏然　　　　　　　　　　装帧设计：张 辉

出版发行：化学工业出版社（北京市东城区青年湖南街 13 号　邮政编码 100011）
印　　装：涿州市般润文化传播有限公司
787mm×1092mm　1/16　印张 12¾　字数 313 千字　2024 年 2 月北京第 1 版第 2 次印刷

购书咨询：010-64518888　　　　　　　售后服务：010-64518899
网　　址：http://www.cip.com.cn
凡购买本书，如有缺损质量问题，本社销售中心负责调换。

定　　价：35.00 元

前言

分析化学实验课程是分析化学理论课的重要组成部分,实践性较强。该课程是化工、化学、材料、轻工、环境等专业及相关专业开设的一门公共基础课。

本书编写目的和任务是培养学生通过分析化学实验获得化学变化的感性知识,加深对分析化学基本理论、基础知识的理解,正确熟练地掌握分析化学基本操作和实验技能,提高观察、分析和解决复杂问题的能力,培养学生严谨的工作作风和实事求是的科学方法,树立严格"量"的概念,为学习后续课程、科学研究及未来从事化学工作打下良好的基础。

全书介绍了分析化学实验基本知识、分析化学实验内容,并附有常用数据表,全书共 11 章,61 个实验。第 1、2 章是分析化学实验的一般知识、分析化学实验仪器与操作方法,主要介绍实验基本知识、操作、实验数据处理和常用仪器的使用方法,使学生初步掌握一定的基本实验技能。第 3~9 章为分析化学基础实验,内容涵盖了酸碱滴定法、配位滴定法、氧化还原滴定法和沉淀滴定法及重量分析法、分光光度法。第 10、11 章是综合性实验和设计性实验,所选内容紧密联系工程实际和热点知识,不仅拓宽学生的知识面,而且提高学生综合实验技能和创新能力。每个实验均由应用背景,实验目的和要求,实验原理,实验仪器、材料与试剂,实验操作,注释,思考题 8 个部分组成,其中注释部分是对相应实验内容的解释或提示(用❶❷表示)。

本书由下列人员合作完成:王平(主编,执笔第 9~11 章),江艳(执笔第 3~7,11 章和附录),李奕萱(执笔第 1、2 和 8 章)。全书由王平统稿。本书在编写过程中,参考了相关大学的化学实验、学习指导等参考书,在此对这些参考书的作者致谢。

本书是齐齐哈尔大学化学与化学工程学院分析化学课题组全体教师和实验室工作人员多年教学实践与教学成果的总结。本书的出版获得了齐齐哈尔大学第四批教材资助项目、黑龙江省自然科学基金项目(LH2019E127)、黑龙江省省属高等学校基本科研业务费科研项目(YSTSXK201836)和化学工业出版社的大力支持。

由于编者水平有限,书中不足之处在所难免,恳请读者批评指正。

编者

2021 年 3 月

目录

第1章　分析化学实验的一般知识　　　1

1.1　分析化学实验的基本规则　　　1
1.2　化学实验安全基本知识　　　2
1.3　绿色化学及实验室"三废"处理　　　6
1.4　实验室用水　　　7
1.5　化学试剂　　　9
1.6　试纸与滤纸　　　12
1.7　误差分析与数据处理　　　13
1.8　实验数据的记录、处理和实验报告　　　18

第2章　分析化学实验仪器与操作方法　　　20

2.1　常用仪器简介及玻璃器皿的洗涤和干燥　　　20
2.2　滴定分析仪器使用与操作方法　　　28
2.3　重量分析法的操作与仪器　　　34
2.4　常见分析化学实验仪器及使用方法　　　40

第3章　定量分析基本操作实验　　　52

3.1　电子分析天平称量练习　　　52
3.2　滴定分析基本操作练习　　　54
3.3　滴定分析器皿使用与校准　　　56

第4章　酸碱滴定实验　　　59

4.1　NaOH 标准溶液的配制与标定　　　59

4.2 盐酸标准溶液的配制与标定　61

4.3 食用白醋中醋酸含量的测定　62

4.4 工业纯碱中总碱度测定　63

4.5 有机酸分子量的测定　65

4.6 铵盐中氮含量的测定（甲醛法）　66

4.7 药用硼砂含量的测定　68

第5章　配位滴定实验　70

5.1 自来水总硬度的测定　70

5.2 铋、铅含量的连续测定　72

5.3 工业级硫酸锌中锌含量的测定　74

5.4 鲜牛奶中钙含量的测定　75

5.5 驱蛔灵糖浆中枸橼酸哌嗪含量的测定　77

第6章　氧化还原滴定实验　79

6.1 石灰石中钙含量的测定　79

6.2 水果中抗坏血酸含量的测定（直接碘量法）　81

6.3 加碘食盐中碘含量的测定　83

6.4 铁矿石中全铁含量的测定　86

6.5 高碘酸钾法测定甘露醇的含量　88

第7章　沉淀滴定实验　90

7.1 莫尔法测定可溶性氯化物中氯的含量　90

7.2 佛尔哈德法测定碘化钠中 I⁻ 的含量　92

7.3 醋酸银溶度积常数的测定　94

第8章　重量分析实验　96

8.1 二水合氯化钡中钡含量的测定　96

8.2 沉淀重量法测定硫酸钠的含量　98

8.3 重量法测定稀土氧化物总量　100

8.4 氯化钡中结晶水的测定（挥发法）　102

第9章　分光光度法实验　104

9.1 邻二氮菲分光光度法测定铁　104

9.2 血中葡萄糖的酶测定法　106

9.3　吸光度加和性试验及水中微量 Cr（Ⅵ）和 Mn（Ⅶ）的同时测定 108

9.4　分光光度法测定钢中低含量钼 111

9.5　分光光度法测定食品中亚硝酸盐含量 113

9.6　Al^{3+}-CAS-TPB 三元配合物吸光光度法测定 Al^{3+}的含量 115

第 10 章　综合性实验 　　118

10.1　硅酸盐水泥中 SiO_2、Fe_2O_3、Al_2O_3、CaO 和 MgO 含量的测定 118

10.2　室内空气中甲醛含量的测定 121

10.3　二氯化一氯五氨合钴（Ⅲ）的制备及其组成分析 123

10.4　工业硫酸铜的提纯及其分析 126

10.5　硫酸亚铁铵的制备及产品中 Fe^{2+}含量的测定 130

10.6　钴和镍的离子交换法分离与含量的测定 133

10.7　萃取光度法测定树叶上的铅 135

10.8　甲基橙的合成、pH 变色域的确定及离解常数的测定 137

10.9　乙二胺四乙酸铁钠的制备及组成测定 141

10.10　洗衣粉中聚磷酸盐含量的测定 144

10.11　铝合金中铝含量的测定 146

10.12　亚甲基蓝分光光度法测定废水中硫化物 148

10.13　谷物及谷物制品中钙的测定 151

10.14　草酸根合铁（Ⅲ）酸钾的制备及其组成的确定 153

10.15　阳离子交换树脂交换容量的测定 156

10.16　过氧化钙的制备及含量分析 158

10.17　Fe_3O_4 磁性材料的制备及分析 159

10.18　阿司匹林药片中乙酰水杨酸含量的测定 162

10.19　镀铜锡镍合金溶液中铜、锡、镍的连续测定 163

10.20　高锰酸钾间接滴定法测定补钙试剂中钙含量 165

10.21　医用消毒剂溶液中过氧化氢含量的测定 166

10.22　复合滴定方法测定果蔬中维生素 C 的含量 169

第 11 章　设计性实验 　　172

11.1　设计性实验的实施方法 172

11.2　混合碱体系组成含量的测定 174

11.3　混合酸（$HCl+H_3PO_4$）的含量测定 176

11.4　沉淀滴定法测定味精中氯化钠的含量 177

11.5　可溶性硫酸盐中含硫量的测定 180

11.6　蔬菜与水果中总抗坏血酸含量测定 181

11.7　蛋壳中碳酸钙含量的测定 183

11.8　漂白粉中有效氯和总钙量的测定 184

附录 **186**

附录一　技能操作规范要求　186

附录二　常用酸碱试剂的密度和浓度　190

附录三　常用标准物质的干燥条件和应用　190

附录四　常用指示剂　191

附录五　配位滴定常用的缓冲溶液　193

附录六　实验室仪器清单及基本操作考核参考指标　193

参考文献 **195**

第1章

分析化学实验的一般知识

分析化学是化工、化学、环境、制药、材料、食品、轻化工等专业的一门重要专业基础课，具有较强的实践性。分析化学实验是分析化学的重要组成部分，通过分析化学实验课程的学习可以巩固和加深分析化学的基础知识和基本理论，熟练掌握分析化学的实验方法和基本实验技能，培养学生实事求是、严谨的科学作风，提高学生观察问题、分析问题和解决问题的能力，使其为后续课程的学习和将来从事相关科学研究工作打下良好的基础。

本章主要介绍分析化学实验的一般知识，包括分析化学实验的基本规则，化学实验安全与环保基本知识，实验室用水，化学试剂、试纸与滤纸的使用方法，误差分析与数据处理，实验数据的记录、处理和实验报告的撰写及其相关文献查阅方法等。学生在进行分析化学实验之前，应当认真学习和熟悉领会该部分内容。

1.1 分析化学实验的基本规则

分析化学实验的学习，不仅需要学生具有正确的学习态度，还应遵循实验课程的学习方法和基本要求。

（1）课前仔细预习

① 实验前认真阅读实验教材及相关参考资料，明确实验目的，了解实验原理，熟悉实验内容、主要操作步骤和实验方法，合理安排实验时间，关注实验中有关的注意事项，简明、扼要地写出预习笔记。预习是必要的准备工作，是做好实验的前提。这个环节必须引起学生的足够重视，如果学生不预习，不清楚实验的目的、要求和内容，任课教师有权拒绝学生进行实验。为了确保实验质量，实验前任课教师应认真仔细检查每个学生的预习情况。

② 实验预习笔记是进行实验的首要环节，预习笔记应包括简要的实验步骤与操作、测量

数据记录的表格、定量实验的计算公式等。

③ 查阅相应的参考资料，明确实验和操作原理，初步了解仪器设备的性能和操作方法。

（2）课上认真操作

规范操作是培养学生独立工作和思维能力的重要环节，必须认真、独立地完成。

① 学生应遵守实验室规则，接受教师指导，按照实验方法、步骤、要求及药品的用量进行实验，做到边操作、边思考、边记录。如实记录实验现象、实验数据，深入思考产生现象的原因。

② 实验过程必须备有专用的实验记录本和实验报告本，在预习好实验内容的基础上，事先设计好应记录的数据及报告格式，以便实验时及时准确记录所测得的数据和所观察到的实验现象。实验时要严肃认真，做到紧张而有秩序地工作，手脑并用，善于观察现象，勤于思考实验中的问题。理论联系实际，认真分析研究，不能只是"照方抓药"式地被动做实验。合理安排时间、提高工作效率。

③ 实验过程中，要爱护仪器设备，严守操作规程。实验中所测的各种数据应及时如实地记录在专用的实验记录本中，不允许记在零碎纸片上，以防丢失或转抄时发生错误。实验的原始数据不准用铅笔填写，更不能随意涂改、拼凑或伪造数据，如发现数据测错、读错或算错而需要改动时，可将该数据用一横线划去，并在其上方写上正确的数字。

④ 实验结束后，按要求处理好废液，做好仪器设备的维护，使之恢复到待用状态，并在记录本上如实登记、养成良好的科学素养。在实验中遇到疑难问题或者"反常现象"，力争自己解决，也可在教师指导下重做或补充某些实验，以培养独立分析、解决问题的能力。实验结果必须经实验教师认可并在原始记录本上签字后，才能离开实验室。

（3）课后撰写报告

实验报告是对实验的概括和总结，它从一个角度反映一个学生的学习态度、知识水平和观察能力、正确判断问题的能力。实验结束后，应严格按照实验记录，独立认真地完成实验报告的撰写工作。实验报告应包括以下五部分内容：

① 实验目的。定量测定实验还应简介实验基本原理和主要反应方程式。

② 实验内容。实验操作步骤尽量采用表格、框图、符号等简洁方式表达，避免抄书本。

③ 实验现象和数据记录。实验现象表达正确，数据记录清楚完整。不允许主观臆造、抄袭他人的数据。

④ 结论、数据计算或数据处理。对实验现象应简明解释，结论明确，文字简练，书写整洁。

⑤ 完成实验教材中问题讨论。针对实验中遇到的疑难问题提出自己的见解。

1.2　化学实验安全基本知识

化学实验室是学习、研究化学的重要场所。在进行分析化学实验时，经常使用水、电、气，易燃、易爆、有毒、有腐蚀性的各种化学试剂，易破损的玻璃仪器及精密的现代分析仪器。如果不严格按照一定规则使用，容易造成触电、火灾、爆炸以及其他伤害事故。了解实验室的一般安全知识是防止事故发生、确保实验正常进行和人身安全的重要保证。

1.2.1　学生实验安全守则

① 学生必须了解仪器设备的结构和性能，掌握其使用和操作方法。

② 学生进入实验室学习和工作之前，应认真学习实验室安全守则和实验室其他管理规程并严格遵守，增强安全意识，注意人身和设备安全，要服从实验指导教师和实验室技术人员的安排。

③ 学生进行实验前必须做好预习，了解实验程序、仪器操作规程、化学品性能和实验过程中可能出现的问题，并按要求写出预习报告和实验思路。

④ 学生实验时，必须认真正确地进行操作，避免实验事故的发生。

⑤ 学生要爱护仪器设备，除指定使用的仪器外，不得随意乱动其他设备，实验用品不准挪作他用。

⑥ 实验时，要保持室内安静，不准高声交谈，不得到处走动，影响他人实验。实验室内严禁喧闹、串位、吸烟，不准随地吐痰和乱丢杂物。注意保持实验室环境清洁。

⑦ 要节约水、电和药品。对有毒有害物品，学生必须在实验教师指导下进行处理，不准乱扔、乱放。取用固体试剂时，注意勿使其撒落在实验台上或天平内。

⑧ 爱护国家财产，不准乱拆仪器设备。如学生损坏玻璃和其他仪器设备，应及时报告指导教师和实验室技术人员，说明原因并填写"玻璃和仪器设备损坏情况登记表"。

⑨ 实验完毕，实验数据和结果必须经指导教师检查签字，将清洁的仪器或工具放回原处，并清理实验台，经教师同意后才能离开实验室。

⑩ 值日学生要负责实验室水、电、气、窗的关闭，以保证实验室的安全。打扫卫生后经实验员老师检查后方可离开实验室。

1.2.2　化学实验常见事故及处理

在进行分析化学实验时，常接触一些有毒有害、易燃易爆的化学药品，玻璃仪器和精密设备。如果不严格按照规则使用，容易造成触电、火灾、爆炸以及其他伤害事故。所以了解实验室的一般安全知识是防止事故发生、确保实验正常进行和人身安全的重要保障。

1.2.2.1　实验室安全守则

① 进入实验室后，应听从实验教师和实验工作人员的指导。

② 一切易燃易爆物质的操作都要在离火较远的地方进行。

③ 一切能产生刺激性气体或有毒气体的实验必须在通风橱中进行，绝不能用鼻子直接对着瓶口或试管口嗅闻气体，而应当用手轻轻扇动少量气体进行嗅闻。

④ 使用浓酸、浓碱等强腐蚀性试剂时，要注意切勿溅在皮肤和衣物上，更要保护眼睛，必要时戴防护眼镜。

⑤ 一切有毒药品必须妥善保管，按实验规则使用。未经允许不得随便动用室内器材、药品和仪器设备，更不得随意接通电源操作，实验教师对违反操作规程的实验者，有权停止其实验。做实验时，一定严格遵守操作规程。对于精密贵重仪器设备的使用必须经实验室主管教师同意后，方可上机操作。

⑥ 加热、浓缩液体的操作要十分小心，不能俯视正在加热的液体。浓缩液体时，不能离开工作岗位，尽可能戴上防护眼镜。

⑦ 实验过程中，实验者应当认真观察、做好记录。对仪器和物品轻拿轻放，用后归还原

处，污物和残液应倒入指定地点。实验中，注意节约用电、用水、实验药品和材料。

⑧ 实验室严禁饮食，实验室内禁止吸烟，禁止穿拖鞋。实验完毕后，应洗净双手，将物品摆放整齐，清理干净，填写好仪器设备使用记录，经教师允许后，方可离开实验室。

⑨ 实验室工作人员应经常做好实验室的安全防护工作，每天下班前要做好安全检查，关闭好电源和水源，锁好门，确定安全无误后，方可离开实验室。

1.2.2.2 化学实验事故处理

（1）化学中毒和化学灼伤事故的预防

① 保护眼睛。防止眼睛受刺激性气体的熏染，防止任何化学药品特别是强酸、强碱及玻璃屑等异物进入眼内。

② 禁止用手直接取用任何化学药品，使用有毒物品时，除用药匙、量器外必须戴橡胶手套，实验后马上清洗仪器用具，立即用肥皂洗手。

③ 尽量避免吸入任何药品和溶剂的蒸气。处理具有刺激性、恶臭和有毒的化学药品时，如 H_2S、NO_2、Cl_2、Br_2、CO、SO_2、HCl、HF、浓硝酸、发烟硫酸、浓盐酸、乙酰氯等，必须在通风橱进行。通风橱开启后，不要把头伸入橱内，并保持实验室通风良好。

④ 严禁在酸性介质中使用氰化物。

⑤ 用移液管、吸量管移取浓酸、浓碱、有毒液体时，禁止用口吸取，应该用洗耳球吸取。严禁冒险品尝药品试剂，不得用鼻子直接嗅气体，而是用手向鼻孔扇入少量气体。

（2）一般伤害的救护

① 割伤：伤口内若有异物，应先取出，然后用消毒棉棒把伤口清理干净，涂上红药水或贴上创口贴，撒些消炎粉并包扎，必要时送医院救治。

② 烫伤：一旦被火焰、蒸汽、红热的玻璃、铁器等烫伤时，立即将伤处用大量水冲洗，以迅速降温避免深度烧伤。若起水泡，不宜挑破，用纱布包扎后送医院治疗；对轻微烫伤，可用浓高锰酸钾溶液润湿伤口至皮肤变为棕色，然后涂上獾油或烫伤膏。

③ 酸腐蚀：先用大量水冲洗，以免深度烧伤，再用饱和碳酸氢钠溶液或稀氨水冲洗，最后再用水冲洗。如果酸溅入眼内也用此法，碳酸氢钠溶液改用1%的浓度，禁用稀氨水。

④ 碱腐蚀：先用大量水冲洗，再用乙酸（$20\,g\cdot L^{-1}$）洗，最后用水冲洗。如果碱溅入眼内，可用3%硼酸溶液或者2%硼酸钠溶液冲洗眼睛，然后再用蒸馏水洗。

⑤ 溴灼伤：被溴灼伤后的伤口一般不易愈合，必须严加防范。凡用溴实验时都必须预先配制好适量的10% $Na_2S_2O_3$ 溶液备用。一旦有溴沾到皮肤上，应立即用10% $Na_2S_2O_3$ 溶液或乙醇冲洗，再用大量的水冲洗干净，涂敷甘油。

⑥ 白磷灼伤：用1%硝酸银溶液、1%硫酸铜溶液或浓高锰酸钾溶液洗后进行包扎。

⑦ 吸入刺激性气体：可吸入少量酒精和乙醚的混合蒸气，然后到室外呼吸新鲜空气。

⑧ 毒物进入口内：把5～10 mL 的稀硫酸铜溶液加入一杯温水中，内服后用手伸入喉部，促使呕吐，吐出毒物，再送医院治疗。

（3）常见化学药品的处理

① 浓酸和浓碱具有强腐蚀性，避免洒在皮肤或衣物上。废酸应倒入废液缸中，不能倾倒入碱液中，以免酸碱中和产生大量的热而发生危险。

② 强氧化剂（如高氯酸、氯酸钾等）及其混合物（氯酸钾与红磷、碳、硫等的混合物），不能研磨或撞击，否则易发生爆炸。

③ 银氨溶液放久后会变成氮化银而引起爆炸，因此用剩的银氨溶液应及时处理。

④ 活泼金属钾、钠等不要与水接触或暴露在空气中，应将它们保存在煤油中，用镊子取用。

⑤ 白磷有剧毒，并能灼伤皮肤，切勿与人体接触。白磷在空气中易自燃，应保存在水中。取用时，应在水下进行切割，用镊子夹取。

⑥ 氢气与空气的混合物遇火会发生爆炸，因此产生氢气的装置要远离明火。点燃氢气前，必须先检查氢气的纯度。进行产生大量氢气的实验时，应把废气通至室外，并注意室内的通风。

⑦ 有机溶剂（乙醇、乙醚、苯、丙酮等）易燃，使用时一定要远离明火。用后要把瓶塞塞严，放在阴凉的地方，最好放入沙桶内。

⑧ 进行能产生有毒气体（如氟化氢、硫化氢、氯气、一氧化碳、二氧化碳、二氧化氮、二氧化硫、溴等）的反应，加热盐酸、硝酸和硫酸，均应在通风橱中进行。

⑨ 可溶性汞盐、铬的化合物、氰化物、砷盐、锑盐、镉盐和钡盐都有毒，不得进入口内或接触伤口，其废液也不能倒入下水道，应统一回收处理。为了减少汞液面的蒸发，可在汞液面上覆盖化学液体：甘油的效果最好，5% $Na_2S·9H_2O$ 溶液次之，水的效果最差。对于溅落的汞应尽可能用毛刷蘸水收集起来，颗粒直径大于 1 mm 的可用洗耳球或真空泵抽吸的捡汞器收集起来。掉落过汞的地方应撒上多硫化钙、硫黄粉或漂白粉，或喷洒药品使汞生成不挥发的难溶盐，并要扫除干净。

总之，发生意外事故时，除了进行必要的临时性处理，还要及时送往医院。

1.2.3 消防

（1）触电处理

不慎触电时，立即拉下电闸切断电源，尽快用绝缘物将触电者与电源隔开，必要时进行人工呼吸，然后立即送往医院治疗。

（2）火灾处理

当实验室不慎起火时，要冷静观察和了解火势，选择适当的方式降温或将燃烧物与空气隔绝。千万不要惊慌失措、乱叫乱窜，应立即切断电源与气源。着火面积大、蔓延迅速时，应立即选择安全通道逃生，同时大声呼叫同室人员撤离，并尽快拨打 119 电话报火警。如果火势不大，且尚未对人造成威胁时，应根据起火原因采取针对性的灭火措施。

① 小火可用湿布或石棉布盖熄，大火可用泡沫灭火器或二氧化碳灭火器。有机溶剂着火，切勿用水灭火，而应用二氧化碳灭火器、沙子和干粉灭火器等灭火。

② 如加热时着火，立即停止加热，关闭煤气总阀，切断电源，再用四氯化碳灭火器灭火，不能用泡沫灭火器灭火，以免触电。

③ 衣服着火时，应立即设法脱掉衣服或就地打滚，压灭火苗。

④ 能与水发生剧烈作用的化学药品（金属钠）或比水轻的有机溶剂着火，不能用水扑救，否则会引起更大的火灾。

另外，根据不同的情况选择不同类型的灭火器。现将常用的灭火器及其适用范围列于表1-1。

表 1-1 常用灭火器及其适用范围

灭火器类型	药液成分	适用范围
酸碱灭火器	H_2SO_4 和 $NaHCO_3$	非油类和电器失火的一般初起火灾
泡沫灭火器	$Al_2(SO_4)_3$ 和 $NaHCO_3$	适用于油类起火

灭火器类型	药液成分	适用范围
二氧化碳灭火器	液态 CO_2	适用于扑灭电器设备、小范围的油类及忌水的化学药品的失火
四氯化碳灭火器	液态 CCl_4	适用于扑灭电器设备、小范围的汽油、丙酮等失火。不能用于扑灭活泼金属钾、钠的失火，因 CCl_4 会强烈分解，甚至爆炸。电石、CS_2 的失火，也不能使用它，因为会产生光气一类的毒气
干粉灭火器	主要成分是碳酸氢钠等盐类物质与适量的润滑剂和防潮剂	扑救油类、可燃性气体、电器设备、精密仪器、图书文件等物品的初起火灾

1.3 绿色化学及实验室"三废"处理

1.3.1 绿色化学

绿色化学又称环境友好化学，是利用化学的技术和方法减少或消除有害物质的产生和使用，从源头上防止化学污染的新型交叉学科，是可持续发展战略不可分割的重要组成部分。

（1）绿色化学原则

① 设计生产方案时，尽可能使用效率高、毒性低的化学物质，避免不必要的衍生化（引入保护基团、去保护、化学过程中的暂时修饰等）。

② 优先考虑防止废物的产生，使用用量小、选择性高的催化剂。

③ 科学选用参加化学反应的物质，最大限度减少意外事故发生的风险。

④ 使化学反应达到最大原子经济性，即尽量使参与反应的原子都转化为目的产物。

⑤ 使用安全的溶剂、采用温和的反应条件；设计危险性较小的化学合成工艺。

⑥ 设计可降解的化学产品，并可进入自然生态循环，发展即时跟踪分析技术可随时监控有害物质的生成，尽量采用可循环利用的再生资源，提高能源的利用效率。

（2）绿色化学研究的主要内容

① 在设计和生产过程中，使用无毒无害的化学品替代有毒有害的化学品（如原料、溶剂、催化剂等），采用节能安全的反应条件等。

② 优化现有生产的合成路线和工艺路线，使其成为与生态环境协调、确保可持续发展的洁净、节能经济和安全的生产过程。

1.3.2 实验室"三废"处理

根据绿色化学的基本原则，化学实验室应尽可能选择对环境无毒害的实验项目。对确实无法避免的实验项目若排放出废气、废渣和废液（这些废弃物又称"三废"），如果不加处理而任意排放，不仅污染周围空气、水源和环境，造成公害，而且三废中的有用或贵重成分未能回收，在经济上也是个损失。因此化学实验室三废的处理是很重要而又有意义的问题。

（1）实验室废气

产生有害废气的实验操作都应在有通风装置的条件下进行，如加热酸、碱溶液及产生少量有毒气体的实验等。实验室若排放毒性大且较多的气体，可参考工业上废气处理的办法，在排放废气之前，采用吸附、吸收、氧化、分解等方法进行预处理。毒性大的气体可参考工业上废气处理的办法处理后排放。例如，氯化氢、二氧化硫等酸性气体可以用氢氧化钠水溶液吸收后排放，碱性气体用酸溶液吸收后排放，一氧化碳可点燃使其生成二氧化碳后排放。

（2）实验室的废渣

实验室产生的有害固体废物经回收、提取有用物质后，其残渣应做最终的安全处理。

① 对少量（如放射性废弃物等）高危险性物质，可将其通过物理或化学的方法进行（玻璃、水泥、岩石的）固化，再进行深地填埋。

② 土地填埋是许多国家作为固体废弃物最终处置的主要方法。要求被填埋的废弃物应是惰性物质或经微生物分解成为无害物质。填埋场地应远离水源，场地底土不透水、不能穿入地下水层。填埋场地可改建为公园或草地。因此，这是一项综合性的土木工程技术。

（3）实验室废液

① 化学实验室产生的废液若不加以处理而任意排放，必然会污染环境，危害人类。实验室产生的废溶液因其种类繁多，组成变化大，故应根据溶液的性质分别加以处理。废酸液可先用耐酸塑料网纱或玻璃纤维过滤，滤液加碱中和，调 pH 值至 6～8 后就可排出，少量滤渣可埋于地下。

② 废洗液可用高锰酸钾氧化法使其再生后使用。少量的废洗液可加废碱液或石灰使其生成 $Cr(OH)_3$ 沉淀，将沉淀埋于地下即可。

③ 氰化物是剧毒物质，少量的含氰废液可先加 NaOH 调至 pH>10，再加入几克高锰酸钾使 CN^- 氧化分解。大量的含氰废液可用碱性氯化法处理，先用碱调至 pH>10，再加入次氯酸钠，使 CN^- 氧化成氰酸盐，并进一步分解为 CO_2 和 N_2。

④ 含汞盐的废液先调 pH 值至 8～10，然后加入过量的 Na_2S，使其生成 HgS 沉淀，并加 $FeSO_4$ 与过量 S^{2-} 生成 FeS 沉淀，从而吸附 HgS 共沉淀下来。离心分离，清液含汞量降到 $0.02\ mg·L^{-1}$ 以下，可排放。少量残渣可埋于地下，大量残渣可用焙烧法回收汞，但要注意一定要在通风橱中进行。

⑤ 含重金属离子的废物，最有效和最经济的方法是加碱或加 Na_2S 把重金属离子变成难溶性的氢氧化物或硫化物而沉积下来，过滤后，残渣可埋于地下。

1.4　实验室用水

纯水是分析化学实验中最常用的纯净溶剂和洗涤用水，根据分析实验任务和具体要求选用不同类型的水。对有特殊要求的实验室用水，要根据需要检验有关项目，如铁、氨、氧、二氧化碳含量等。分析用的纯水必须严格保持纯净，防止污染，在储运过程中可选用聚乙烯容器。

1.4.1　纯水与纯水的制备方法

水是许多化合物的良好溶剂，许多反应是在水溶液中进行的。经初步处理后的自来水，除含有可溶性杂质外，还是比较干净的，在化学实验中常用作粗洗仪器用水、实验冷却用水、水浴用水及制备前期用水等。自来水再经过进一步处理后制得纯水，纯水是分析化学实验中最常用的纯净溶剂和洗涤用水。因制备方法不同，常见的纯水有蒸馏水、电渗析水、去离子水和高纯水。

（1）蒸馏水

将自来水（或天然水）蒸发成水蒸气，再通过冷凝器将水蒸气冷凝下来，所得到的水为蒸馏水。蒸馏法能除去水中的非挥发性杂质，但不能除去易溶于水的气体，也会残留少量的 Na^+、SiO_3^{2-} 等离子。该方法制得水的纯度因所选蒸馏器的材质不同而不同。通常使用玻璃、铜和石英等材质制成的蒸馏器。此外，为了除去一些特殊的杂质，还需采取一些措施。例如，预先加入一些高锰酸钾可除去易氧化物；加入少许磷酸可除去三价铁；加入少量不挥发酸可制取无氨水等。

经一次蒸馏的蒸馏水往往不能满足一些特殊实验的较高要求，需要采用"重蒸水"。用专门的装置来制备重蒸水。

（2）去离子水

应用离子交换树脂除去水中杂质离子，用此法制得的水称"去离子水"。此法的优点是容易以较低成本制得大量纯度高的水。缺点是制备的水可能含有微生物和少量有机物，以及一些非离子型杂质。

（3）电渗析水

电渗析水是一种在外加电场的作用下，利用阴、阳离子交换膜分别选择性地允许阴、阳离子渗透，使这部分离子透过离子交换膜迁移到另一部分水中，从而使一部分水纯化，另一部分水浓缩。电渗析产出水的纯度能满足一些工业用水的需要。例如，用电阻率为 $1.6\ k\Omega\cdot cm$（25℃）的原水可以获得 $1.03\ M\Omega\cdot cm$（25℃）的产出水。二级反渗透装置制备的纯水已经能满足大多数实验的要求。对一些特殊要求的实验，可在二级反渗透装置后再接一级离子交换装置。

（4）高纯水

高纯水或超纯水的理论电导率为 $18.3\ M\Omega\cdot cm$，一般用超纯水器制备。步骤如下：

① 准备原水。可用自来水、普通蒸馏水或普通去离子水作原水。

② 机械过滤。通过砂芯滤板和纤维柱滤除机械杂质，如铁锈和其他悬浮物等。

③ 活性炭过滤。活性炭是广谱吸附剂，可吸附气体成分，如水中的余氯等，还能吸附细菌和某些过渡金属等。氯气会损害反渗透膜，因此应力求除尽。

1.4.2　水纯度的检验

对于所制备水的质量可通过检验确定。

（1）电阻率

纯水质量的主要标准为电导率，由高纯水的电导率仪（最小量程为 $0.02\ \mu S\cdot cm^{-1}$）测定。测定时，用烧杯接取 300 mL 水样，立即测定。25℃时电阻率为 $(1\sim10)\times10^6\ \Omega\cdot cm$ 的水为纯水，大于 $10\times10^6\ \Omega\cdot cm$ 的水为超纯水。

（2）酸碱度

要求 pH 值为 6～7。取 2 支试管，各加被检查的水 10 mL，一管加甲基红指示剂 2 滴，不得显红色，另一管加 0.1%溴麝香草酚蓝（溴百里酚蓝）指示剂 5 滴，不得显蓝色。在空气中放置较久的纯水，因溶解有 CO_2，pH 值可降至 5.6 左右。

（3）钙镁离子

取 50 mL 水，加 1 mL pH=10 的氨水-氯化铵缓冲溶液，加入 1 滴铬黑 T 指示剂，如溶液为蓝色，可认为此纯水符合要求。若为红色，说明溶液中含有金属离子，不符合要求。

（4）氯离子

取 10 mL 被检查的水，用 HNO_3 酸化，加 1% $AgNO_3$ 溶液 2 滴，摇匀后不得有浑浊现象。

1.4.3 水的硬度

水的硬度主要是指水中可溶性的钙盐和镁盐含量。含这两种盐量多的为硬水，含量少的为软水。可测定钙盐和镁盐的合量，或分别测定钙、镁的含量，前者称总硬度的测定，后者是钙、镁硬度的测定。

（1）硬度的表示单位

① 德国硬度。1 德国硬度（1°DH）相当于氧化钙含量为 10 mg·L^{-1}，或氧化钙浓度为 0.178 mmol·L^{-1} 时所引起的硬度。

② 英国硬度。1 英国硬度（1°clark）相当于碳酸钙含量为 14.3 mg·L^{-1}，或是碳酸钙浓度为 0.143 mmol·L^{-1} 时所引起的硬度。

③ 法国硬度。1 法国硬度（1°degreef）相当于碳酸钙含量为 10 mg·L^{-1}，或是碳酸钙浓度为 0.1 mmol·L^{-1} 时所引起的硬度。

④ 美国硬度。1 美国硬度（1 ppm）相当于碳酸钙含量为 1 mg·L^{-1}，或是碳酸钙浓度是 0.01 mmol·L^{-1} 时所引起的硬度。

日本硬度与美国相同，我国硬度与德国一致，所以有时也称德国度。各国硬度之间的换算列在表 1-2 中。

表 1-2　硬度值换算表

项目		mmol·L^{-1}	德国 °DH	英国 °clark	法国 °degreef	美国 ppm
	mmol·L^{-1}	1	5.16	6.99	10	100
德国	°DH	0.178	1	1.25	1.78	17.8
英国	°clark	0.143	0.80	1	1.43	14.3
法国	°degreef	0.1	0.56	0.70	1	10
美国	ppm	0.01	0.056	0.070	0.1	1

（2）软、硬水的分类标准

按德国度可分为五种主要类型，见表 1-3。

表 1-3　水的硬度按德国度可分为五种主要类型　　　　　　　　　　单位：°DH

极软水	软水	微硬水	硬水	极硬水
0～4	4～8	8～16	16～30	>30

注：生活用水要求硬度不超过 25°DH。

1.5　化学试剂

1.5.1　化学试剂的等级

通常根据国际纯粹与应用化学联合会（IUPAC）标准，将化学标准物质依次分为 A～E 五级，其中，C 级和 D 级为滴定分析标准试剂［含量分别为（100.00±0.02）% 和（100.00±0.05）%］，E 级为一般试剂。我国根据试剂中杂质含量的多少一般可分为四个等级，如表 1-4 所示。

表 1-4 试剂规格和适用范围

级别	中文名称	英文符号	适用范围	标签颜色
一级	优级纯	GR	精密分析实验	绿色
二级	分析纯	AR	一般分析实验	红色
三级	化学纯	CP	一般化学实验	蓝色
四级	实验试剂	LR	一般化学实验辅助试剂	棕色或其他颜色
生化试剂	生化试剂 生物染色剂	BR 或 CR	生物化学及医用化学实验	黄色或其他颜色

此外，还有一些特殊用途的高纯试剂，如色谱纯试剂和光谱纯试剂。色谱纯试剂表示其在仪器最高灵敏度（10^{-10} g）条件下进行分析无杂质峰出现；光谱纯试剂则以光谱分析时出现的干扰谱线的数目和强度大小来衡量，光谱纯的试剂不一定是化学分析的基准试剂，基准试剂的纯度要相当于或高于保证试剂，主要用于滴定分析的基准物或直接配制标准溶液。

在分析工作中所选试剂的级别并非越高越好，应与所用的方法、实验用水、操作器皿的等级相适应。在通常情况下，分析实验中所用的一般溶液可选用 AR 级试剂并用蒸馏水或去离子水配制。在某些要求较高的工作（如痕量分析）中，若试剂选用 GR 级，则不宜使用普通蒸馏水或去离子水，而应选用二次重蒸水，所用器皿在使用过程中也不应有物质溶出。在特殊情况下，当市售试剂纯度不能满足要求时，可考虑自己动手精制。

不同规格的试剂其价格相差悬殊，级别越高，价格越高，所以应该按实验要求去分别选用。

1.5.2 化学试剂的取用

1.5.2.1 取用试剂的一般操作

① 取用试剂时应注意保持清洁。不能用手或者不干净的用具接触试剂。瓶塞不许任意放置，取用后应立即盖好，以防试剂被其他物质沾污或变质。瓶塞、药匙、滴管不得相互串用。

② 固体试剂应用洁净干燥的小勺取用。每次取用强碱性试剂后的小勺应立即洗净，以免腐蚀。

③ 所有盛装试剂的瓶都应贴有明晰的标签，写明试剂的名称、规格及配制日期，试剂瓶与标签应统一。没有标签的试剂，在未查明前不能随便使用。书写标签最好用绘图墨汁，以免日久褪色。

④ 每次取用试剂后都应立即盖好试剂瓶盖，并把瓶子放回原处，使瓶上标签朝外。

⑤ 取用试剂应当是用多少取多少。取出的多余试剂不得倒回原瓶，以防污染整瓶试剂。另外，取用试剂时，转移的次数越少越好（减少中间污染）。

⑥ 不准尝试试剂，不准把鼻孔凑到容器中去闻试剂的气味，只能用手将试剂挥发物扇至鼻处，嗅不到气味时可稍离近些再扇，防止受强烈刺激或中毒。

1.5.2.2 试剂的保管

在实验室中，试剂的保管是一项十分重要的工作。试剂保管变质，不仅浪费资源，而且还会使分析工作失败，甚至会引起事故。化学试剂应放置在通风良好、干净、干燥的房间里，防止水分、灰尘和其他物质沾污。同时，根据试剂性质不同保管方法也不同。

① 试剂容易侵蚀玻璃而影响纯度，如苛性碱（氢氧化钾、氢氧化钠）、氟化物（氟化钾、

氟化钠、氟化铵）、氢氰酸等应保存在塑料瓶或涂有石蜡的玻璃瓶中。

② 见光会分解的试剂如高锰酸钾、草酸、过氧化氢（双氧水）、硝酸银、铋酸钠等，与空气接触易被氧化的试剂如硫酸亚铁、氯化亚锡、亚硫酸钠等，以及易挥发的试剂如氨水、溴及乙醇等，应放在棕色瓶内，置冷暗处。

③ 吸水性强的试剂，如苛性钠、过氧化钠、无水碳酸盐等应严格密封。

④ 易燃试剂如乙醇、乙醚、苯、丙酮与易爆炸的试剂如高氯酸、过氧化氢、硝基化合物，应分开储存在阴凉通风、不受阳光直接照射的地方。相互容易作用的试剂，如挥发性的酸与氨，氧化剂与还原剂，应分开存放。

⑤ 剧毒试剂如氰化钠、氢氰酸、二氯化汞、氰化钾、三氯化二砷等，应特别妥善保管，经一定手续取用，以免发生事故。

1.5.2.3　液体试剂的取用

液体试剂装在细口瓶或滴瓶内，试剂瓶上的标签要写清名称、浓度。

① 用滴瓶取用试剂的方法。从滴瓶中取试剂时，应先提起滴瓶离开液面，捏瘪胶帽赶出空气后，再插入溶液中吸取试剂。滴加溶液时滴管要垂直，这样滴入液滴的体积才能准确；滴管口应在试管口上方 3～5 mm 处滴加，严禁将滴管伸入所用的容器，以免滴瓶内试剂受到污染。如需从滴瓶取出较多溶液时，可直接倾倒。先排除滴管内的液体，然后把滴管夹在食指和中指间倒出所需量的试剂。滴管不能随意放置，以免弄脏。滴管不能随意倒置，以防试剂腐蚀胶帽使试剂变质。不能将自己的滴管取公用试剂，应将试剂按需要量倒入小试剂管中，再用自己的滴管取用。

② 从细口瓶取用试剂的方法。从细口瓶中取用试剂时，一般用倾析法。先将瓶塞取下，倒放在实验台面上，手握试剂瓶上贴标签的一面，以免瓶口残留的少量液体顺壁流下而腐蚀标签（有双面标签的试剂瓶，则应手握标签处）。瓶口靠紧容器，使倒出的试剂沿玻璃棒或器壁流下，倒出需要量后，慢慢竖起试剂瓶，使流出的试剂都流入容器中，一旦有试剂流到瓶外，务必立即擦干净。腾空倾倒试剂是不对的。切记不允许试剂沾染标签。然后将试剂瓶边缘在容器壁上靠一下，再加盖放回原处。

③ 有些实验，不必准确量取试剂，所以必须学会估计从瓶内取出试剂的量。对常量实验是指 0.5～1.0 mL，对微型实验一般指 3～5 滴，根据实验的要求灵活掌握。要会估计 1.0 mL 溶液在试管中占的体积和由滴管加的滴数相当的体积。如果需准确量取液体，则根据准确度要求，选用量筒、移液管或滴定管等。

1.5.2.4　固体试剂的取用

固体试剂装在广口瓶内。见光易分解的试剂，如硝酸银、高锰酸钾等要装在棕色瓶中。试剂取用原则是既要质量准确又必须保证试剂的纯度（不受污染）。

① 要使用清洁、干燥的药品匙移取固体试剂。药匙的两端为大小两个匙，分别取用大量固体和少量固体。要严格按量取用药品。多取试剂不仅浪费，往往还影响实验效果。如果一旦取多可放在指定容器内或给他人使用，一般不许倒回原试剂瓶中。药品匙不能混用，实验后洗净、晾干，下次再用，避免沾污药品。

② 要求取用一定质量的固体试剂时，可把固体放在干净的称量纸上或者表面皿上称量。具有腐蚀性、强氧化性、易潮解的固体试剂，要用小烧杯、称量瓶、表面皿等装载后

进行称量。如果固体颗粒较大时，可在清洁干燥的研钵中研碎。根据称量准确度的要求，可分别选择台秤和天平称量固体试剂。用称量瓶称量时，可用减量法操作。有毒药品要在教师指导下取用。

③ 要往试管中加入粉末试剂时，应用药匙或干净的对折纸片装上后伸进试管约 2/3 处，然后竖立容器，用手轻弹纸卷，让试剂全部落下（注意：纸张不能重复使用）；加入块状固体时，应将试管倾斜，使其沿管壁慢慢滑下，以免碰破管底。

1.6 试纸与滤纸

1.6.1 试纸

在分析化学实验室中经常使用 pH 试纸定性试验溶液的性质或某些物质的存在。试纸的特点是制作简单，使用方便，反应迅速。各种试纸都应当密封保存，防止被实验室的气体或其他物质污染而变质、失效。使用方法一般用镊子将小块试纸放在洁净、干燥的表面皿边缘或点滴板上，再用玻璃棒末端蘸少许搅拌均匀的待测溶液，滴在试纸上，观察试纸的颜色变化（不能将试纸投入溶液中检验），确定溶液的性质。如果试纸呈现浓度过大，试纸颜色变化不明显，应适当稀释后再比较。

pH 试纸包括广泛 pH 试纸和精密 pH 试纸两类，用来检验溶液的 pH 值。广泛 pH 试纸，其变色范围为 pH=1～14，它只能粗略地检验溶液的 pH；精密 pH 试纸可以比较精确地检验溶液的 pH，根据其变色范围可分为很多种。如 pH 值变色范围为 0.5～5.0、3.8～5.4、5.4～7.0、8.2～10.0、9.5～13.0 等。根据待测溶液的酸碱性，可选用某一变色范围的试纸。

pH 试纸或石蕊试纸也常用于检验反应所产生气体的酸碱性。用蒸馏水润湿试纸并黏附在干净玻璃棒的尖端，将试纸放在试管口的上方（不能接触试管），观察试纸颜色的变化。不同的试纸检验的气体不同，用 KI 淀粉试纸检验 Cl_2、Br_2 等。当氧化性气体遇到湿润试纸时，则将试纸上 I^- 氧化为 I_2，I_2 立即与试纸上的淀粉作用变成蓝色。用 $Pb(OAc)_2$ 试纸检验 H_2S 气体时，H_2S 气体遇到试纸后，生成黑色硫化铅沉淀，使试纸呈褐黑色，并有金属光泽。当 S^{2-} 浓度较小时，则不易检出。

1.6.2 滤纸

在分析化学的应用中，当无机化合物经过过滤分隔出沉淀物后，收集在滤纸上的残余物，可用于计算实验过程中的流失率。分析化学实验室中常用的有定量分析滤纸和定性分析滤纸两种，按过滤速度和分离性能的不同，又分为快速、中速和慢速三种。一般情况下，定性滤纸经过过滤后有较多的棉质纤维生成，因此只适用于做定性分析和相应的过滤分离；定量滤纸，特别是无灰级的滤纸经过特别的处理程序，能够较有效地抵抗化学反应，因此所生成的杂质较少，可用于化学定量分析中重量分析试验和相应的分析试验。

除了一般实验室应用的滤纸外，生活上及工程上滤纸的应用也很多。咖啡滤纸就是其中一种被广泛应用的滤纸，茶包外层的滤纸则提供了高柔软度及高湿强度等特性。其他还用测试空气中悬浮粒子的空气滤纸，及不同工业应用上的纤维滤纸等。

1.7 误差分析与数据处理

定量分析的任务是准确测定组分在试样中的含量。在测定过程中，即使采用最可靠的分析方法，使用最精密的仪器，由熟练的技术人员进行操作，也会有误差的存在。误差是测量过程中的必然产物。因此，化学工作者要了解分析过程中误差产生的原因及出现的规律，以便采取相应的措施，尽可能减小误差，还要对测试结果进行正确的统计处理，以获得最可靠的数据信息。

1.7.1 误差的分类与表征

在定量分析中，由各种原因产生的误差，按照性质的不同可以分为系统误差（可测误差）、偶然误差（随机误差）和过失误差三类。

1.7.1.1 系统误差

系统误差是由测定过程中某些固定因素造成的误差，对测量结果的影响比较稳定，常使结果系统偏高或偏低，当重复测定时会重复出现。一般来说，系统误差出现的原因较为明显，因而可以校正消除。

（1）系统误差产生的原因

① 由于所选实验方法本身不够完善而引入的方法误差，如反应不完全、干扰组分的影响、滴定分析中指示剂选择不当等。

② 测量仪器本身缺陷造成的仪器误差，如容量器皿刻度不准且未经校正，电子仪器"噪声"过大等。

③ 由于试剂或蒸馏水纯度不够，带入微量的待测组分，干扰测定等产生试剂误差。

④ 由于操作人员操作不当或者不正确的操作习惯引起的人员误差，如观察颜色偏深或偏浅，第二次读数总是想与第一次重复等，有种"先入为主"的主观因素存在。

（2）系统误差的性质

① 重复性。同一条件下，重复测定中，重复出现。

② 单向性。测定结果系统偏高或偏低。

③ 误差大小基本不变，对测定结果的影响比较稳定。系统误差的大小可以测定出来，可以对测定结果进行校正。

（3）校正系统误差的方法

通过对照实验、空白实验、实验仪器校准以及改善实验方法来减小或消除系统误差。

对照实验：用已知准确含量的试样，按同样的测量方法进行分析，找出校正数据，来消除试剂误差或方法误差。也可以用不同的分析方法（如标准方法），或由不同的测试人员就同一问题进行实际测量，相互参照。对照实验是检验实验过程中是否存在系统误差的最有效的方法之一。

空白实验：在不加试样的情况下，按照同样的实验步骤和条件进行测定实验，得出空白值，从分析结果中扣除空白值，就可以消除由试剂溶剂等引入杂质所造成的误差。

是否存在系统误差常通过回收实验加以检查。回收实验是在测定试样某组分含量（x_1）基础上，加入已知量的该组分（x_2），再次测定其组分含量（x_3）。由回收实验所得数据可以计算回收率。

$$回收率 = \frac{x_3 - x_1}{x_2} \times 100\%$$

由回收率的高低来判断有无系统误差存在。对常量组分回收率要求，一般为99%以上，对微量组分回收率要求在95%～110%。

1.7.1.2　偶然误差

由各种因素的随机变动使测量结果产生的误差称为偶然误差。在实验过程中，可能要碰到许多意想不到的因素影响测量结果，如环境温度、湿度、电压、污染情况等的变化引起试样质量、组成、仪器性能等的微小变化，操作人员实验过程中操作上的微小差别，以及其他不确定因素等所造成的误差都会影响结果的准确性。偶然误差的特点是可正可负、可大可小，难以找到具体的原因，更无法测量它的值。但从多次测定结果的误差来看，遵循统计规律，当测定次数很多时，可以用正态分布曲线描述（图1-1）。

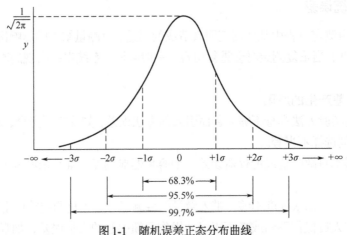

图1-1　随机误差正态分布曲线

图1-1中的横坐标表示误差，σ为无限多次测量时的标准误差，纵坐标为误差出现的概率大小。从图中不难看出如下规律：

① 绝对值相等的正、负误差出现的概率相等。这就告诉我们，如果测定的次数足够多，取各次测定结果的平均值时，正、负误差可以相互抵消。在消除了系统误差的情况下，该平均值就可代表真实值。

② 绝对值小的误差出现的概率大，绝对值大的误差出现的概率小。借助于数理统计方法可以计算出，误差在$-\sigma$～$+\sigma$之间出现的概率为68.3%，在-2σ～$+2\sigma$之间出现的概率为95.5%，在-3σ～$+3\sigma$之外出现的概率很小，仅为0.3%。因此，在多次重复测定时，如果个别数据误差的绝对值超出3σ，即可视为极端值，舍去是合理的。从另一个方面讲，若某个数据的误差很大，则应十分警惕。因为从概率论角度讲，一旦可能性很小的事情发生了，其中必有值得注意的地方。

1.7.1.3　过失误差

过失误差是一种与事实明显不符的误差。例如，丢失试液、读错、加错试剂、不按正确的操作规程进行或记录错误等。发生此类误差，所得实验数据应予以删除。因此，在学习期间要注意培养自己严格遵守操作规程的习惯和训练娴熟的实验技能，这些都是未来化学工作者必备的基本素质。

1.7.1.4　误差和偏差的表示方法

（1）准确度与误差

准确度表示测定值与真实值接近的程度，表示测定的可靠性，常用误差来表示，它分为绝对误差和相对误差两种。

① 绝对误差：表示测量值 x_i 与真值 μ 的差值，具有与测定值相同的量纲。

$$绝对误差 = x_i - \mu$$

② 相对误差：表示绝对误差与真值 μ 之比，一般用百分率或千分率表示，无量纲。

$$相对误差 = \frac{x_i - \mu}{\mu} \times 100\%$$

相对误差真值是在观测的瞬时条件下，产品、过程或体系质量特性的确切数值。实际工作中，真值实际上是无法获得的，人们常常用纯物质的理论值、国家权威部门提供的标准参考物质的证书上给出的数值或多次测定结果的平均值当作真值。绝对误差与相对误差都有正值和负值，正值表示测定结果偏高，负值则反之。

（2）精密度与偏差

精密度表示各次测定结果相互接近程度，表达了测得数据的再现性，用精密度的大小可从另一个角度评价实验结果。精密度好，说明测定的重现性好。例如，用滴定法测定样品中的总碱度（Na_2O），得到三个结果为 23.00%、23.01%、23.02%，从数据接近程度或重现性角度来看都比较理想。此外，精密度还能表示测定值的有效数字的位数。例如，若滴定过程中滴定管显示的某次标准酸用量为 19.38 mL，由此知道有四位有效数字，且滴定管的最小刻度为 0.1 mL，即滴定管的精密度为 0.1 mL。精密度常用偏差来表示，偏差有平均偏差和标准偏差。

① 平均偏差。平均偏差分为绝对偏差和相对偏差两种。

$$绝对偏差 = x_i - \overline{x}$$

$$相对偏差 = \frac{x_i - \overline{x}}{\overline{x}} \times 100\%$$

平均值 $\overline{x}$ 是指算数平均值，即测定值的总和除以测定次数所得的商。

$$\overline{x} = \frac{x_1 + x_2 + x_3 + \cdots\cdots + x_n}{n} = \frac{\sum\limits_{i=1}^{n} x_i}{n}$$

式中，x_i 为各次测定值；n 为测定次数。

各单次测定偏差绝对值的平均值，称为单次测定的平均偏差 $\overline{d}$，又称算数平均偏差，即：

$$\overline{d} = \frac{1}{n} \sum_{i=1}^{n} |d_i|$$

单次测定的相对平均偏差 d_r 表示为：

$$d_r = \frac{\overline{d}}{x} \times 100\%$$

② 标准偏差。标准偏差又称均方根偏差，当测定次数 n 趋于无限多时，称为总体标准偏差，用 σ 表示如下：

$$\sigma = \sqrt{\frac{\sum\limits_{i=1}^{n} |x_i - \mu|}{n}} \quad （无限次测定）$$

式中，μ 为总体平均值。

$$\lim_{n \to \infty} \overline{x} = \mu$$

在校正了系统误差情况下，μ 即代表真值。

在一般的分析工作中，测定次数是有限的，这时的标准偏差称为样本的标准偏差，以 s 表示：

$$s = \sqrt{\frac{\sum\limits_{i=1}^{n} d_i^2}{n-1}} \quad \text{（有限次测定）}$$

式中，$n-1$ 表示 n 个测定值中具有独立偏差的数目，又称为自由度。

s 与平均值之比称为相对标准偏差，以 s_r 表示：

$$s_r = \frac{s}{\overline{x}} \times 100\%$$

（3）准确度与精密度的关系

由上所述不难看出，精密度是在无法求得准确度时，从重现性角度来表达实验结果的量。它与准确度既有联系又有区别：准确度是对真实值而言，大小用误差表示；精密度是对平均值而言，大小以平均偏差衡量。由于在实际工作中，真实值往往是不知道的，常先以精密度评价测定工作。精密度不高的测定，准确度肯定也不好。但应注意的是，精密度高，并不说明准确度一定好，只有在消除了系统误差的情况下，才会得到好的准确度。

1.7.2　有效数字及其运算规则

1.7.2.1　有效数字

有效数字是以数字来表示有效数量，也是指在具体工作中实际能测量到的数字。即在记录测定数据时，测得结果的数值所表示的准确程度应与测试时所用的测量仪器和测试方法的精度相一致。记录测量数据时，只应保留一位不确定数字，其余数字都应是准确的，此时所记录的数字为有效数字。

例如，将一称量瓶用分析天平称量，称得质量为 15.5119 g，这些数是有效数字，即有六位有效数字。如用台式天平称，称得质量为 15.5 g，这样有三位有效数字。所以有效数字是随实际情况而定，不是由计算结果决定的。记录和报告的测定结果只应包含有效数字，对有效数字的位数不能随意增删。

化学实验中常用仪器的精度与实测值有效数字位数的关系列于表 1-5 中。

表 1-5　常用仪器的精度与实测值有效数字位数的关系

仪器名称	仪器的精密度	实测值	有效数字位数	错误举例
托盘天平/g	0.1	12.3	三位	12.30
电光天平/g	0.0001	12.3356	六位	12.336
量筒（10mL）	0.1	7.2	两位	7
量筒（100mL）	1	72	两位	72.5
滴定管/mL	0.01	20.00	四位	20.0

关于有效数字位数的确定，还应注意以下几点：

① "0" 在有效数字中具有双重性。当 "0" 表示小数点位数时，一般不作为有效数字，只起定位作用，在数字末位的 "0" 说明仪器的精度。例如，在万分之一的天平上称量的 0.0618 g

为三位有效数字，若记为 0.06180 g，则意味着有四位有效数字，前面两个零仍起定位作用，而后面一个"0"就变成了有效数字，且末位的"0"有±1个单位的误差，同时说明该天平的精密度为 0.00001 g，即十万分之一，显然夸大了仪器的精密度。为了不使有效数字的位数出错，实验数据以指数形式表示，即 0.0618 g 记为 $6.18×10^{-2}$ g，而 0.06180 g 应记为 $6.180×10^{-2}$ g 或 $6.180×10^{-5}$ kg，这样有效数字的位数都不会错。

② 改变单位并不改变有效数字的位数，如滴定管读数 12.34 mL，若该读数改用升为单位，则是 0.01234 L，这时前面的两个零只起定位作用，不是有效数字，0.01234 L 与 12.34 mL 一样都是四位有效数字。当需要在数的末尾加"0"作为定位作用时，最好采用指数形式表示，否则有效数字的位数含混不清。例如，质量为 25.0 g 的某物质，若以毫克为单位，则可表示为 $2.50×10^4$ mg，若表示为 25000 mg 就易误解为五位有效数字。

③ pH、pM、lg$K$ 等对数值的有效数字位数，仅由小数部分的位数决定，首数（整数部分）只起定位作用，不是有效数字。因此对数运算时，对数小数部分的有效数字位数应与相应的真数的有效数字位数相同。例如：pH=2.38，$c_{H^+} = 4.2×10^{-3}$ mol L^{-1}，有效数字为两位，而不是三位。

有效数字的修约规则：常采用"四舍六入五留双"的原则来处理数据的尾数。

当尾数≤4时舍去，尾数≥6时进位，而当尾数恰为5时，若保留下来的末位数是奇数的将5进位；是偶数时，则将5弃去。总之，应使保留下来的末位数为偶数。

1.7.2.2　有效数字运算规则

① 加减法：有效数字相加减时，有效数字的位数取决于绝对误差最大的数字。即，小数点后位数最少的，其他数均修约至这一位。运算时，首先确定有效数字保留的位数，弃去不必要的数字，然后再做加减运算。例如，35.6208、2.52 及 30.519 相加时，首先考虑有效数字的保留位数。在这三个数中，2.52 的小数点后仅有两位数，其位数最少，故应以它作为标准，上述数字取舍后是 35.62、2.52、30.52 相加，得 68.66。

② 乘除法：积或商的有效数字的位数取决于相对误差最大的，也就是由有效数字位数最少的数值（相对误差最大）所决定，而与小数点的位置无关。例如：

$$\frac{0.0325×5.104×60.094}{139.56}=0.0714$$

在较复杂的计算过程中，中间各步可暂时多保留一位不定值数字，以免多次舍弃，造成误差的积累。待到最后结束时，再弃去多余的数字。

目前，电子计算器的应用相当普遍。由于计算器上显示的数值位数较多，虽然运算过程中不必对每一步计算结果进行位数确定，但应注意正确保留最后结果的有效数字。

③ 分析化学计算中，经常遇到一些分数、倍数关系，此时有效数字不确定，一般不考虑。

④ 在计算时本着先修约后运算，先乘除后加减。

⑤ 常量组分的分析结果以四位有效数字表示（若含量为 1 %～10 %，则保留三位有效数字，含量<1 %时取两位）。

⑥ 标准溶液浓度取四位，各种误差、偏差的计算结果以一位有效数字表示，最多两位。

⑦ 首位数字大于或等于8时，有效数字可以多算一位，如 8.27 可视为四位有效数字。

1.8 实验数据的记录、处理和实验报告

在分析化学实验过程中，不仅要准确测量物理量，还要及时正确地记录数据并加以归纳整理，最后才能以适当的方式表达实验的准确结果。

1.8.1 实验数据的记录和处理

实验数据的记录是实验的原始资料，是分析实验成败原因、改进实验方案、深入理论探讨的根据，必须做到完整、真实，简练。

实验数据的记录有以下基本要求：

① 实验者应准备专门的实验记录本，并按顺序编排页码，一般不得随意撕去造成缺页。不得将文字或数据记录在单页纸或小纸片上，或随意记录在其他地方。

② 应清楚、如实、准确地记录实验过程中所发生的重要实验现象，所用的仪器及试剂，主要操作步骤，测量数据及结果。原始记录是化学实验工作原始情况的真实记载，所记录的内容切忌掺杂个人主观因素，绝不能拼凑和伪造数据。

③ 实验记录应用钢笔、圆珠笔、签字笔等书写，不得用铅笔，不得随意涂改实验记录。遇有读错数据、计算错误等需要修正时，应将错误数据用横线划去，在旁边重新写上正确数据，并加以说明。

④ 实验者可用缩写和略语记录，但缩写和略语应尽可能与通用的一致并前后统一。

⑤ 记录实验数据时，保留有效数字的位数应与所用仪器的准确程度相适应。例如，用万分之一分析天平称量时，应记录至 0.0001 g，滴定管和移液管的读数应记录至 0.01 mL。

⑥ 实验过程中涉及的各种特殊仪器的型号和标准溶液浓度，应及时准确记录。

1.8.2 实验报告

实验报告是实验的总结，实验完毕后，应及时认真地将实验报告写出并及时上交，实验报告的格式可以根据实验内容、类型不同而异，现将实验报告格式推荐如下，以供参考。

示例一 硫酸亚铁铵的制备

一、实验目的（全述）

二、实验原理（简述）

三、实验步骤

1. 硫酸亚铁铵的制备

①Fe 粉称量 ⟶ ②Fe 粉溶解 ⟶ ③过滤 ⟶ ④混合 ⟶ ⑤浓缩结晶 ⟶ ⑥冷却、减压过滤 ⟶ ⑦吸干、称量

①$(NH_4)_2SO_4$ 称量 ⟶ ②饱和溶液配制

2. 产品（Fe^{3+}）检验

四、实验数据及结果

1. 制备过程中所需原料的质量
2. 产品颜色与级别
3. 硫酸亚铁铵的实际产量
4. 硫酸亚铁铵的理论产量
5. 产率 =（实际产量/理论产量）×100 %

五、实验结果讨论（收获、体会、问题解答等）

示例二　EDTA 溶液的标定

一、实验目的（全述）

二、实验原理（简述）

三、实验步骤

1. EDTA 溶液的配制（略）
2. EDTA 溶液的标定
（1）锌标准溶液的配制
（2）EDTA 的标定

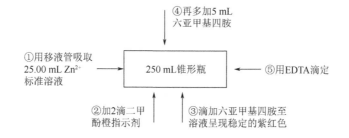

终点颜色：紫红色→亮黄色

四、实验记录和结果处理

称取纯锌的质量 m/g			
锌标准溶液的浓度 c_{ZnO}/mol·L^{-1}			
平行移取锌标准溶液份数	1	2	3
平行移取锌标准溶液的体积 V/mL			
V_{EDTA0}（0 为初始读数）/mL			
V_{EDTAt}（t 为终了读数）/mL			
（$V_{EDTAt}-V_{EDTA0}$）/mL			
c_{EDTA}/mol·L^{-1}			
$\bar{c}_{EDTA}$/mol·L^{-1}			
相对偏差/%			
相对平均偏差/%			

五、实验结果讨论（收获、体会、问题解答等）

第2章

分析化学实验仪器与操作方法

2.1 常用仪器简介及玻璃器皿的洗涤和干燥

分析化学实验使用的仪器较多，这里简略介绍分析化学实验中常用仪器及其使用方法和注意事项等。

2.1.1 烧杯、锥形瓶、量筒和搅拌棒

烧杯、锥形瓶和量筒等仪器上印有刻度线，可以粗略地量取溶液的体积，是分析化学实验中常用到的玻璃仪器。搅拌棒用来辅助实验过程中的搅拌、引流等。

2.1.1.1 烧杯

烧杯是一种常见的实验室器皿，通常由玻璃、塑料制成。常见的规格有 5 mL、10 mL、15 mL、25 mL、50 mL、100 mL、250 mL、300 mL、400 mL、500 mL、600 mL、800 mL、1000 mL、2000 mL、3000 mL 和 5000 mL。在分析化学实验中一般仅用到 50 mL、250 mL 和 500 mL 规格的烧杯。

烧杯被广泛用于化学试剂的加热、溶解、混合、煮沸、熔融、蒸发浓缩、稀释及沉淀澄清、盛放腐蚀性固体药品，进行称重等。使用烧杯时应注意以下几点：

① 烧杯不可直接用火焰加热，烧杯加热时需垫上石棉网，使烧杯底部均匀受热（以防玻璃受热不匀而引起炸裂）。另外加热烧杯时外壁须擦干。

② 用于溶解或稀释时，液体的量不宜超过烧杯容积的1/3，并用玻璃棒轻缓持续地搅拌，搅拌时不可接触烧杯杯壁和杯底。

③ 使用烧杯盛装液体加热时，液体不要超过烧杯容积的2/3，一般以烧杯容积的1/3为宜。

④ 使用烧杯盛装腐蚀性药品并加热时，需用表面皿盖在烧杯口上，以免液体溅出。

⑤ 不可以用烧杯长期盛放化学药品。

⑥ 不能用烧杯量取液体。

2.1.1.2 锥形瓶

锥形瓶又名三角烧瓶、依氏烧瓶、锥形烧瓶、鄂伦麦尔瓶，是一种纵剖面呈三角形状的玻璃器皿，一般作为实验的反应容器。其规格由 50 mL 至 250 mL 不等，亦有小至 10 mL 或大至 2000 mL 的特制锥形瓶。

使用锥形瓶时应注意以下几点：

① 注入液体不可超过锥形瓶容积的 1/2，过多易造成喷溅。

② 锥形瓶在进行加热时，需使用石棉网（电炉加热除外）。且在加热时，锥形瓶外部须擦干。

③ 锥形瓶不可以存储液体。

④ 在振荡锥形瓶时，应同向旋转。

2.1.1.3 量筒

量筒是一种用来粗略量度液体体积的仪器。规格以毫升（mL）表示，常用的有 10 mL、25 mL、50 mL、100 mL、250 mL、500 mL、1000 mL 等。

使用量筒时应注意以下几点：

① 量筒不能用作反应容器，也不能用作稀释浓酸、浓碱以及其他腐蚀性液体的容器。

② 量筒只能被用作常温液体的量器，不能加热或盛装热溶液。

③ 不可用量筒来储存化学药剂。

④ 不能用去污粉清洗以免刮花刻度。

⑤ 量筒使用前无需润洗。

2.1.1.4 搅拌棒

搅拌棒是化学实验中经常会使用的一种玻璃仪器，常被用来加速溶解、促进互溶、引流、蘸取液体、在蒸发皿中搅拌以防止因受热不均匀而引起的飞溅等。其通常用 4～6 mm 直径的玻璃棒截成，将其斜插在烧杯中时，应比烧杯长出 4～6 cm。太长易将烧杯压翻，太短则操作不方便。搅拌棒的两端应烧光滑，以防划伤烧杯。

使用搅拌棒时应注意以下几点：

① 搅拌时不要太用力，以免玻璃棒或容器（如烧杯等）破裂。

② 搅拌不要碰撞容器壁、容器底，不要发出响声。

③ 搅拌时要以一个方向搅拌（顺时针、逆时针均可）。

2.1.2 洗瓶和试剂瓶

2.1.2.1 洗瓶

洗瓶是化学实验室中用于盛装清洗溶液的一种容器，并配有发射细液流的装置。常用的有吹出型和挤压型两种。吹出型由平底玻璃烧瓶和瓶口装置一短吹气管和长的出水管组成；挤压型由塑料细口瓶和瓶口装置出水管组成。目前实验室所用的洗瓶多为挤压型的塑料洗瓶（图 2-1），其中装入纯水，用于刷洗仪器及沉淀。其用水量少而且洗涤效果好。塑料洗瓶使用方便，用手握住洗瓶一捏，水便由尖嘴挤出。

图 2-1　塑料洗瓶

2.1.2.2　试剂瓶

盛装试剂的玻璃瓶或塑料瓶。可按材质（玻璃、塑料）、瓶塞材质（玻璃塞、橡胶塞）、瓶口大小（广口、细口）、颜色（棕色、透明）、瓶口是否有磨口等多种情况进行分类。在分析化学实验中常用到带有磨口玻璃塞的细口瓶。

使用试剂瓶时应注意以下几点：

① 储存氢氟酸时应使用塑料瓶，其他试剂一般都用玻璃瓶。

② 氢氧化钠、水玻璃等碱性物质应用橡胶塞，不宜用玻璃塞。苯、甲苯、乙醚等有机溶剂应用玻璃塞不宜用橡胶塞。

③ 广口瓶用于盛固体试剂，细口瓶盛液体试剂。液体保存于细口瓶中时，液面上应加水，使之"水封"，瓶口用蜡封好。

④ 见光易分解或变质的试剂一般盛于棕色瓶并置于冷暗处，如硝酸、硝酸银、氯水等。其他一般用无色瓶。

⑤ 易吸收二氧化碳或水蒸气而变质的试剂应放置于磨口试剂瓶中密封保存（如氢氧化钠、石灰水、漂白粉、水玻璃、Na_2O_2 等）。

⑥ 浓盐酸、氨水、碘及苯、甲苯、乙醚等低沸点有机物均保存在瓶内加塑料盖密封，置于冷暗处。

⑦ 下列易氧化而变质的试剂：活泼金属钾、钠、钙等应保存在煤油中；碘化钾、硫化亚铁、硫酸钠等应以固体保存；使用硫酸亚铁或氧化亚铁溶液时，内放少量铁粉或铁钉。

⑧ 试剂瓶通常只能储存而不能用于配制溶液，尤其不能稀释浓 H_2SO_4 和溶解苛性碱，否则由于其产生大量的热使试剂瓶炸裂。

⑨ 试剂瓶不可以加热。

⑩ 试剂溶液配好以后，应及时贴上标签，注明品名、浓度、溶剂、配制日期等，如需长期保存时，瓶口上可倒置一个小烧杯以防止灰尘侵入。

2.1.3　蒸发皿和表面皿

2.1.3.1　蒸发皿

蒸发皿是一种用于蒸发浓缩溶液或灼烧固体的器皿，最常用的为瓷制蒸发皿，也有玻璃、石英、铂等制成的。质料不同，耐腐蚀性能不同，应根据溶液和固体的性质适当选用。常用容量规格有 100 mL、125 mL、150 mL、200 mL、250 mL 等。

使用蒸发皿时应注意以下几点：

① 蒸发皿能耐高温，但不允许加热后骤冷，防止破裂。

② 使用坩埚钳取放蒸发皿，加热时需用三脚架或铁架台固定。加热完毕后蒸发皿不能直接放到实验桌上，应放在石棉网上，以免烫坏实验桌。

③ 液体量多时可直接加热，量少或黏稠液体要垫石棉网或放在泥三角上加热，以防加热不均，导致炸裂。

④ 加热蒸发皿时要不断搅拌，防止液体局部受热四处飞溅。不允许用搅拌棒在蒸发皿中

用力刮动沉淀。

⑤ 大量固体析出后马上熄灭酒精灯，用余热蒸干剩下的水分。

⑥ 加热时，应先用小火预热，再用大火加强热。

⑦ 要使用预热过的坩埚钳移取热的蒸发皿。

⑧ 用蒸发皿盛装液体时，其液体量不能超过其容积的 2/3。

2.1.3.2 表面皿

表面皿是一种圆形状、中间稍凹、形状与蒸发皿相似的玻璃仪器。可用来蒸发液体，它可以让液体的表面积加大，从而加快蒸发。但是不能像蒸发皿那样直接加热，需垫上石棉网。表面皿可用作盛装药品容器（蒸发皿或烧杯）暂时的盖子（凸面向下），防止灰尘落入容器中，当被覆盖容器内的物质因反应而产生气体时，会造成溶液的飞溅，这些溅到表面皿上的液珠，会集中在表面皿的凸出位置，可用洗瓶冲洗入原容器内，使溶液不致受损失。表面皿取下放置时，应凸面向上，以免沾染污物再盖上时带入容器内。表面皿还可用作容器，暂时盛放固体或液体试剂，方便取用；可以作承载器，用来承载 pH 试纸，使滴在试纸上的酸液或碱液不腐蚀实验台。

2.1.4 玻璃漏斗

分析化学实验中常用到的玻璃漏斗有两种：长颈漏斗（管长 150 mm，口径 50 mm、60 mm、75 mm）和短颈漏斗（管长 90 mm、120 mm，口径 50 mm、60 mm）。长颈漏斗可用于定量分析的过滤，而短颈漏斗可用于一般的过滤。使用前应将漏斗洗净，滤纸的大小应与漏斗的大小相适应，折叠后的滤纸上边缘低于漏斗上沿至少 0.5 cm，绝不能超出漏斗上沿。需要注意的是玻璃漏斗不可直接加热，但是可以置于铜漏斗中进行加热。

2.1.5 瓷坩埚和坩埚钳

2.1.5.1 瓷坩埚

瓷坩埚材料主要为氧化铝（45%～55%）和二氧化硅，可用于灼烧固体物质和溶液的蒸发、浓缩或结晶（如果有蒸发皿，应该选择蒸发皿）。分析实验室中使用的坩埚不要太大或太厚，常用的是 25 mL 薄壁坩埚。

使用瓷坩埚时需注意以下几点：

① 最高可耐热 1200℃左右高温。

② 瓷坩埚不可与氢氟酸接触，但适用于 $K_2S_2O_7$ 等酸性物质熔融样品。

③ 瓷坩埚一般不能用于 NaOH、Na_2O_2、Na_2CO_3 等碱性物质，以免腐蚀瓷坩埚。

④ 瓷坩埚一般采用稀 HCl 煮沸、洗涤。

⑤ 陶瓷具有吸水性，为了减小误差，应将坩埚干燥后在分析天平上称量后再使用。

2.1.5.2 坩埚钳

坩埚钳是一种夹子，多用耐火材料制作，由不锈钢，或不可燃、难氧化的硬质材料制成。通常用来夹取坩埚和坩埚盖，也可用来夹取蒸发皿。

使用坩埚钳时需注意以下几点：

① 坩埚钳在夹取坩埚时需保证坩埚钳上无污染物且干燥。

② 夹取灼热的坩埚时，必须先将钳尖预热，以免坩埚因局部冷却而破裂，然后将其放在桌面或石棉网上。

③ 实验完毕后，应将坩埚钳擦干净，放入实验器材柜中，干燥放置。

④ 夹持坩埚使用弯曲部分，其他用途时用尖头。

⑤ 坩埚钳夹取坩埚和坩埚盖时避免过度用力，以免损坏质脆的瓷坩埚等仪器。

2.1.6 酒精灯和恒温水浴锅

2.1.6.1 酒精灯

酒精灯是由灯体、棉灯绳（棉灯芯）、瓷灯芯、灯帽和酒精五大部分所组成。

使用酒精灯时需注意以下几点：

① 酒精灯的灯芯要平整，如烧焦或不平整，需要用剪刀修剪。

② 酒精灯内的酒精不宜超过酒精灯容积的2/3，不少于1/3。

③ 绝对禁止向燃着的酒精灯里添加酒精，以免失火。

④ 绝对禁止用酒精灯引燃另一只酒精灯。

⑤ 用完酒精灯，必须用灯帽盖灭，不可用嘴去吹。

⑥ 万一不小心碰倒酒精灯，洒出的酒精在桌上燃烧起来，应立即用湿布或沙子扑盖。

⑦ 应保证使用酒精灯的环境内无侧风，否则易使外焰进入灯内，引发爆炸。

2.1.6.2 恒温水浴锅

恒温水浴锅内水平放置不锈钢管状加热器，水槽的内部放有带孔的铝制搁板，并配有不同口径的组合套圈作为上盖，以适应不同口径的烧瓶。水浴锅左侧有放水管，恒温水浴锅右侧是电气箱，电气箱前面板上装有温度控制仪表、电源开关。电气箱内有电热管和传感器。

恒温水浴锅的操作步骤如下：

① 水浴锅应放在固定的平台上使用，使用前需先确定排水口是否封闭，再将清水注入水浴锅箱体内（如果想要缩短升温时间，可注入热水）。

② 接通电源，旋转温度调节旋钮至设定的温度（顺时针升温，逆时针降温）开始加热；当温度上升到设定温度时，水浴锅自动开启恒温模式。

③ 水浴恒温后，将装有待恒温药品的容器放于水浴锅中开始恒温。

④ 恒温时为了保证恒温的效果，可在恒温容器与水浴锅箱体接触的部位用硬纸板封严，恒温容器中的恒温物品应低于水浴锅的恒温水浴面。

⑤ 使用完毕后，取出恒温物，关闭电源，排出箱体内的水，并做好仪器使用记录。

使用水浴锅时需注意以下几点：

① 水浴锅应放在水平固定的台面上使用，仪器所接电源电压应为 220 V，电源插座应采用三孔安装插座，并必须安装地线。

② 加水之前切勿接通电源，而且在使用过程中，水位必须高于不锈钢隔板，切勿无水或水位低于隔板加热（锅内的水量不可低于1/2），否则会损坏加热管，造成漏水、漏电，发生危险。

③ 注水时不可将水流入控制箱内，以防发生触电，使用后箱内水应及时放净，并擦拭干净，保持清洁以利延长使用寿命。

④ 最好用纯化水，以避免产生水垢。

2.1.7 干燥器和电热恒温干燥箱

2.1.7.1 干燥器

不论是坩埚、称量瓶、基准物质还是试样，烘干后一定要冷却至室温之后再称量。由于空气中总含有一定量的水分，因此冷却时不能放在桌面上、暴露于大气中，必须放在干燥器中进行冷却。

根据放于干燥器中物质吸湿性的不同，可选用不同强度的干燥剂。常用的干燥剂是变色硅胶、无水 $CaCl_2$，其他一些干燥剂还有 $CaSO_4$、Al_2O_3、浓 H_2SO_4 等，P_2O_5 和 $Mg(ClO_4)_2$ 是最强的干燥剂，应用较少。

干燥器中有一带孔的白瓷盘，孔中可以放坩埚，其他地方可以放置称量瓶等。

准备干燥器时要用干抹布将磁盘和内壁擦干净，一般不用水洗，否则不能很快干燥。干燥剂不要放得太多，装至干燥器下室一半就够了，太多则容易沾污坩埚。装干燥剂的方法如图 2-2 所示。

干燥器的器身与器盖之间应均匀地涂抹一层凡士林。启盖的方法是一手抱住干燥器，另一手将盖向旁边推开（见图 2-3），盖上盖子时也必须如此平推。搬动干燥器时，要用拇指按住其盖（见图 2-4），以防止滑落打碎盖子。

图 2-2　装干燥剂的方法

图 2-3　干燥器的开启方法

图 2-4　干燥器的搬动方法

使用干燥器时需注意以下几点：

① 干燥剂不可放入太多，以免沾污坩埚底部。

② 搬移干燥器时，要用双手拿着，用大拇指紧紧按住盖子，如图 2-4 所示。

③ 打开干燥器时，不能往上掀盖，应用左手按住干燥器，右手小心地把盖子稍微推开，等冷空气徐徐进入后，才能完全推开，盖子必须仰放在桌子上。

④ 不可将太热的物体放入干燥器中。

⑤ 有时较热的物体放入干燥器中后，空气受热膨胀会把盖子顶起来，为了防止盖子被打翻，应当用手按住，不时把盖子稍微推开（不到 1 s），以放出热空气。

⑥ 灼烧或烘干后的坩埚和沉淀，在干燥器内不宜久置，否则会因吸收一些水分而使质量略有增加。

⑦ 变色硅胶干燥时为蓝色（无水 Co^{2+} 色），受潮后变粉红色（水合 Co^{2+} 色）。可以在 120℃ 烘干受潮的硅胶，待其变蓝后反复使用，直至破碎不能用为止。

⑧ 干燥器不能用来存放湿的器皿或沉淀，否则，干燥剂会很快失效。

2.1.7.2　电热恒温干燥箱

电热恒温干燥箱主要烘干称量瓶、玻璃器皿、基准物质和试样。根据烘干对象的不同，调节不同的温度，最高可达300℃，恒定温度偏差在±1℃之内。

使用电热恒温干燥箱时应注意以下几点：

① 对于易燃、易爆危险品及能产生腐蚀性气体的物质不能放在干燥箱内加热烘干。

② 被烘干的物质不能撒落在箱内，以防止腐蚀内壁及隔板。

③ 被烘干的器皿外壁要尽量擦干，应放置在中部或上部的网架上，切不可放在下部的护板上（护板直接受电炉丝的辐射，温度很高）。

④ 使用过程中要经常检查箱内温度是否在规定的范围内，温度控制是否良好，发现问题应及时修理。

⑤ 除快速升温外，一般不用加热开关的 2 挡（2 挡是两根电炉丝同时工作，容易造成温度失控），如果需要快速升温使用 2 挡，当温度达到要求时应关掉 2 挡开关，只使用 1 挡保温。

⑥ 使用温度不能超过干燥箱的最高允许温度，用毕要及时切断电源。

2.1.8　玻璃器皿的洗涤和干燥

2.1.8.1　玻璃器皿的洗涤

分析化学实验室经常使用玻璃容器，采用不干净的容器进行实验时，会由于污染物和杂质的存在得不到准确的结果，所以容器应该保证干净。

洗涤容器的方法很多，应根据实验要求、污染物性质和沾污的程度加以选择。

一般来说，附着在仪器上的污物有尘土和其他不溶性物质、可溶性物质、有机物质及油污等。针对这些情况，可采用下列方法：

① 用自来水和毛刷刷洗容器上附着的尘土和水溶物。

② 用去污粉（或洗涤剂）和毛刷刷洗容器上附着的油污和有机物质。若仍洗不干净，可用热碱液洗。容量仪器不能用去污粉和毛刷刷洗，以免磨损器壁，使体积发生变化。

③ 用还原剂洗去氧化剂，如二氧化锰。

④ 进行定量分析实验时，即使少量杂质也会影响实验的准确性。这时可用洗液清洗容量仪器。洗液是重铬酸钾在浓硫酸中的饱和溶液（5 g 粗重铬酸钾溶于 10 mL 热水中，稍冷，在搅拌下慢慢加入 100 mL 浓硫酸中就得到铬酸洗液，简称洗液）。

实验中常用的烧杯、锥形瓶、试管、表面皿、试剂瓶等一般的玻璃仪器，先用自来水冲洗，再用去污粉或肥皂水刷洗，接着用自来水冲洗。若未洗净，可根据污垢的性质选用恰当的洗液洗涤，再用自来水冲洗干净。最后蒸馏水润洗 2～3 次。

带刻度的容器，如容量瓶、吸量管、滴定管等，为了保证容积的准确性，不宜用毛刷清洗，光度法中的比色皿是用光学玻璃制成的，也不能用毛刷清洗。它们均应视其污垢性质选用恰当的洗液（如稀硝酸）洗涤，用自来水冲洗干净后，最后用蒸馏水润洗 2～3 次。

已洗净的容器壁可以被水完全润湿。检查是否洗净时，将容器倒转过来，水即顺着器壁流下，器壁上只留下一层薄且均匀的水膜，而不是水珠。

2.1.8.2　玻璃器皿的干燥

采用加热的方法干燥容器：

① 烘干：洗净的容器一般放入恒温箱内烘干，放置容器时应注意平放或使容器口朝下。

② 烤干：将烧杯或蒸发皿置于石棉网上用火烤干。

不加热的情况下干燥容器：

① 晾干：洗净的容器倒置于干净的实验柜内或容器架上晾干（倒置后不稳定的容器如量筒，则不宜这样做）。

② 吹干：可用吹风机将容器吹干。

③ 用有机溶剂干燥：有些有机溶剂可以和水相溶，最常用的是酒精，在容器内加入少量酒精，将容器倾斜转动，器壁上的水即与酒精融合，然后倾出酒精和水。留在容器内的酒精挥发，而使容器干燥。往仪器内吹入空气可以使酒精挥发得更快一些。

带有刻度的量器不能用加热方法进行干燥，加热不仅会影响容器的精密度，也可能造成破裂。

2.1.8.3 玻璃器皿的保管

在储藏室里，玻璃器皿要分门别类地存放，以便取用，下面列出一些器皿的保管方法。

① 移液管：洗净后置于防尘的盒中。

② 滴定管：洗去内装的溶液，用纯水洗后注满纯水，盖上玻璃短试管或塑料套管，也可倒置在滴定管夹上。

③ 比色皿：用毕后洗净，在小瓷盘或塑料牌中下垫滤纸倒置，晾干后收于比色皿盒或洁净的器皿中。

④ 带磨口塞的器皿：容量瓶或比色管等在清洗前应用小线绳或塑料细套管把塞和管口拴好，以免打破塞子或弄混。需长期保存的磨口器皿要在塞子间垫一张纸片，以免日久粘住。长期不用的滴定管要除掉凡士林后垫纸，用皮筋拴好活塞保存。磨口塞间如有沙粒，不要用力转动，以免损伤其精度。同理，不能用去污粉擦洗磨口部位。

⑤ 成套器皿：如索式萃取器、气体分析器等用完应立即洗净，放在专门的纸盒里保存。

⑥ 不要在容器里遗留油脂、酸液、腐蚀性物质（包括浓碱液）或有毒药品，以免造成后患。

2.1.8.4 使用玻璃器皿常见问题的解决方法

（1）打开粘住的磨口塞

当磨口活塞打不开时，如用力就会拧碎，可使用以下方法：用木器敲击固着的磨口部件的一方，使固着部位因受震动而渐渐松动脱离；加热磨口塞外层，可用热水、电吹风、小火烤，间以敲击；在磨口固着的缝隙滴加几滴渗透力强的液体，如石油醚等溶剂或稀表面活性剂等，有时几分钟就能打开，但也有时需几天才见效。

针对不同的情况，可采取以下的相应措施：

凡士林等油状物质粘住活塞时，可以用电吹风或微火慢慢加热使油类黏度降低，或溶化后用木棒轻敲塞子来打开。

活塞长时间不用被尘土等粘住，可把它泡在水中，几小时后可打开。

活塞被碱性物质粘住时，可将器皿在水中加热至沸，再用木棒轻敲塞子来打开。

内有试剂的试剂瓶塞打不开时，若瓶内是腐蚀性试剂如 H_2SO_4 等，要在瓶外放好塑料圆桶以防瓶破裂，操作者要戴有机玻璃面罩，操作时不要使脸部离瓶口太近。打开有毒蒸气（如液溴）的瓶口要在通风橱内操作。准备工作做好后，可用木棒轻敲瓶盖，也可洗净瓶口，用洗瓶吹洗一点蒸馏水润湿磨口，再轻敲瓶盖。

对于因结晶或碱金属盐沉积及强碱粘住的瓶塞，可把瓶口泡在水中或稀盐酸中，经过一段时间可能打开。

将粘住的活塞部位置于超声波清洗机的清洗槽中，通过超声波的振动和渗透作用打开活塞，此法效果很好。

（2）玻璃磨口塞的修配

有时买来的滴定管或容量瓶等的磨口塞漏水，可以自己再进行磨口配合。塞子和塞孔洗净，蘸上水，涂以很细的金刚砂（顺序用 300 号和 400 号金刚砂，禁用粗颗粒的，因为它擦出的深痕以后很难去掉），把塞子插入塞孔，用力不断转动使其互相研磨，经过一段时间取出检查是否磨配合适。磨好的塞子不涂润滑油不应漏水，接触处几乎透明。

2.2　滴定分析仪器使用与操作方法

滴定分析法又称容量分析，主要以溶液体积为测量量，以滴定管、移液管和容量瓶为定容仪器。正确地使用这些容量仪器，对提高实验者的操作水平，保证分析结果的准确性具有重要的意义。

2.2.1　滴定管

滴定管是在滴定过程中准确测量滴定剂体积的玻璃量器。它的主要部分管身是用细长且内径均匀的玻璃管制成的，上面刻有均匀的分度线，线宽不超过 0.3 mm。下端控制流液流出的出口为一尖嘴玻璃管，中间通过玻璃旋塞或乳胶管（管内配以玻璃珠）连接用以控制滴定速度。

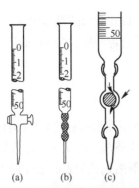

配以玻璃旋塞的滴定管为酸式滴定管，配以带玻璃珠的乳胶管的滴定管为碱式滴定管，见图 2-5。另有一种自动定零位滴定管（是将储液瓶与具塞滴定管通过磨口塞连接在一起的滴定装置，加液方便）自动调零点，主要适用于常规分析中的经常性滴定操作。

滴定管的总容量最小的为 1 mL，最大的为 100 mL，常用 50 mL、25 mL 和 10 mL 的滴定管。其容量精度分为 A 级和 B 级，通常以喷或印的方法在滴定管上标出耐久性标志如制造厂商标、标准温度（20℃）、量出式符号（Ex）和精度级别（A 或 B）和标称总容量（mL）等。

图 2-5　酸式滴定管和碱式滴定管

2.2.1.1　滴定管的使用方法

滴定管的使用要严格遵循以下步骤：

（1）滴定管的检查

一是检查滴定管是否破损；二是检查滴定管是否漏水，如酸式滴定管还要检查玻璃塞旋转是否灵活。

酸式滴定管（简称酸管），为了使其玻璃旋塞转动灵活，必须在塞子与塞座内壁涂少许凡士林。旋塞涂凡士林可用下面两种方法进行：一是用手指将凡士林涂在旋塞的大头上，另用玻璃棒将凡士林涂在相当于旋塞套内壁部分；二是用手指蘸上凡士林后，均匀地在旋塞上涂薄薄的一层（注意旋塞套内壁部分不涂凡士林），见图2-6。

涂凡士林时，不能涂得太多，以免旋塞孔被堵住，也不能涂得太少，达不到转动灵活和防止漏水之目的。涂凡士林后，将旋塞直接插入旋塞套中（见图2-7）。插时旋塞孔应与滴定管平行，此时旋塞不要转动，这样可以避免将凡士林挤到旋塞孔中去。然后，向同一方向不断旋转旋塞，直至旋塞全部呈透明状为止。旋转时，应有一定的向旋塞小头部分方向挤的力，以免来回移动旋塞，使塞孔受堵。最后将橡皮圈套在旋塞的小头部分沟槽上。涂凡士林后的滴定管，旋塞应转动灵活，凡士林层中没有纹络，旋塞里呈均匀的透明状态。

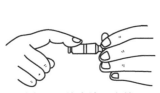
图2-6　旋塞涂凡士林

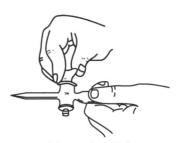
图2-7　插入旋塞

若旋塞孔或出口尖嘴被凡士林堵塞时，可将滴定管充满水后，将旋塞打开，用洗耳球在滴定管上部挤压、鼓气，可以将凡士林排除。

碱式滴定管（简称碱管）使用前，应检查橡皮管是否老化、变质，检查玻璃珠是否适当，玻璃珠过大，不便操作，过小，则会漏水。如不合要求，应及时更换。

（2）滴定管的洗涤

滴定管在使用前必须洗净。当没有明显污渍时，一般用自来水冲洗，零刻度线以上部位可用毛刷蘸洗涤剂刷洗，零刻度线以下部位如不干净，则采用洗液洗（碱式滴定管应除去乳胶管，用橡胶乳头将滴定管下口堵住）。少量的污垢可装入约10 mL洗液，双手平托滴定管的两端，不断转动滴定管，使洗液润洗滴定管内壁，操作时管口对准洗液瓶口，以防洗液外流。洗完后，将洗液分别由两端放出。如果滴定管太脏，可将洗液装满整根滴定管浸泡一段时间。为防止洗液流出，在滴定管下方可放一烧杯。最后用自来水、蒸馏水洗净。洗净后的滴定管内壁应被水均匀润湿而不挂水珠。如挂水珠，应重新洗涤。

（3）溶液的装入

装入溶液前先将试剂瓶中的溶液摇匀。在装入溶液时，先把活塞完全关好。然后左手三指拿住滴定管上部无刻度处，滴定管稍微倾斜以便接受溶液，右手拿住试剂瓶直接将溶液倒入滴定管中。装液时，不能借助于其他仪器（如滴管、漏斗、烧杯等）来转移溶液。

（4）滴定管下端气泡的检查及排除

溶液加入滴定管后，应检查活塞下端或橡皮管内有无气泡。如溶液中留有气泡，对于酸管可以迅速转动活塞，使溶液急速流出，反复数次，即可达到排除酸管出口处气泡的目的。对于碱管先将滴定管倾斜，将橡皮管向上弯曲，并使滴定管嘴向上，然后捏挤玻璃珠上部，让溶液从尖嘴处喷出，使气泡随之排出（图2-8）。排除气泡后，调节液面在"0.00"mL刻度，或在"0.00"mL刻度以下处，并记下初读数。

（5）滴定操作

使用酸管滴定时左手控制玻璃旋塞，无名指和小指向手心弯曲，轻轻地贴着出口部分，轻轻向内扣住旋塞。大拇指在前，食指和中指在后，用以控制旋塞的转动，见图2-9。注意手心不要顶住旋塞，以免将旋塞顶出，造成漏液。控制旋塞的三个手指也不要向外用力，以免推出旋塞造成漏液。

使用碱管时，仍以左手握管，拇指在前，食指在后，其他三个指辅助夹住出口管。用拇指和食指捏住玻璃珠所在部位，向右边挤胶管，使玻璃珠移至手心一侧，这样，溶液即可从玻璃珠旁边的空隙流出。必须指出，不要用力捏玻璃珠，也不要使玻璃珠上下移动，不要捏玻璃珠下部胶管，以免空气进入而形成气泡，影响读数（见图2-10）。

  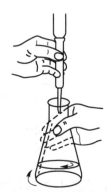

图2-8　排除气泡　　　图2-9　酸式滴定管的操作　　图2-10　碱式滴定管的操作

滴定操作应在锥形瓶内进行。右手的拇指、食指和中指拿住锥形瓶，其余两指辅助在下侧，使瓶底距离滴定台高约2~3 cm，滴定管下端伸入瓶口内约1 cm。左手握住滴定管，按前述方法，边滴加溶液，边用右手摇动锥形瓶，边滴边摇动。

（6）半滴溶液的控制和吹洗

快到滴定终点时，要一边摇动，一边逐滴滴入，甚至是半滴半滴地滴入。学生应该扎实地练习半滴溶液的加入方法。用酸管时，可轻轻转动旋塞，使溶液悬挂在出口管嘴上，形成半滴，用锥形瓶内壁将其沾落，再用洗瓶吹洗。对碱管，半滴溶液加入时，应先松开拇指与食指，将悬挂的半滴溶液沾在锥形瓶内壁上，再放开无名指和小指，这样可避免出口管尖出现气泡。

加入半滴溶液时，也可采用倾斜锥形瓶的方法，将附于壁上的溶液涮至瓶中。这样可避免吹洗次数太多，造成被滴物过度稀释。

（7）滴定管的读数

滴定管的读数方法主要概括为以下几点：

① 手拿滴定管上端无溶液处使滴定管自然下垂，并将滴定管下端悬挂的液滴除去，若在滴定后挂有水珠读数，这时是无法读准确的。眼睛与液面在同一水平面上，进行读数，要求读准至小数点后两位。

② 读数时应将滴定管从滴定管架上取下，用右手大拇指和食指捏住滴定管上部无刻度处，其他手指从旁辅助，使滴定管保持垂直，然后再读数。滴定管夹在滴定管架上读数的方法，一般不宜采用，因为它很难确保滴定管的垂直和准确读数。

③ 普通滴定管装无色溶液或浅色溶液时，读取弯月面下缘最低点处。读数时视线与弯月面下缘实线的最低点相切，即视线应与弯月面下缘实线的最低点在同一水平面上，见图2-11；若溶液颜色太深，其弯月面不够清晰，视线则应与液面两侧的最高点相切，这样才较易读准，见图2-12。为便于读数，可采用读数卡，它有利于初学者练习读数。读数卡是用贴有黑纸或涂有

黑色长方形（约 3 cm×1.5 cm）的白纸板制成（见图 2-13）。读数时，将读数卡放在滴定管背后，使黑色部分在弯月面下约 1 mL 处，此时即可看到弯月面的反射层全部成为黑色。然后，读此黑色弯月面下缘的最低点。然而，对有色溶液须读其两侧最高点时，须用白色卡片作为背景。

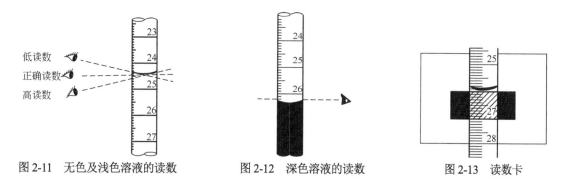

低读数
正确读数
高读数

图 2-11　无色及浅色溶液的读数　　　图 2-12　深色溶液的读数　　　图 2-13　读数卡

④ 读取滴定结果时，应该读到小数点后第二位（即要求估计到±0.01 mL）。读取的值必须读至毫升小数点后第二位，即要求估计到 0.01 mL。正确掌握估计 0.01 mL 读数的方法很重要。滴定管上两个小刻度之间为 0.1 mL，是如此之小，要估计其 1/10 的值，对一个分析工作者来说是要进行严格训练的。为此，可以这样来估计：当液面在此两小刻度之间时，即为 0.05 mL；若液面在两小刻度的 1/3 处，即为 0.03 mL 或 0.07 mL；当液面在两小刻度的 1/5 处，即为 0.02 mL 或 0.08 mL。

⑤ 为使读数准确，在滴定管装满或放出溶液后，必须等待一段时间（约 1～2 min），使附着在内壁的溶液流下来后，再读数。如果放出液的速度较慢（如接近计量点时就是如此），那么等 0.5～1 min 后，即可读数。每次读数前，都要观察管壁是否挂有水珠，出液尖嘴处有无悬液滴，管嘴有无气泡。

2.2.1.2　使用时的注意事项

① 滴定时要保证滴定管下端不能有气泡。

② 酸式滴定管不得用于装碱性溶液，因为玻璃的磨口部分易被碱性溶液腐蚀，使塞子无法转动。而碱式滴定管不宜于装对橡皮管有腐蚀性的溶液，如碘、高锰酸钾、硝酸银和盐酸等（即强氧化性或酸性的溶液）。

③ 最好每次滴定都从 0.00 mL 开始，或接近 0.00 mL 的任一刻度开始，这样可以减小滴定误差。

④ 在滴定过程中，左手不能离开酸式滴定管的玻璃旋塞，不可任溶液自流。

⑤ 摇瓶时，应微动腕关节，使溶液向同一方向旋转（左、右旋转均可），不能前后振动，以免溶液溅出。不要因摇动使瓶口碰到管尖上，以免造成事故。摇瓶时，一定要使溶液旋转出现一旋涡，因此，要求有一定速度，不能摇得太慢，影响化学反应的进行。

⑥ 滴定时，要观察滴落点周围颜色的变化。不要去看滴定管上的刻度变化，而不顾滴定反应的进行。

⑦ 滴定速度的控制方面，一般开始时，滴定速度可稍快，呈"见滴成线"，即每秒 3～4 滴左右。而不能滴成"水线"，否则滴定速度太快。接近终点时，应改为一滴一滴加入，即加一滴摇几下，再加，再摇。最后是每加半滴，摇几下锥形瓶，直至溶液出现明显的颜色变化为止。

⑧ 滴定管不同于量筒，其读数自上而下由小变大。

⑨ 滴定管用后应立即洗净，并倒置于铁架台（滴定管架）上。

2.2.2 容量瓶

容量瓶（也叫量瓶）是为配制准确的一定物质的量浓度的溶液用的精确仪器，主要被用于直接法配制标准溶液和准确稀释溶液以及制备样品溶液等方面。它是一种细颈梨形的平底玻璃瓶，带有玻璃磨口玻璃塞或塑料塞，可用橡皮筋将塞子系在容量瓶的颈上。其颈上有标度刻线，一般表示在20℃时液体充满标度刻线时的准确容积。容量瓶常和分析天平以及移液管配合使用。容量瓶有多种规格，小至 5 mL、大至 2000 mL 等。为了正确地使用容量瓶，应注意以下几点。

2.2.2.1 使用前的检查

① 容量瓶容积是否与所需要的容积一致。

② 标度刻线位置距离瓶口是否太近。如标线离瓶口太近，不便混匀溶液，不宜使用。

③ 检查瓶塞处是否漏水。具体操作如下：

在容量瓶中加入自来水到标度刻线附近，塞紧瓶塞后，左手食指按住塞子，其余手指拿住瓶颈标线以上部分，右手用指尖托住瓶底边缘使瓶身倒立，保持 2 min，然后使用干燥的滤纸片沿瓶口缝处检查，看有无水珠渗出。如果不漏水，将容量瓶直立，再把塞子旋转 180°后，再倒立容量瓶保持 2 min 检查是否漏水。如两次检查均不漏水，方可使用。

2.2.2.2 溶液的配制

使用容量瓶配制溶液的步骤大致为：计算、称量、溶解、转移、定容、摇匀。具体步骤如下：

① 用容量瓶配制标准溶液或分析试液时，最常用的方法是把准确称量好的待溶固体放置于烧杯中，用少量去离子水或其他溶剂溶解后，将溶液沿玻璃棒转移到容量瓶里。定量转移溶液时，右手拿玻璃棒，左手拿烧杯，使烧杯嘴紧靠玻璃棒，而玻璃棒则悬空伸入容量瓶口中，棒的下端应靠在瓶颈内壁上，使溶液沿玻璃棒和内壁流入容量瓶中，其操作方法如图 2-14 所示。烧杯中溶液流完后，将玻璃棒和烧杯稍微向上提起，并使烧杯直立，再将玻璃棒放回烧杯中。然后，用洗瓶吹洗玻璃棒和烧杯内壁，再将溶液定量转入容量瓶中。如此吹洗、转移的定量转移溶液的操作，一般应重复五次以上，以保证定量转移。然后加水至容量瓶的 3/4 左右容积时，用右手食指和中指夹住瓶塞的扁头，将容量瓶拿起，按同一方向摇动几周，使溶液初步混匀。

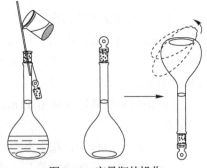

图 2-14 容量瓶的操作

② 继续加水至距离标度刻线约 1 cm 处后，等 1~2 min 使附在瓶颈内壁的溶液流下后，再用细而长的滴管滴加水至弯月面下缘与标度刻线相切（注意：勿使滴管接触溶液；可用洗瓶加水至刻度）。无论溶液有无颜色，其加水位置均为使水至弯月面下缘与标度刻线相切为标准。

③ 当加水至容量瓶的标度刻线时，盖上干的瓶塞，用左手食指按住塞子，其余手指拿住瓶颈标线以上部分，而用右手的全部指尖托住瓶底边缘，然后将容量瓶倒转，使气泡上升到顶，使瓶振荡混匀溶液。再将瓶直立过来，又再将瓶倒转，使气泡上升到顶部，振荡溶液。如此反复 10 次左右。

2.2.2.3 使用时的注意事项

使用容量瓶时需注意以下几点：

① 容量瓶在使用前必须进行检漏。

② 不可在容量瓶中溶解待溶固体，应先将待溶固体在烧杯中溶解后，方可转移到容量瓶里。

③ 用于洗涤烧杯和玻璃棒的溶剂总量不能超过容量瓶的标度刻线，一旦超过则需要重新配制溶液。

④ 容量瓶不能进行加热。当待溶固体溶解或稀释溶液时出现吸热放热现象时，需先将待溶固体在烧杯中溶解或稀释，待溶液冷却后再转移到容量瓶内（升温导致瓶体膨胀，影响所量体积）。

⑤ 容量瓶不可作为长期储存溶液的容器，因为溶液可能会对瓶体进行腐蚀，从而影响容量瓶的精度。

⑥ 容量瓶使用过程中，瓶塞不应放在桌面上，以免瓶塞被污染，可用橡皮筋将瓶塞系在容量瓶的颈上。

⑦ 容量瓶使用完毕需及时洗涤干净，并用纸片将瓶塞和瓶口隔开，防止粘连。

⑧ 容量瓶不得在烘箱中烘烤，也不能在电炉等加热器上直接加热。如需使用干燥的容量瓶时，可将容量瓶洗净后，用乙醇等有机溶剂荡洗后晾干或用电吹风的冷风吹干。

2.2.3 移液管和吸量管

2.2.3.1 移液管

移液管是用于准确量取一定体积溶液的量出式玻璃量器，中间有一膨大部分，管颈上部刻有一圈标线，在标明的温度下，使溶液的弯月面与移液管标线相切，让溶液按一定的方法自由流出，则流出的体积与管上标明的体积相同。移液管按其容量精度分为 A 级和 B 级。

2.2.3.2 吸量管

吸量管是具有分刻度的玻璃管，它一般只用于量取小体积的溶液。常用的吸量管有 1 mL、2 mL、5 mL、10 mL 等规格，吸量管吸取溶液的准确度不如移液管。应该注意，有些吸量管其分刻度不是刻到管尖，而是距离管尖尚差 1~2 cm。

2.2.3.3 移液管和吸量管的操作方法

① 使用移液管和吸量管前需检查管口和尖嘴有无破损，若有破损则不能使用。

② 润洗：移取溶液前，可用吸水纸将洗干净的管的尖端内外的水除去，然后用待吸溶液润洗三次。方法是：用左手持洗耳球，将食指或拇指放在洗耳球的上方，其余手指自然地握住洗耳球，用右手的拇指和中指拿住移液管或吸量管标线以上的部分，无名指和小指辅助拿稳移液管或吸量管，将洗耳球对准管口，将管尖伸入溶液或洗液中吸取，待吸液吸至球部的1/4处（注意，勿使溶液流回，以免稀释溶液）时，移出，荡洗、弃去。如此反复荡洗三次，润洗过的溶液应从尖口处放出、弃去。荡洗这一步骤很重要，它是保证管的内壁及有关部位与待吸溶液处于同一体系浓度状态。

③ 移取溶液：管经润洗后，移取溶液时，将管直接插入待吸液液面下约 1~2 cm 处。管尖不应伸入太浅，以免液面下降后造成吸空；也不应伸入太深，以免移液管外部附有过多的溶

液。吸液时，应注意容器中液面和管尖的位置，应使管尖随液面下降而下降。当洗耳球慢慢放松时，管中的液面徐徐上升，当液面上升至标线以上时，迅速移去洗耳球。与此同时，用右手食指堵住管口，左手改拿待盛吸液的容器。然后，将移液管往上提起，使之离开液面，并将管的下端伸入溶液的部分沿待吸液容器内部轻转两圈，以除去管壁上的溶液。然后使容器倾斜成约30°，其内壁与移液管尖紧贴，此时右手食指微微松动，使液面缓慢下降，直到视线平视时弯月面与标线相切，这时立即用食指按紧管口。移开待吸液容器，左手改拿接收溶液的容器，并将接收容器倾斜，使内壁紧贴移液管尖，成30°左右。然后放松右手食指，使溶液自然地顺壁流下。待液面下降到管尖后，等15 s左右，移出移液管。这时，尚可见管尖部位仍留有少量溶液，对此，除特别注明"吹"字的以外，一般此管尖部位留存的溶液是不能吹入接收容器中的，因为在工厂生产检定移液管时是没有把这部分体积算进去的。但必须指出，由于一些管口尖部做得不很圆滑，留存在管尖部位的体积有大小的变化，因此，可在等15 s后，将管身往左右旋动一下，这样管尖部分每次留存的体积将会基本相同，不会导致平行测定时的过大误差。

用吸量管吸取溶液时，大体与上述操作相同。但吸量管上常标有"吹"字，特别是1 mL以下的吸量管尤其是如此，对此，要特别注意。同时，有的吸量管，它的分度刻到离管尖尚差1～2 cm，放出溶液时也应注意。实验中，要尽量使用同一支吸量管，以免带来误差。

2.2.3.4 使用时的注意事项

使用移液管和吸量管时注意以下几点：

① 移液管和吸量管均不可在烘箱中烘干。

② 不能移取太热或太冷的溶液，温度会影响其精度。

③ 在使用完毕后，应立即清洗干净，置于管架上。

④ 在使用吸量管时，为了减小测量误差，每次都应从最上面刻度（0刻度）处为起始点，往下放出所需体积的溶液，而不是需要多少体积就吸取多少体积。

⑤ 若移液管标有"吹"字样，需要用洗耳球吹出管口残余液体。如果移液管未标有"吹"字，则不需吹出管口残余液体。

⑥ 需用右手持管，左手握洗耳球。

⑦ 读数时，视线应与吸管内液体弯月凹面相切。

⑧ 放出管内溶液时，应将移液管紧贴容器内壁（容器与水平面约成45°倾斜），徐徐放出，最后在器壁上停留15 s即可，手指不可接触吸管下端。

2.3 重量分析法的操作与仪器

重量分析法是分析化学重要的经典分析方法之一，它是利用沉淀反应，使待测物质转变成一定的称量形式后测定物质含量的方法。

重量分析法属于绝对分析方法，特点是不需要标准物质和标准溶液，准确度高，至今仍有广泛的应用。缺点是操作烦琐、费时。为了提高分析速度，可用微波炉对待测组分称量形式进行干燥。例如，以$BaSO_4$沉淀重量法测定Ba^{2+}时，用玻璃坩埚过滤$BaSO_4$沉淀并用微波炉干燥。但此法对沉淀条件和洗涤操作要求更加严格，沉淀中不得包藏有H_2SO_4等高沸点杂质，否则在微波干燥过程中不易被分解或挥发除去。而马弗炉灼烧法则可以除去沉淀包藏的高沸点杂质。

根据沉淀类型的不同，主要分成两类，一类是晶形沉淀，另一类是无定形沉淀。对晶形沉淀（如 $BaSO_4$）的重量分析法，一般过程如下：

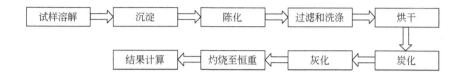

2.3.1 试样溶解

称量试样并转移到烧杯中，沿着烧杯杯壁加入溶剂，盖上表面皿后轻轻摇动，必要时可加热促其溶解，但温度不可太高，以防溶液暴沸导致溅失。如果试样需要用酸液溶解并伴有气体放出，应在试样中加少量水混合成糊状，盖上表面皿，从烧杯嘴处缓慢注入溶剂，待反应结束以后，用洗瓶冲洗表面皿凸面并使之流入烧杯内。

2.3.2 沉淀

重量分析对沉淀的要求是尽可能地完全和纯净，为了达到这个要求，应该按照沉淀的不同类型选择不同的沉淀条件，如沉淀时溶液的体积、温度，加入沉淀剂的浓度、数量、加入速度、搅拌速度、放置时间等。因此，必须按照规定的操作手续进行。

一般进行沉淀操作时，左手拿滴管，滴加沉淀剂，右手持玻璃棒不断搅动溶液，搅动时玻璃棒不要碰烧杯壁或烧杯底，以免划损烧杯。溶液需要加热，一般在水浴或电热板上进行，沉淀后应检查沉淀是否完全，检查的方法是：待沉淀下沉后，在上层澄清液中，沿杯壁加 1 滴沉淀剂，观察滴落处是否出现浑浊，无浑浊出现表明已沉淀完全，如出现浑浊，需补加沉淀剂，直至再次检查时上层清液中不再出现浑浊为止。然后盖上表面皿。

2.3.3 过滤和洗涤

2.3.3.1 用滤纸过滤

（1）滤纸的选择
滤纸分为定性滤纸和定量滤纸两种，重量分析中常用定量滤纸（无灰滤纸）进行过滤。定量滤纸灼烧后灰分极少，其重量可忽略不计，如果灰分较重，应扣除空白。定量滤纸一般为圆形，按直径分 11 cm、9 cm、7 cm 等几种；按滤纸孔隙大小分为"快速""中速"和"慢速"三种。根据沉淀的性质选择合适的滤纸，如 $BaSO_4$、$CaC_2O_4 \cdot 2H_2O$ 等细晶形沉淀，应选用"慢速"滤纸过滤；$Fe_2O_3 \cdot nH_2O$ 为胶状沉淀，应选用"快速"滤纸过滤；$MgNH_4PO_4$ 等粗晶形沉淀，应选用"中速"滤纸过滤。根据沉淀量的多少，选择滤纸的大小。

（2）漏斗的选择
用于重量分析的漏斗应该是长颈漏斗，其颈的直径要小些，一般为 3～5 mm，以便在颈内保留水柱，出口处磨成 45°角，如图 2-15 所示。

（3）滤纸的折叠
接触滤纸的手要洗净擦干。折叠滤纸的方法如图 2-16 所示。

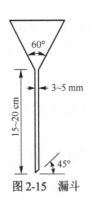

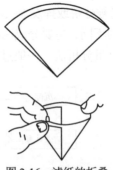

图 2-15　漏斗　　　　　　　　　图 2-16　滤纸的折叠

先把滤纸对折并按紧一半，然后再对折但不要按紧，把折成圆锥形的滤纸放入漏斗中。滤纸的大小应低于漏斗边缘 0.5～1 cm 左右，若高出漏斗边缘，可剪去一圈。观察折好的滤纸是否能与漏斗内壁紧密贴合，若未贴合紧密可以适当改变滤纸折叠角度，直至与漏斗贴紧后把第二次的折边按紧。取出圆锥形滤纸，将半边为三层滤纸的外层折角撕下一块，这样可以使内层滤纸紧密贴在漏斗内壁上，撕下来的那一小块滤纸保留作擦拭烧杯内残留的沉淀用。

（4）做水柱

滤纸放入漏斗后，用手按紧使两者紧密贴合，然后用洗瓶加水润湿全部滤纸。用手指轻压滤纸赶去滤纸与漏斗壁间气泡，然后加水至滤纸边缘，此时漏斗颈内应全部充满水，形成水柱。滤纸上的水已全部流尽后，漏斗颈内水柱应仍能保住，这样，由于液体重力可起抽滤作用，加快过滤速度。

若水柱做不成，可用手指堵住漏斗下口，稍掀起滤纸的一边，用洗瓶向滤纸和漏斗间的空隙内加水，直到漏斗颈及锥体的一部分被水充满，然后边按紧滤纸边慢慢松开下面堵住出口的手指，此时水柱应该形成。如仍不能形成水柱，或水柱不能保持，则是因为漏斗颈太大。实践证明，漏斗颈太大的漏斗，是做不出水柱的，应更换漏斗。

做好水柱的漏斗应放在漏斗架上，下面用一个洁净的烧杯承接滤液，滤液可用于其他组分的测定。滤液有时是不需要的，但考虑到过滤过程中，可能有沉淀渗滤，或滤纸意外破裂，需要重滤，所以要用洗净的烧杯来承接滤液。为了防止滤液外溅，一般都将漏斗颈出口斜口长的一侧贴紧烧杯内壁。漏斗位置的高低，以过滤过程中漏斗颈的出口不接触滤液为度。

（5）倾析法过滤和初步洗涤

首先要强调，过滤和洗涤一定要一次完成，过程中不能间断，特别是过滤胶状沉淀。

过滤一般分三个阶段：第一阶段采用倾析法尽可能多地将清液先过滤，并将烧杯中剩余的沉淀作初步洗涤；第二阶段将沉淀转移至漏斗上；第三阶段清洗烧杯和洗涤漏斗上的沉淀。

过滤时，为了避免沉淀堵塞滤纸的空隙，影响过滤速度，一般多采用倾析法过滤，即倾斜静置烧杯，待沉淀下降后，先将上层清液倾入漏斗，而不是一开始过滤就将沉淀和溶液搅混后过滤。

过滤操作如图 2-17 所示，将烧杯移到漏斗上方，轻轻提取玻璃棒，将玻璃棒下端轻碰一下烧杯壁使悬挂的液滴流回烧杯中，将烧杯嘴与玻璃棒贴紧，玻璃棒直立，下端接近三层滤纸的一边，慢慢倾斜烧杯，使上层清液沿玻璃棒流入漏斗中，漏斗中的液面不能超过滤纸高度的 2/3。或使液面

图 2-17　倾析法过滤

距离滤纸上边缘约 5 mm，以免少量沉淀因毛细管作用越过滤纸上缘，造成损失。

暂停倾析时，应沿玻璃棒将烧杯嘴往上提，逐渐使烧杯直立，等玻璃棒和烧杯由相互垂直变为几乎平行时，将玻璃棒离开烧杯嘴而移入烧杯中。这样才能避免留在棒端及烧杯嘴上的液体流到烧杯外壁上去。玻璃棒放回原烧杯时，勿将清液搅混，也不要靠在烧杯嘴处，因烧杯嘴处沾有少量沉淀，如此重复操作，直至上层清液倾完为止。当烧杯内的液体较少而不便倾出时，可将玻璃棒稍向左倾斜，使烧杯倾斜角度更大些。

在上层清液倾注完了以后，在烧杯中作初步洗涤。根据沉淀类型选择洗涤沉淀的洗液。①晶形沉淀：可用温度低、浓度低的沉淀剂进行洗涤，由于同离子效应，可以减少沉淀溶解损失。如沉淀剂为不挥发性物质，不能用作洗涤液，可改用蒸馏水或其他合适的溶液洗涤沉淀。②无定形沉淀：选择热的电解质溶液作洗涤剂，防止产生胶溶现象，大多采用易挥发的铵盐溶液作洗涤剂。③对于溶解度较大的沉淀，采用有机溶剂洗涤沉淀，可降低其溶解度。

洗涤时，沿烧杯内壁四周注入少量洗涤液，每次约 20 mL，充分搅拌，静置，待沉淀沉降后，按上法倾析过滤，如此洗涤沉淀 4～5 次，每次应尽可能把洗涤液倾倒尽，再加第二份洗涤液。随时检查滤液是否透明不含沉淀颗粒，否则应重新过滤，或重做实验。

（6）沉淀的转移

沉淀用倾析法洗涤后，在盛有沉淀的烧杯中加入少量洗涤液，搅拌混合，全部倾入漏斗中。如此重复 2～3 次，然后将玻璃棒横放在烧杯口上，玻璃棒下端比烧杯口长出 2～3 cm，左手食指按住玻璃棒，大拇指在前，其余手指在后，拿起烧杯，放在漏斗上方，倾斜烧杯使玻璃棒仍指向三层滤纸的一边，用洗瓶冲洗烧杯壁上附着的沉淀，使之全部转移入漏斗中，如图 2-18所示。最后用保存的小块滤纸擦拭玻璃棒，用玻璃棒压住滤纸进行擦拭。擦拭后的滤纸块，用玻璃棒拨入漏斗中，用洗涤液冲洗烧杯将残存的沉淀全部转入漏斗中。有时也可用淀帚（如图 2-19 所示）擦洗烧杯上的沉淀，然后洗净淀帚。淀帚一般可自制，剪一段乳胶管，一端套在玻璃棒上，另一端用橡胶胶水黏合，用夹子夹扁晾干即成。

（7）洗涤

沉淀全部转移到滤纸上后，在滤纸上进行最后的洗涤。这时要用洗瓶由滤纸边缘稍下一些地方螺旋形向下移动冲洗沉淀，如图 2-20 所示。这样可使沉淀集中到滤纸锥体的底部，不可将洗涤液直接冲到滤纸中央沉淀上，以免沉淀外溅。

图 2-18　最后少量沉淀的冲洗

图 2-19　淀帚

图 2-20　洗涤沉淀

采用"少量多次"方法洗涤沉淀，即每次加少量洗涤液，洗后尽量沥干，再加第二次洗涤液，这样可提高洗涤效率。洗涤次数一般都有规定，例如，洗涤 8~10 次，或规定洗至流出液无 Cl⁻ 为止等。如果要求洗至无 Cl⁻ 为止，则洗几次以后，用小试管或小表皿接取少量滤液，用硝酸酸化的 $AgNO_3$ 溶液检查滤液中是否还有 Cl⁻，若无白色浑浊，即可认为已洗涤完毕，否则需进一步洗涤。

2.3.3.2 用微孔玻璃坩埚（漏斗）过滤

有些沉淀不能与滤纸一起灼烧，因其易被还原，如 AgCl 沉淀。有些沉淀不需灼烧，只需烘干即可称量，如丁二肟镍沉淀、磷铝酸喹啉沉淀等，但也不能用滤纸过滤，因为滤纸烘干后，重量改变很多，在这种情况下，应该用微孔玻璃坩埚（或微孔玻璃漏斗）过滤，如图 2-21 所示。这种滤器的滤板是用玻璃粉末在高温下烧结而成的。

微孔玻璃坩埚

微孔玻璃漏斗

图 2-21　微孔玻璃坩埚和漏斗

滤器牌号规定以每级孔径的上限值前置以字母"P"表示，如表 2-1 所示。

表 2-1　滤器的分级和牌号

牌号	孔径分级/μm		牌号	孔径分级/μm	
	>	≤		>	≤
$P_{1.6}$	—	1.6	P_{40}	16	40
P_4	1.6	4	P_{100}	40	100
P_{10}	4	10	P_{160}	100	160
P_{16}	10	16	P_{250}	160	250

分析实验中常用 P_{40} 和 P_{16} 号玻璃滤器，例如，过滤金属汞用 P_{40} 号，过滤 $KMnO_4$ 溶液用 P_{16} 号漏斗式滤器，重量法测 Ni 用 P_{16} 号坩埚式滤器。

P_4~P_{16} 号常用于过滤微生物，所以这种滤器又称为细菌漏斗。

橡皮垫

图 2-22　抽滤装置

这种滤器在使用前，先用强酸（HCl 或 HNO_3）处理，然后用水洗净。洗涤时通常采用抽滤法。如图 2-22 所示，在抽滤瓶瓶口配一块稍厚的橡皮垫，垫上挖一个圆孔，将微孔玻璃坩埚（或漏斗）插入圆孔中（市场上有这种橡皮垫出售），抽滤瓶的支管与水流泵（俗称水抽子）相连接。先将强酸倒入微孔玻璃坩埚（或漏斗）中，然后开水流泵抽滤，当结束抽滤时，应先拔掉抽滤瓶支管上的胶管，再关闭水流泵，否则水流泵中的水会倒吸入抽滤瓶中。

这种滤器耐酸不耐碱，因此，不可用强碱处理，也不适于过滤强碱溶液。将已洗净、烘干且恒重的微孔玻璃坩埚（或漏斗）置于干燥器中备用。过滤时，所用装置和上述洗涤时装置相同，在开动水流泵抽滤时，用倾析法过滤，其操作与上述用滤纸过滤相同，不同之处是在抽滤下进行。

2.3.4　干燥和灼烧

沉淀的干燥和灼烧是在一个预先灼烧至质量恒定的坩埚中进行的，因此，在沉淀的干燥和灼烧前，必须预先准备好坩埚。

2.3.4.1　坩埚的准备

先将瓷坩埚洗净，小火烤干或烘干，编号（可用含 Fe^{3+} 或 Co^{2+} 的蓝墨水在坩埚外壁上编号），然后在所需温度下，加热灼烧。灼烧可在高温电炉中进行。由于温度骤升或骤降常使坩埚破裂，最好将坩埚放入冷的炉膛中逐渐升高温度，或者将坩埚在已升至较高温度的炉膛口预热后放进炉膛中。一般在 800～950℃下灼烧半小时（新坩埚需灼烧 1 h）。从高温炉中取出坩埚时，应先使高温炉降温，然后将坩埚移入干燥器中，将干燥器连同坩埚一起移至天平室，冷却至室温（约需 30 min），取出称量。随后进行第二次灼烧，约 15～20 min，冷却和称量。如果前后两次称量结果之差不大于 0.2 mg，即可认为坩埚已达质量恒定，否则还需再灼烧，直至质量恒定为止。灼烧空坩埚的温度必须与以后灼烧沉淀的温度一致。

坩埚的灼烧也可以在煤气灯上进行。事先将坩埚洗净晾干，将其直立在泥三角上，盖上坩埚盖，但不要盖严，需留一小缝。用煤气灯逐渐升温，最后在氧化焰中高温灼烧，灼烧的时间和在高温电炉中相同，直至质量恒定。

2.3.4.2　沉淀的干燥和灼烧

坩埚准备好后即可进行沉淀的干燥和灼烧。利用玻璃棒把滤纸和沉淀从漏斗中取出，按图 2-23 所示，折卷成小包，把沉淀包卷在里面。此时应特别注意，勿使沉淀有任何损失。如果漏斗上沾有些微沉淀，可用滤纸碎片擦下，与沉淀包卷在一起。

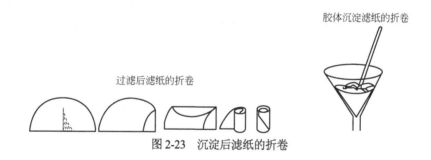

图 2-23　沉淀后滤纸的折卷

将滤纸包装进质量恒定的坩埚内，使滤纸层较多的一边向上，可使滤纸较易灰化。按图 2-24 所示，坩埚倾斜于泥三角上，盖上坩埚盖，然后如图 2-25 所示，将滤纸烘干并炭化，在此过程中必须防止滤纸着火，否则会使沉淀飞散而损失。若已着火，应立刻移开煤气灯，并将坩埚盖盖上，让火焰自熄。

图 2-24　坩埚侧放在泥三角上

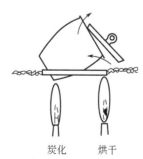

图 2-25　烘干和炭化

当滤纸炭化后，可逐渐提高温度，并随时用坩埚钳转动坩埚，把坩埚内壁上的黑炭完全烧去，将炭烧成 CO_2 除去的过程叫灰化。待滤纸灰化后，将坩埚垂直地放在泥三角上，盖上坩埚盖（留一小孔隙），于指定温度下灼烧沉淀，或者将坩埚放在高温电炉中灼烧。一般第一次灼烧时间为 30～45 min，第二次灼烧 15～20 min。每次灼烧完毕从炉内取出后，都需要在空气中稍冷，再移入干燥器中。沉淀冷却到室温后称量，然后再灼烧、冷却、称量，直至质量恒定。

微孔玻璃坩埚（或漏斗）只需烘干即可称量，一般将微孔玻璃坩埚（或漏斗）连同沉淀放在表面皿上，然后放入烘箱中，根据沉淀性质确定烘干温度。一般第一次烘干时间要长些，约 2 h，第二次烘干时间可短些，约 45 min 到 1 h，根据沉淀的性质具体处理。沉淀烘干后，取出坩埚（或漏斗），置干燥器中冷却至室温后称量。反复烘干、称量，直至质量恒定为止。

2.4　常见分析化学实验仪器及使用方法

2.4.1　分析天平

分析天平是定量分析工作中最重要、最常用的精密称量仪器。每一项定量分析都直接或间接地需要使用天平，而分析天平称量的准确度对分析结果又有很大的影响，因此，我们必须了解分析天平的构造并掌握正确的使用方法，避免因天平的使用或保管不当影响称量的准确度，从而获得准确的称量结果。常用分析天平有等臂双盘天平（包括半自动电光天平和全自动电光天平）和单盘天平。这些天平在构造上虽然有些不同，但其构造的基本原理都是根据杠杆原理设计制造的。

2.4.1.1　称量原理

天平是根据杠杆原理制成的，它用已知质量的砝码来衡量被称物体的质量。

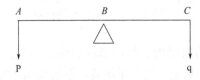

设杠杆 ABC 的支点为 B，AB 和 BC 的长度相等，A、C 两点是力点，A 点悬挂的被称物体的质量为 m_p，C 点悬挂的砝码质量为 m_q。当杠杆处于平衡状态时，力矩相等，即 $m_p \times AB = m_q \times BC$。因为 $AB = BC$，所以 $m_p = m_q$，即天平称量的结果是物体的质量。

目前国内使用最为广泛的是半自动电光天平，本节对其作简单介绍。

2.4.1.2　计量性能

分析天平的计量性能主要包括灵敏度、稳定性和正确性等，天平检定规程中规定了天平的计量性能指标。

（1）灵敏度

天平的灵敏性用灵敏度表示，是指在处于平衡状态下的天平的一个秤盘上增加一微小质量引起指针偏转的刻度数，常用"小格/mg"表示。在一定的质量下，指针偏转的程度越大，则天平的灵敏度越高。合格的电光天平，其左秤盘上增加 10 mg 时，指针向右偏转的小格数应在 98～102 格范围内（即 9.8～10.2 mg 之间）。灵敏度还可用感量（又称分度值）表示，同一台天平的感量与灵敏度互为倒数。常用的分析天平，其感量为 0.1 mg/格，故又称万分之一分析天平。

（2）稳定性

天平的稳定性是指天平梁在平衡状态时受到扰动后能自动回到原位的能力，可通过示值变动性反映。天平的示值变动性是指多次开关天平时平衡点的重复性，是衡量称量结果可靠度的指标。示值变动性一般以多次测定空载天平平衡点变化的最大差值表示。天平平衡点最大差值越大，则天平的稳定性越差。合格的分析天平，其示值变动性不应大于读数标尺的一个分度。

天平的稳定性与灵敏度密切相关，若天平的灵敏度过低，则其准确度就差；但灵敏度过高，其稳定性就差（示值变动性过大），精密度就会受到影响。因此，既要使天平有高的灵敏度，同时也要保证天平有好的稳定性。

（3）正确性

天平的正确性是指天平的等臂性，即使是一台完好的等臂天平，其臂长也会有差异（不等臂性），但其不等臂性不影响称量的准确度。天平的不等臂性，可用交换两盘载重引起指针在刻度标尺上偏移的格数（偏差）表示。一台完好的天平，在最大载重时的不等臂性偏差应小于标尺的三个分度。

实际工作中，如果使用同一台天平进行称量，则天平的不等臂性引起的误差可以消除。

2.4.1.3　称量方法

根据不同的称量对象，须采用相应的称量方法。对机械天平而言，大致有以下几种常用的称量方法。

（1）直接法

天平零点调定后，将被称物直接放在称量盘上，所得读数即被称物的质量。这种称量方法适用于称量洁净干燥的器皿、棒状或块状的金属等，注意，不得用手直接取放被称物，应采用戴手套、垫纸条、用镊子或钳子等适宜的办法。

（2）差减法

取适量待称样品置于一洁净干燥的容器（称固体粉末样品用称量瓶，称液体样品可用小滴瓶）中，在天平上准确称量后，转移出欲称量的样品置于实验器皿中，再次准确称量，两次称量读数之差，即所称量样品的质量。如此重复操作，可连续称取若干份样品。这种称量方法使用于一般的颗粒状、粉末及液态样品。由于称量瓶和滴瓶都有磨口瓶塞，对于称量较易吸湿、氧化、挥发的试样很有利。称量瓶的使用方法：称量瓶是差减法称量粉末状、颗粒状样品最常用的容器（图 2-26）。用前要洗净烘干或自然晾干，称量时不可直接用手抓，而要用纸条套住瓶身中部，用手指捏紧纸条进行操作，这样可避免手汗和体温的影响。先将称量瓶放在台秤上粗称，然后将瓶盖打开放在同一秤盘上，根据所需样品量（应略多一点）向右移动游码或加砝码，用药匙缓慢加入样品至台秤平衡。盖上瓶盖，再拿到天平上准确称量并记录读数。取出称量瓶，在盛装样品的容器上方打开瓶盖并用瓶盖的下面轻敲瓶口的上沿或右上沿，使样品缓缓流入容器（图 2-27）。估计倾出的样品已够量时，应边敲瓶口边将瓶身扶正，盖好瓶盖后方可离开容器的上方，准确称量。如果一次倾出的样品量不到所需量，可再次倾倒样品，直到移出的样品质量满足要求（在待称质量的±10 %以内为宜）后，再记录第二次天平读数。

图 2-26 称量瓶　　　　　图 2-27 倾出样品的操作

在敲出样品的过程中，要保证样品没有损失，边敲边观察样品的转移量，切不可在还没盖上瓶盖时就将瓶身和瓶盖都离开容器上口，因为瓶口边沿处可能沾有样品，容易损失。一定敲回样品并盖上瓶塞后才能离开容器。

（3）固定量称量法（增量法）

直接用标准物质配制标准溶液时，有时需要配成一定浓度值的溶液，这就要求所称标准物质的质量必须是一定的，例如，配制 100 mL 含钙 1.0000 mg·mL^{-1} 的标准溶液，必须准确称取 0.2497g CaCO$_3$ 基准试剂。称量方法：准确称量一洁净干燥的小烧杯（50 mL 或 100 mL），读数后再适当调整砝码，在天平半开状态下小心缓慢地向烧杯中加入 CaCO$_3$ 试剂，直至天平读数正好增加了 0.2497 g 为止。这种称量法操作速度很慢，适用于不易吸湿的颗粒状（最小颗粒应小于 0.1 mg）或粉末状样品的称量。

使用电子天平进行增量法称量非常快捷。

（4）液体样品的称量

液体样品的准确称量比较麻烦。根据不同样品的性质而有多种称量方法，主要的有以下三种：

① 性质较稳定、不易挥发的样品可装在干燥的小滴瓶中用差减法称量，最好预先粗称样品的大致质量。

② 较易挥发的样品可用增量法称取，例如，称取浓盐酸试样时，可先在 100 mL 具塞锥形瓶中加入 20 mL 水，准确称量后快速加入适量的样品，立即盖上瓶塞，再进行准确称量，随后即可进行测定（例如，用 NaOH 溶液滴定 HCl）。

③ 易挥发或与水作用强烈的样品需要采取特殊的办法进行称量，例如，冰醋酸样品可用小称量瓶准确称量，然后连瓶一起放入已装有适量水的具塞锥形瓶，摇动使称量瓶盖子打开，样品与水混合后进行测定。发烟硫酸及硝酸样品一般采用直径约 10 mm、带毛细管的安瓿球称取。准确称量的安瓿球经火焰微热后，迅速将其毛细管插入样品中，球泡冷却后可吸入 1～2 mL 样品，然后用火焰封住毛细管尖再准确称量。将安瓿球放入盛有适量水的具塞锥形瓶中，摇碎安瓿球，样品与水混合并冷却后即可进行测定。

2.4.1.4 半自动电光天平

（1）双盘半机械加码电光天平的构造

电光天平是根据杠杆原理设计的，尽管其种类繁多，但其结构却大体相同，都有底板、立柱、横梁、玛瑙刀、刀承、悬挂系统和读数系统等必备部件，还有制动器、阻尼器、机械加码装置等附属部件。不同的天平其附属部件不一定配全。

双盘半机械加码电光天平的构造如图 2-28 所示。

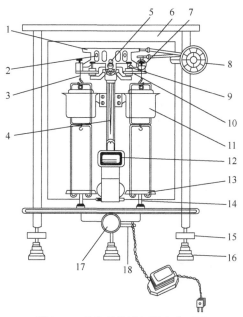

图 2-28 双盘半机械加码电光天平

1—横梁；2—平衡螺丝；3—吊耳；4—指针；5—支点刀；6—框罩；7—圈码；8—指数盘；9—承重刀；10—折叶；11—阻尼筒；12—投影屏；13—秤盘；14—盘托；15—螺旋脚；16—垫脚；17—升降旋钮；18—调屏拉杆

（2）使用方法

① 调节零点。电光天平的零点是指天平空载时，微分标尺上的"0"刻度与投影屏上的标线相重合的平衡位置。接通电源，开启天平，若"0"刻度与标线不重合，当偏离较小时，可拨动调屏拉杆，移动投影屏的位置，使其相合，即调定零点；若偏离较大时，则需关闭天平，调节横梁上的平衡螺丝（这一操作由老师进行），再开启天平，继续拨动调屏拉杆，直到调定零点，然后关闭天平，准备称量。

② 称量。将称量物放入左盘并关好左门，估计其大致质量，在右盘上放入稍大于称量物质质量的砝码。选择砝码应遵循"由大到小，折半加入，逐级试验"的原则。试加砝码时，应半开天平，观察指针的偏移和投影屏上标尺的移动情况。根据"指针总是偏向轻盘，投影标尺总是向重盘移动"的原则，以判断所加砝码是否合适以及如何调整。当调定后，关上右门，再依次调定百毫克组及十毫克组砝码，每次从折半量开始调节。十毫克砝码组调定后，完全开启天平，平衡后，从投影屏上读出 10 mg 以下的读数。克组砝码数、指数盘刻度数及投影屏上读数三者之和即为称量物的质量，及时将称量数据记录在实验记录本上。

（3）分析天平的使用规则

① 称量前先将天平罩取下叠好，放在天平箱上面，检查天平是否处于水平状态，用软毛刷刷天平，检查和调整天平的零点。

② 旋转升降旋钮时必须缓慢，轻开轻关。取放称量物、加减砝码时，都必须关闭天平，以免损坏玛瑙刀口。

③ 天平的前门不得随意打开，它主要供安装、调试和维修天平时使用。称量时应关好侧门。化学试剂和试样都不得直接放在秤盘上，应放在干净的表面皿、称量瓶或坩埚内；具有腐蚀性的气体或吸湿性物质，必须放在称量瓶或其他适当的密闭容器中称量。

④ 取放砝码必须用镊子夹取，严禁手拿。加减砝码和圈码均应遵循"由大到小，折半加

入，逐级试验"的原则。旋转指数盘时，应一挡一挡地慢慢转动，防止圈码跳落互撞。试加减砝码和圈码时应慢慢半开天平试验。

⑤ 天平的载重不能超过天平的最大负载。在同一次实验中，应尽量使用同一台天平和同一组砝码，以减小称量误差。

⑥ 称量的物体必须与天平箱内的温度一致，不得把热的或冷的物体放进天平称量。为了防潮，在天平箱内应放置有吸湿作用的干燥剂。

⑦ 称量完毕，关闭天平，取出称量物和砝码，将指数盘拨回零位。检查砝码是否全部放回盒内原来的位置和天平内外的清洁，关好侧门。然后检查零点，将使用情况登记在天平使用登记簿上，再切断电源，最后罩上天平罩，将座凳放回原处。

2.4.1.5　电子天平

电子天平是利用电子装置完成电磁力补偿的调节，使物体在重力场中实现力的平衡，或通过电磁力矩的调节，使物体在重力场中实现力矩的平衡。

自动调零、自动校准、自动扣皮和自动显示称量结果是电子天平最基本的功能。这里的"自动"，严格地说应该是"半自动"，因为需要经人工触动指令键后方可自动完成相关动作。

（1）基本结构及称量原理

随着现代科学技术的不断发展，电子天平的结构设计一直在不断改进和提高，向着功能多、平衡快、体积小、重量轻和操作简便的趋势发展。但就其基本结构和称量原理而言，各种型号的电子天平都是大同小异的。

常见电子天平的结构是机电结合式的，核心部分是由载荷接收与传递装置、测量及补偿控制装置两部分组成。常见电子天平的基本结构及称量原理示意见图 2-29。

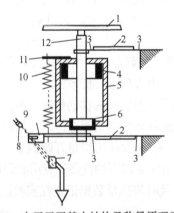

图 2-29　电子天平基本结构及称量原理示意图

1—称量盘；2—平行导杆；3—挠性支承簧片；4—线性绕组；5—永久磁铁；6—载流线圈；7—接收二极管；8—发光二极管；9—光闸；10—预载弹簧；11—双金属片；12—盘支承

载荷接收与传递装置由称量盘、盘支承、平行导杆等部件组成，它是接收被称物和传递载荷的机械部件。平行导杆是由上下两个三角形导向杆形成一个空间的平行四边形（从侧面看）称量结构，以维持称量盘在载荷改变时进行垂直运动，并可避免称量盘倾倒。

载荷测量及补偿控制装置是对载荷进行测量，并通过传感器、转换器及相应的电路进行补偿和控制的部件单元。该装置是机电结合式的，既有机械部分，又有电子部分，包括示位器、补偿线圈、电力转换器的永久磁铁，以及控制电路等部分。

电子装置能记忆加载前示位器的平衡位置。所谓自动调零就是能记忆和识别预先调定的平衡位置，并能自动保持这一位置。称量盘上载荷的任何变化都会被示位器察觉并立即向控制单元发出信号。当秤盘上加载后，示位器发生位移并导致补偿线圈接通电流，线圈内就产生垂直的力，这种作用于秤盘上的外力，使示位器准确地回到原来的平衡位置。载荷越大，线圈中通过电流的时间越长，通过电流的时间间隔是由平衡位置扫描的可变增效放大器来调节的，而且这种时间间隔直接与秤盘上所加载荷成正比。整个称量过程均由微处理器进行计算和调控。这样，当秤盘上加载后，即接通了补偿线圈的电流，计算器就开始计算冲击脉冲，达到平衡后，就自动显示出载荷的质量值。

目前的电子天平多数为上皿式（即顶部加载式），悬盘式已很少见，内校式（标准砝码预装在天平内，触动校准键后自动加码并进行校准）多于外校式（附带标准砝码，校准时夹到秤盘上），使用非常方便。

自动校准的基本原理是，当人工给出校准指令后，天平便自动对标准砝码进行测量，而后微处理器将标准砝码的测定值与存储的理论值（标准值）进行比较，并计算出相应的修正系数，存于计算器中，直至再次进行校准时方可改变。

（2）BP 210S 型电子天平的使用方法

BP 210S 型电子天平（其外观如图 2-30 所示）是多功能、上皿式常量分析天平，感量为 0.1 mg，最大载荷为 210 g，其显示屏和控制键板如图 2-31 所示。

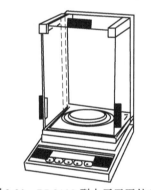

图 2-30　BP 210S 型电子天平外观

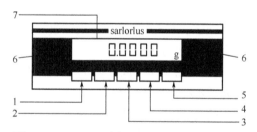

图 2-31　BP 210S 型电子天平显示屏及控制键板

1—开/关键；2—清除键（CF）；3—校准键（CAL）；
4—功能键（F）；5—打印键；6—TARE；7—显示器

一般情况下，只使用开/关键、除皮/调零键和校准/调整键。使用时的操作步骤如下：

接通电源（电插头），屏幕右上角显出一个"o"，预热 30 min 以上。

检查水平仪（在天平后面），当不水平时，应通过调节天平前边左、右两个水平支脚而使其达到水平状态。

按一下开/关键，显示屏很快出现"0.0000 g"。

如果显示不正好是"0.0000 g"，则要按一下"TARE"键。

将被称物轻轻放在秤盘上，这时显示屏上的数字不断变化，待数字稳定并出现质量单位"g"后，即可读数（最好再等几秒钟），并记录称量结果。

称量完毕，取下被称物，如果还要继续使用天平，可暂不按"开/关键"，天平将自动保持零位，或者按一下"开/关键"（但不可拔下电源插头），让天平处于待命状态，即显示屏上数字消失，左下角出现一个"o"，在进行称样时按一下"开/关键"就可使用。如果较长时间（半天以上）不再使用天平，应拔下电源插头，盖上防尘罩。

如果天平长时间不使用，或天平移动过位置，应进行一次校准。校准要在天平通电预热30 min 以后进行，程序是：调整水平，按下"开/关键"，显示稳定后如不为零则按一下"TARE"键，稳定地显示"0.0000 g"后，按一下校准键（CAL），天平将自动进行校准，屏幕显示出"CAL"，表示正在进行校准。10 s 左右，"CAL"消失，表示校准完毕，应显示出"0.0000 g"，如果显示不为零，可按一下"TARE"键，然后即可进行称量。

（3）称量

用电子天平进行称量，方便、快捷。下面介绍几种常用的称量方法：

差减法：这种方法与在机械天平上使用称量瓶称取试样相同，这里不再赘述。

增量法：将干燥的小容器（例如小烧杯）轻轻放在天平秤盘上，待显示平衡后按"TARE"键扣除皮重并显示零点，然后打开天平门往容器中缓缓加入试样并观察屏幕，当达到所需质量时停止加样，关上天平门，显示平衡后即可记录所称取试样的净重。采用此法进行称量，最能体现电子天平称量快捷的优越性。

减量法：相当于上述增量法而言，减量法是以天平上的容器内试样量的减少值为称量结果。当使用不干燥的容器（例如烧杯、锥形瓶）称取样品时，不能用上述增量法。为了节省时间，可采用减量法：用称量瓶粗称试样后放在电子天平的秤盘上，显示稳定后，按一下"TARE"键使显示为零，然后取出称量瓶向容器中敲出一定量样品，再将称量瓶放在天平上称量，如果所示质量（不管"—"号）达到要求范围，即可记录称量结果。若需连续称取第二份试样，则再按一下"TARE"键，示零后向第二个容器中转移试样。

电子天平的功能较多，除上述在分析化学实验中常用的几种称量方法外，其他特殊的称量方法及数据处理显示方式可参阅天平说明书。

（4）使用时的注意事项

① 称量前的准备工作。被称物要在天平室放置足够时间，以使其温度与天平室温度达到平衡。电子天平要进行通电预热，预热时间要遵循产品说明书中的规定。如果室内温差大，要减少天平室门的敞开时间，以控制天平室内温度波动。

② 尽量克服引起天平值变动性的因素。例如，空气对流、温度波动、容器不够干燥、开门及放置被称物时动作过大等。

③ 天平自重较小，容易被碰位移，从而可能造成水平改变，影响称量结果的准确性。所以应特别注意使用时，动作要轻、缓，并时常检查水平是否改变。

开、关天平的侧门，加、减砝码，放、取被称物等操作，其动作都要轻、缓，切不可用力过猛，否则，可能造成天平部件脱位。

调定零点和记录称量读数后，都要随手关闭天平（停动手钮）。加、减砝码和放置被称物都必须在关闭状态下进行（单盘天平允许在半开状态下调整砝码），砝码未调定时不可完全开启天平。

调零点和读数时必须关闭两个侧门，完全开启天平。双盘天平的前门仅供安装和检修天平时使用。

如果发现天平不正常，应及时报告指导教师或实验室工作人员，不要自行处理。

称量完毕，应及时将天平复原，并保证天平周围的清洁。

2.4.2 分光光度计

2.4.2.1 原理

吸光光度法是基于物质对光的选择性吸收而建立起来的分析方法。物质对光的吸收程度以吸光度 A 表示，其定量的理论基础是朗伯-比耳定律（光吸收定律）：

$$A = kbC$$

即当一束平行单色光垂直通过某溶液时，溶液对此单色光的吸光度与其浓度 c（mol·L^{-1}）、液层厚度（光径长度）b（cm）的乘积成正比。式中 k 为比例常数，它与入射光的波长、溶液的性质、温度等因素有关。k 以 ε 表示，ε 称摩尔吸光系数（单位为 L·mol^{-1}·cm^{-1}），ε 是吸光物在特定波长、溶剂等条件下的特征常数，反映物质的吸光能力，可作为定性分析的参数和光度测定的灵敏度（ε 大则灵敏度高）。

吸光光度法具有较高的灵敏度和一定的准确度，主要用于微量组分的测定，也能用于高含量组分的测定、多组分分析及化学平衡、配合物的组成等研究。其一般的分析步骤为：

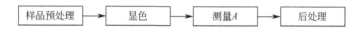

测量溶液吸光度的仪器称分光光度计，分光光度计广泛应用于医药卫生、临床检验、生物化学、石油化工、环境保护、质量控制等部门，是理化实验室常用的仪器之一。分光光度计采用一个可以产生多个波长的光源，通过系列分光装置，从而产生特定波长的光源，光线透过测试的样品后，部分光线被吸收，从而得到样品的吸光度。

2.4.2.2 分光光度计的基本组成

仪器主要由光源、单色器、样品室、检测器、信号处理器和显示与存储系统组成。其光源一般采用钨灯（波长 350~2500 nm）和氘灯（波长 190~400 nm）。单色器的作用是把复合光分解为按波长顺序排列的单色光。常用的色散元件有棱镜和衍射光栅。分光光度计的样品室由吸收池架和玻璃或石英制成的吸收池构成。检测器是一种光电转换元件，常用的有光电池、光电管和光电倍增管。仪器的显示仪表（或记录仪）是一块液晶数显，可直接读数。

2.4.2.3 722S 型分光光度计

722S 型分光光度计是数字显示的单光束、可见分光光度计，具有灵敏度和准确度高、操作简便、快速等优点，允许测量波长范围为 330~800 nm，吸光度的显示范围为 0.0~1.0，是在可见光区进行吸光光度分析的常用仪器。

（1）测量原理

一束单色光通过有色溶液时，一部分光线通过，一部分被吸收，一部分被器皿的表面反射。设 I_0 为入射光的强度，I 为透过光的强度，则 I/I_0 称为透光度，用 T 表示。透光度越大，光被吸收越少。把 $\lg(I_0/I)$ 定义为吸光度，用 A 表示。吸光度越大，溶液对光的吸收越多。吸光度 A 与透光度 T 之间的关系为 $A = -\lg T$。吸光度 A 与待测溶液的浓度 c（mol·L^{-1}）和液层的厚度 b（cm）成正比，即 $A = \varepsilon bc$。这是光的吸收定律，亦称朗伯-比耳定律。当入射光波长一定，溶液的温度和比色皿（溶液的厚度）均一定时，则吸光度 A 只与溶液浓度 c 成正比。将单色光通过待测溶液，并使通过光射在光电管上变为电信号，在数字显示器上可直接读出吸光度 A 或浓度 c。

（2）仪器构造

722S 型分光光度计由光源室、单色器、试样室、光电管暗盒、电子系统及数字显示器等部件组成。其结构如图 2-32 所示。

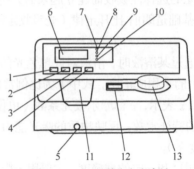

图 2-32   722S 型分光光度计

1—100％T键；2—0％T键；3—功能键；4—模式键；5—试样槽架拉杆；6—显示窗；7—透射比指示灯；8—吸光度指示灯；
9—浓度因子指示灯；10—浓度直读指示灯；11—样品室；12—波长指示窗；13—波长调节钮

（3）使用方法

① 取下防尘罩。

② 接通电源，按下仪器上的电源开关，指示灯即亮。仪器预热 20 min。

③ 打开试样室盖（光门自动关闭），调节 0％T 旋钮，使显示"00.0"。

④ 将参比溶液的比色皿放入试样架的第一格内，试样的比色皿放入第二、三、四格内盖上试样室盖（光门打开，光电管受光）。推动试样架拉手将参比溶液推入光路，调节 100％T 旋钮，使之显示为"100.0"，若显示不到"100.0"，再调节 100％T 旋钮，直至显示为"100.0"。

⑤ 重复上述③和④操作，显示稳定后即可进行测定工作。

⑥ 吸光度 A 的测量：稳定地显示"100.0"透光度后，选择模式吸光度，此时吸光度显示应为"00.0"，然后将试样推入光路，这时的显示值即为试样的吸光度。

⑦ 测定完毕，关闭仪器电源开关（短时间不用，不必关闭电源，可打开试样室盖，即可停止照射光电管），将比色皿取出、洗净、擦干、放回原处。拔下电源插头，待仪器冷却 10 min 后盖上防尘罩。

2.4.2.4   使用时的注意事项

① 预热或使用间隔期将样品槽盖打开，目的是减少光电管的使用时间，延长其寿命。

② 分光光度计的灵敏度有数挡，"1"挡灵敏度最低，逐挡增加。其选择原则是保证能良好地调节参比溶液透光度到"100％"的情况下，尽可能采用灵敏度较低挡，这样可使仪器具有较高的稳定性。所以使用时一般置于"1"挡，调不到"100％"时再逐挡增高，但改变灵敏度后，须重新校正透光度"0"和"100％"。

③ 改变工作波长时，应稍待片刻，重新校正透光度"0"和"100％"后再进行测定。

④ 比色皿的使用：取比色皿时应拿其毛玻璃面，不能接触其透光面；测量溶液的吸光度时，应先用该溶液润洗比色皿 2～3 次；测定系列溶液时，一般从稀到浓依次进行；装入溶液约 3/4 后，用吸水纸轻轻吸去比色皿壁外液体，再用镜头纸擦至透明，然后置于比色皿架上进行吸光度测定；比色皿用后应立即用水清洗干净，洗不去的着色，可用盐酸、硝酸或乙醇盐酸

洗涤液等浸洗，但不能用铬酸洗液或碱液洗涤。

2.4.3 酸度计

2.4.3.1 测量仪器原理

酸度计也称 pH 计，是测定溶液 pH 值最常用的仪器之一。由电极和电计两部分组成，电极分为指示电极和参比电极。

（1）指示电极

玻璃电极是测量 pH 的指示电极，其结构如图 2-33 所示。该电极内装有 $0.1\ mol\cdot L^{-1}$ HCl 内参比溶液，溶液中插入一支 Ag/AgCl 内参比电极；其下端的玻璃球泡是 pH 敏感电极膜（厚约 0.1 mm），能响应 α_{H^+}，25℃时玻璃电极的膜电位与溶液的 pH 成线性关系：

$$E_{玻璃}=E^{\ominus}_{玻璃}-0.0592pH$$

（2）参比电极

通常以饱和甘汞电极为参比电极，其结构见图 2-34。饱和甘汞电极是由金属汞、甘汞（Hg_2Cl_2）和饱和 KCl 溶液组成的电极，内玻璃管封接一根铂丝，铂丝插入纯汞中，纯汞下面有层 Hg_2Cl_2 和汞的糊状物。外玻璃管中装入饱和 KCl 溶液，下端用素烧陶瓷塞塞住，通过陶瓷塞的毛细孔，可使内外溶液相通。饱和甘汞电极电位在一定温度下恒定不变，25℃时为 0.2438 V。

指示电极、参比电极与试液组成工作电池（原电池），电计在零电流的条件下测量其电动势。该工作电极的电动势为：

$$E = E_+ - E_- = E_{甘汞} - E_{玻璃} = E_{甘汞} - [E^{\ominus}_{玻璃}+2.303RT\lg\alpha_{H^+}/(ZF)]$$
$$=E^{\ominus}+[2.303RT/(ZF)]pH$$

pH 计因生产厂家不同而型号和结构各异，但测量原理和使用方法基本不同。下面以 pHS-2C 型数显酸度计为例来介绍 pH 计的用法。

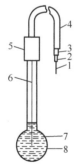

图 2-33　玻璃电极

1—导线；2—绝缘体；3—网状金属屏；4—外套管；5—电极帽；6—Ag/AgCl 内参比电极；7—内参比溶液；8—玻璃薄膜

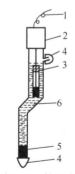

图 2-34　甘汞电极

1—导线；2—绝缘体；3—内部电极；4—橡皮帽；5—多孔物质；6—饱和 KCl 溶液

pHS-2C 型 pH 计是一种数字显示 pH 计，采用蓝色背光双排数字显示液晶，可同时显示 pH 值、温度值或电位（mV）值。该仪器适用于测定水溶液的 pH 值和电位值，配上 ORP 电极可测量溶液 ORP（氧化-还原电位）值，配上离子选择性电极可测量该电极的电极电位值。

pHS-2C 型数显酸度计新配备的复合电极是一种只对氢离子浓度敏感的离子选择电极，它对被测溶液中的不同氢离子浓度，可以产生不同的直流电位，通过阻抗变换和放大，再由 AD 转换器将直流被测电位转换成数字直接显示出 pH 值（图 2-35）。

图 2-35　pHS-2C 型数显酸度计

2.4.3.2　仪器工作条件

仪器工作时，附近不能有显著磁场及振动，其余环境要求见表 2-2。

表 2-2　仪器工作条件

环境温度	相对湿度	被测溶液温度
10～35℃	≤80%	5～60℃

2.4.3.3　溶液 pH 值的测量

① 接通电源，打开仪器开关，选择开关置"pH"挡，将"斜率"旋钮向顺时针方向旋足。

② 取下电极座短路针，将电极入座。

③ 调节混合磷酸盐缓冲溶液的温度，将温度补偿旋钮调在该温度位置上。

④ 复合电极用蒸馏水冲洗干净，用滤纸吸干水珠，插入混合磷酸盐标准缓冲溶液中，一分钟后调动"定位"旋钮，使仪器显示该缓冲溶液当前温度时的 pH 标准值。

⑤ 取出复合电极用蒸馏水冲洗干净，用滤纸将电极外部的水珠吸干，插入邻苯二甲酸氢钾标准缓冲液。当仪器显示的 pH 值与表中标准值不一致时，可将"斜率"钮向逆时针旋转，使仪器显示值同表中标准值一致，如"4.00"为止。

⑥ 重复④和⑤步骤，直到重现性可靠为止。

⑦ 被测溶液测量时，要注意溶液温度与上述两个标准缓冲液的温度相同（被测溶液一定要与标准溶液温度一致，防止因溶液温度不同产生测量误差）。

⑧ 电极洗净吸干后，插入酸性被测溶液，仪器的显示值即为被测液 pH 值。

⑨ 如测偏碱性溶液，则用硼砂标准缓冲溶液定位，调斜率，操作参照③～⑤步骤。

2.4.3.4　电极电位值的测量

① 将选择开关拨至"mV"挡。

② 接上离子选择性电极，用蒸馏水冲洗干净，用滤纸吸干水珠后插入被测溶液内，即显示出相应的电极电位（mV）值，并自动显示正负极性。

2.4.3.5　复合电极的特点及使用注意事项

① 电极的易碎部分有塑料栅保护，预防碰击破碎。

② 电极为全屏蔽式，防止了测量时的外电场干扰。

③ 电极塑料保护栅与电极杆外壳用螺丝连接，随时可取下保护栅，清除连接螺丝中各种混合液残留的"死角"。

④ 塑料保护栅内的敏感玻璃泡不能与脏手指、硬物接触，任何破损和擦毛都会使电极失效。

⑤ 电极反应速度快，pH 敏感部分到达平衡值的 95% 所需时间小于 1 min。

⑥ 电极在测量前必须用已知 pH 值的标准缓冲溶液进行定位校准。

⑦ 测量完毕，将电极泡在饱和 KCl 溶液内，以保持电极泡的湿润和吸补外参比溶液，饱

和 KCl 溶液内加三滴邻苯二甲酸氢钾，保证 pH 值为 4.00～4.50。

⑧ 电极的引出端必须保持清洁和干燥，绝对防止输出两端短路，否则将导致测量结果失准或失效。

⑨ 电极避免长期浸泡于蒸馏水中或蛋白质溶液和酸性氟化物溶液中，并防止和有机硅油接触。

2.4.3.6 酸度计使用时的注意事项

① 酸度计的输入端，即测量电极插座必须保持干燥清洁。在环境湿度较高的场所使用时，应将电极插座和电极引线柱用干净纱布擦干。读数时，电极引入导线和溶液应保持静止，否则会引起仪器读数不稳定。

② 防止仪器与潮湿气体接触。潮气的浸入会降低仪器的绝缘性，使其灵敏度、精确度、稳定性都降低。

③ 玻璃电极小球的玻璃膜极薄，容易破损。切忌与硬物接触。

④ 玻璃电极的玻璃膜不能沾上油污，如不慎沾有油污可先用四氯化碳或乙醚冲洗，再用酒精冲洗，最后用蒸馏水洗净。

⑤ 甘汞电极的氯化钾溶液中不允许有气泡存在，其中有极少结晶，以保持饱和状态。如结晶过多，毛细孔堵塞，最好重新灌入新的饱和氯化钾溶液。

⑥ 如酸度计指针抖动严重，应更换玻璃电极。

第3章

定量分析基本操作实验

3.1　电子分析天平称量练习

3.1.1　应用背景

　　电子分析天平是用来精确称量产品质量的精确仪器,以其操作简单、称量准确可靠等优点,迅速在工业生产、科研、贸易等方面得到广泛应用。因为称量的准确度对分析结果有较大的影响,因此,在分析工作之前必须熟悉如何正确使用电子分析天平。通过本实验学生可以学习并掌握电子分析天平的原理、操作方法及注意事项,建立质量称量准确意识,培养学生准确称量的实验操作技能,为后续课程学习和将来工作奠定化学实验基础。

3.1.2　实验目的和要求

　　① 了解电子分析天平的基本构造、称量原理。
　　② 通过分析天平的称量练习,学会熟练地使用分析天平。
　　③ 掌握常见的几种称量方法,训练准确称取一定量的试样。
　　④ 培养准确、简明、规范地记录实验原始数据的习惯。

3.1.3　实验原理

　　电子分析天平根据称量的精密度可分为超微量、微量、半微量、常量等电子天平。根据分析测试时的准确度选择电子分析天平。其中实验室用来准称的电子天平属于常量电子分析天平,又称万分之一天平,误差在±0.1 mg。
　　电子分析天平的称量依据是电磁力平衡原理。电子分析天平的重要特点是在测量被测物体的质量时不用测量砝码的重力，而是采用电磁力与被测物体的重力相平衡的原理来测量的。秤盘通过支架连杆与线圈连接，线圈置于磁场内。在称量范围内时，被测重物的重力 mg 通过连杆支架作用于线圈上，这时在磁场中若有电流通过，线圈将产生一个电磁力 F，方向向上，电磁力 F 和秤盘上被测物体重力 mg 大小相等、方向相反而达到平衡，同时在弹性簧片的作用下，秤盘支架回复到原来的位置。即处在磁场中的通电线圈，流经其内部的电流 I 与被测物体的质量成正比，只要测出电流 I 即可知道物体的质量 m。

3.1.4　实验仪器、材料与试剂

（1）实验仪器与材料
电子分析天平；称量纸；镊子和药匙各 1 把；锥形瓶。
（2）试剂
无水碳酸钠或邻苯二甲酸氢钾。

3.1.5　实验操作

（1）天平的检查
检查天平是否保持水平（水平仪内气泡位于圆环中间），天平盘是否洁净，若不干净可用软毛刷刷净，天平各部件是否在原位。
（2）开机操作
接通电源，预热 30 min，按开关键（on/off 键），稳定显示 0.0000 g 后，开机完成。
（3）直接称量法
称量 0.5000 g 无水碳酸钠三份于三个锥形瓶内。

将称量纸放在秤盘上，关上天平门，待示数显示稳定后，使用去皮键（TARE），去除称量纸自身质量。然后往称量纸上加入略小于 0.5 g 的无水碳酸钠，再轻轻振动药匙，使样品慢慢撒入称量纸上，直到显示器上示数为 0.5000 g。若不慎超过 0.5 g，先关天平，再用药匙小心取出一点样品，重复前面的操作，直到所称质量为 0.5000 g 为止。得第一份试样，重复上述步骤，继续称取两份。

（4）差减法称量
① 左手用镊子从干燥器中取出称量瓶❶，置于天平左盘上，关天平门，示数稳定后去皮。

② 打开天平门，用一小块纸包住瓶盖取下侧放在天平上，用药匙缓慢加入无水碳酸钠约 0.5 g。盖好称量瓶盖，关上天平门，示数稳定，读数记下 $m_1$❷。

③ 打开天平门，取出称量瓶❸，用盖轻轻敲击称量瓶，转移无水碳酸钠于锥形瓶内，再将称量瓶放回天平盘，关好天平门，示数稳定后记录为 m_2。得第一份样品质量为 $m=m_1-m_2$。

④ 重复步骤①~③，继续称取两份。

3.1.6　注释

❶ 取放称量瓶时，不得直接用手拿。
❷ 原始记录不得随意记在小纸片上，而应记在实验报告本上。
❸ 称量瓶与小坩埚除放在干燥器内和天平盘上外，须放在洁净的纸上，不得随意乱放，以免沾污。

3.1.7　思考题

（1）什么情况下选用差减法称量？
（2）什么情况下选用直接法称量？

3.2　滴定分析基本操作练习

3.2.1　应用背景

滴定分析法，亦称容量分析法，是化学分析法中简单、准确的一种常用分析方法。将一种已知其准确浓度的试剂溶液（称为标准溶液）滴加到被测物质的溶液中，直到化学反应完全时为止，然后根据所用试剂溶液的浓度和体积可以求得被测组分的含量的方法。通过本次实验，学生可以正确进行滴定管、移液管、容量瓶等的操作，培养学生规范的滴定操作技能、动手能力以及滴定终点的判断，为后面的滴定分析操作打下良好的基础。

3.2.2　实验目的和要求

（1）掌握滴定管、移液管、容量瓶的洗涤和正确使用方法。
（2）练习滴定操作，学习滴定终点的观察与判断。
（3）熟悉甲基橙、酚酞指示剂的使用和终点颜色的变化，初步掌握酸碱指示剂的选择方法。
（4）掌握分析结果误差的分析。

3.2.3　实验原理

正确使用滴定分析中涉及到的各种分析仪器是获得准确测量数据，保证分析结果准确度的前提，必须按照各种仪器使用规程进行严格操作，比如要正确进行滴定管、移液管、容量瓶等的操作，培养规范的滴定操作技能及动手能力，学习滴定终点的判断。

为此安排了此实验，主要是以酸碱滴定法中酸碱标准溶液的配制和测量标准溶液消耗的体积为例，练习滴定分析的基本操作。

酸碱滴定中常用 HCl 和 NaOH 溶液作为滴定剂，由于浓 HCl 易挥发，固体 NaOH 易吸收空气中的水分和 CO_2，因此不能直接配制准确浓度的 HCl 和 NaOH 标准溶液，只能先配制近似浓度的溶液，然后再用基准物标定其准确浓度，或用另一种已知准确浓度的标准溶液滴定该溶液，再根据它们的体积比求得该溶液的浓度。酸碱指示剂都具有一定的变色范围。$0.1\ mol \cdot L^{-1}$ NaOH 和 HCl 溶液的滴定，其滴定突跃范围 pH 值为 4～10，可选用甲基橙（变色范围 pH 值为 3.1～4.4）或酚酞（变色范围 pH 值为 8.0～10.0）作指示剂。

3.2.4　实验仪器、材料与试剂

（1）实验仪器与材料

酸式滴定管（50 mL）1 支；碱式滴定管（50 mL）1 支；移液管（25 mL）1 支；锥形瓶（250 mL）3 个；棕色、白色试剂瓶（1000 mL）各 1 个；烧杯（250 mL）1 个；量筒（10 mL）。

（2）试剂

浓盐酸（HCl，AR）；NaOH（s，AR）；甲基橙水溶液（0.2%）；酚酞乙醇溶液（0.2%）。

3.2.5　实验操作

（1）配制 500 mL 0.1 mol·L⁻¹ HCl 溶液

通过计算求出配制 500 mL 0.1 mol·L⁻¹ HCl 溶液所需浓盐酸（相对密度为 1.19，约 12 mol·L⁻¹）的体积约 4.5 mL，然后用小量筒量取 4.5 mL 的浓盐酸❶，倒入盛有半瓶去离子水的白色试剂瓶中，加去离子水稀至 500 mL，盖上玻璃塞，摇匀❷。

（2）配制 500 mL 0.1 mol·L⁻¹ NaOH 溶液

同样通过计算求出配制 500 mL 0.1 mol·L⁻¹ NaOH 溶液所需的固体 NaOH 的量为 2.0 g，50 mL 烧杯置于台秤上，去皮，迅速称出 2.0 g NaOH，立即用蒸馏水溶解，稍冷却后转入具有橡皮塞的棕色试剂瓶中。加去离子水稀至 500 mL，盖好瓶塞，摇匀❷。

（3）NaOH 溶液与 HCl 溶液的浓度比较

① 准备酸、碱滴定管各一支，用少量 0.1 mol·L⁻¹ NaOH 溶液将碱管润洗三遍，再用少量 0.1 mol·L⁻¹ HCl 溶液将酸式滴定管润洗三遍，分别将 NaOH 溶液、HCl 溶液注入碱管、酸管中，并将液面调至 0.00 刻度。

② 用移液管❸移取 25.00 mL 0.1 mol·L⁻¹ NaOH 溶液于洗净的 250 mL 锥形瓶中❹，加入 1 滴 0.2% 甲基橙指示剂，用 0.1 mol·L⁻¹ HCl 溶液滴定至溶液由黄色变为橙色为止，记下消耗 HCl 溶液的准确读数。反复进行练习，直到所测 V_{NaOH}/V_{HCl} 体积比的三次测定结果的相对平均偏差在 0.1% 之内，取其平均值（数据按表格记录）。

③ 用移液管❸移取 25.00 mL 0.1 mol·L⁻¹ HCl 溶液于 250 mL 锥形瓶中❹，加 2～3 滴 0.2% 酚酞指示剂，用 0.1 mol·L⁻¹ NaOH 溶液滴定至溶液呈微红色保持 30 s 不褪色即为终点。记下消耗 NaOH 溶液的准确读数。如此平行测定三次，并分别计算 V_{NaOH}/V_{HCl} 体积比。计算公式如下：

$$\frac{c_{HCl}}{c_{NaOH}} = \frac{V_{NaOH}}{V_{HCl}}$$

3.2.6　注释

❶ 配制时应在通风橱中操作。

❷ 溶液配制好后，一定先摇匀，再使用。

❸ 用移液管移取溶液，用滴定管进行滴定注入溶液之前，一定用所用溶液润洗 2～3 次。

❹ 使用移液管移取溶液，往锥形瓶中放入时，一定让溶液自然下流，不能用洗耳球吹。

3.2.7　思考题

（1）HCl 和 NaOH 标准溶液能否用直接配制法配制？为什么？

（2）配制酸碱标准溶液时，为何用量筒量取 HCl，用台秤称取 NaOH 而不用吸量管和分析天平？

（3）标准溶液装入滴定管之前，为什么要用该溶液润洗滴定管 2～3 次？而锥形瓶是否也需用该溶液润洗或烘干，为什么？

（4）滴定至临近终点时加入半滴的操作是怎样进行的？

3.3 滴定分析器皿使用与校准

3.3.1 应用背景

滴定分析属于定量分析，为了保证"量"的准确度，首先需要保证滴定分析法所涉及到的所有准确的量入式和量出式的衡量仪器的准确度。因此通过本次实验学生可以理解容量仪器校准的意义、原理，掌握分析中常用的滴定管、容量瓶的校准及移液管和容量瓶的相对校准方法。培养学生实验的严谨性和仪器操作的规范性，为今后的化学实验仪器校准打下必备技能。

3.3.2 实验目的和要求

（1）了解容量仪器校准的意义、原理。

（2）学习滴定管、容量瓶的校准及移液管和容量瓶的相对校准方法。

3.3.3 实验原理

滴定分析法常用滴定管、移液管和容量瓶。其中滴定管和移液管属于准确的量出式衡量仪器，而容量瓶属于准确的量入式衡量仪器。在实验过程中，欲使分析结果准确，所用量具须有足够的准确度。故需校正这些衡量仪器。

校正量器常采用称量法，亦称衡量法，即在分析天平上称准容量仪器中水的质量，然后由公式 $V=m/\rho$（体积=质量/密度）换算成 20℃时的标准容积。容量器皿的容积随温度改变而有变化。我国生产的容量器皿，其容积都是以 20℃ 为标准的。由质量换算成体积时，必须考虑三个因素：

① 水的密度受温度的影响；

② 温度对玻璃容量器皿胀缩的影响；

③ 在空气中称量所受空气浮力的影响。

其中因素③影响甚小，把以上因素考虑在内，可得到一个总校正值，见表 3-1。

表 3-1　20℃时体积为 1 L 的水在 t（℃）时质量（g）

$t/℃$	m/g	$t/℃$	m/g	$t/℃$	m/g	$t/℃$	m/g
10	998.39	16	997.78	22	996.80	28	995.44
11	998.32	17	997.64	23	996.60	29	995.18
12	998.23	18	997.51	24	996.38	30	994.91
13	998.15	19	997.34	25	996.17	31	994.64
14	998.04	20	997.18	26	995.93	32	994.34
15	997.92	21	997.00	27	995.69	33	994.06

注：校准后的体积是指该容器在 20℃时的容积。

【例 1】15℃时某 250 mL 容量瓶，以黄铜砝码称量其中的水为 249.52 g，计算该容量瓶在 20℃时的容积是多少？

解：由表 3-1 查得，为使某容器在 20℃时的容积为 1 L，15℃时应称取的水为 997.92 g，即水的密度（包括容器校正在内）为 0.99792 $g·mL^{-1}$。

所以容量瓶在 20℃时的真正容积为

$$249.52\text{g} / 0.99792\text{g}\cdot\text{mL}^{-1} = 250.04 \text{ mL}$$

【例2】欲使容量瓶在 20℃时的容积为 500 mL，则 16℃时，在空气中以黄铜砝码称量时应称水多少克？

解：由表 3-1 查得，为使某容器在 20℃时的容积为 1 L，16℃时应称取的水为 997.78 g。若容积为 500 mL，则应称取的水为：

$$(997.78 \text{ g} / 1000 \text{ mL})\times 500 \text{ mL} = 498.89 \text{ g}$$

3.3.4　实验仪器、材料与试剂

（1）实验仪器与材料

酸式滴定管（50 mL）1 支；移液管（25 mL）1 支；容量瓶（50 mL、100 mL）各 1 个；碘量瓶（50 mL）2 个。

（2）试剂

水。

3.3.5　实验操作

（1）滴定管的校正

在洗净的滴定管中装满去离子水到刻度"0.00"处，放出一段水（约 10 mL）到已称重的碘量瓶中，称量，称准到 0.01 g。再放出一段水（约 10 mL）于同一碘量瓶中，再称量。如此逐段放出和称量，直到刻度"50"为止。由各段水重计算出滴定管每段的体积。例如，水温 25℃，水密度 0.9962 g·mL^{-1}，瓶重 29.20 g，由滴定管放出 10.10 mL 水，其质量为 10.08 g，由此算出水的实际体积为：

$$10.08 \text{ g} / 0.9962 \text{ g}\cdot\text{mL}^{-1} = 10.12 \text{ mL}$$

故滴定管这段容积的误差为 10.12mL-10.10 mL=+0.02 mL。将此滴定管的校正实验数据列于表 3-2。

表中最后一列为总校正值，例如，0 mL 与 10 mL 之间的校正值为+0.02 mL，而 10 mL 与 20 mL 之间的校正值为-0.02 mL，则 0 mL 到 20 mL 的总校正值为+0.02 mL-0.02 mL=0.00 mL，据此即可校正滴定时所用去的毫升数。

表 3-2　滴定管校正实验数据（水温 25℃，水密度 0.9962 g·mL^{-1}）

滴定管读数/mL	放水后读数/mL	瓶加水的质量/g	水的质量/g	实际容积/mL	校正值/mL	总校正值/mL
0.03		29.20（空瓶）				
10.13	10.10	39.28	10.08	10.12	+0.02	+0.02
20.10	9.97	49.19	9.91	9.95	-0.02	0.00
30.17	10.07	59.28	10.09	10.12	+0.05	+0.05
40.20	10.03	69.25	9.97	10.01	-0.02	+0.03
49.99	9.79	79.08	9.83	9.86	+0.07	+0.10

（2）移液管的校正

将 25 mL 移液管洗净，移取去离子水到已称重的碘量瓶中，再称重，两次质量之差为移出水的质量，以实验温度时的密度来除，即得移液管的真实体积。重复一次，两次校正值之差不超过 0.02 mL。

（3）容量瓶的校正

将已洗净、晾干的容量瓶（100 mL）称重，注入去离子水到标线，附着在瓶颈内壁的水滴用滤纸吸干，再称重，两次质量之差为瓶中水的质量，以实验温度时的密度来除，即得该容量瓶的真实体积。

（4）移液管与容量瓶的相对校正

在多数分析工作中，移液管与容量瓶配合使用，以分取一定比例的溶液。这时，重要的不是知道移液管与容量瓶的绝对体积，而是它们之间的体积是否成一定的比例。

用已校正的 25 mL 移液管移取去离子水至洗净而干燥的容量瓶（100 mL）中，移取四次后，仔细观察溶液弯月面是否与标线相切，否则另作一新的标记，使用时以此标记为标线，用这一移液管吸取一管溶液，就是容量瓶中溶液体积的 1/4。

3.3.6　思考题

（1）滴定管校正时，每次放出去离子水的速度太快，且立刻读数，可能会造成什么问题？

（2）移液管与容量瓶相对校正时，若移液管放出去离子水于容量瓶后没按要求停留约 15s 左右再取出移液管；或用外力（如吹等）使移液管最后一滴去离子水也流入容量瓶；或移液管移取去离子水后，没用滤纸将移液管外壁水分擦干就插入容量瓶。这三种情况对校正会造成什么结果？

（3）影响容量仪器校正的主要因素有哪些？为什么以 20℃ 为标准温度去校准容器？

第4章

酸碱滴定实验

4.1 NaOH 标准溶液的配制与标定

4.1.1 应用背景

氢氧化钠（NaOH）作为酸碱滴定中的标准溶液，因其在空气中的稳定性差需要采用间接法配制，氢氧化钠的准确浓度需要使用前进行标定。通过本次实验学生可以掌握标准溶液的间接配制方法及标定，培养学生解决问题的能力，为后续正确使用氢氧化钠标准溶液打下基础。

4.1.2 实验目的和要求

（1）学习和掌握 NaOH 标准溶液的配制。
（2）掌握 NaOH 标准溶液的标定方法。

4.1.3 实验原理

NaOH 溶液是酸碱滴定中实验室最常用的一种标准溶液。由于 NaOH 在空气中不稳定，易吸水潮解且吸收空气中的 CO_2，不能直接配制成标准溶液使用。通常的做法是先配成近似浓度，再用基准物质标定其准确浓度。本实验选用邻苯二甲酸氢钾为基准物质来标定 NaOH 的浓度。

邻苯二甲酸氢钾（$KHC_8H_4O_4$，简称 KHP，M=204.2 g·mol^{-1}）易提纯，因无结晶水，在空气中不吸湿，不风化，容易保存，摩尔质量大，是一种较好的基准物质。它与 NaOH 溶液的反应是：

由反应式可知，它们的摩尔比为 1:1，比例关系确定。化学计量点这一刻反应产物是邻苯二甲酸钾钠盐，在水溶液中显弱碱性，pH 值近似为 9.1，故可选用酚酞（理论变色范围 8.0～10.0）为指示剂，无色变为微粉色。

4.1.4 实验仪器、材料与试剂

（1）实验仪器与材料

电子天平；分析天平；碱式滴定管（50 mL）1 支；移液管（25 mL）1 支；锥形瓶（250 mL）3 个；试剂瓶（500 mL）1 个；烧杯（100 mL）1 个；量筒（10 mL）1 个；容量瓶（250 mL）1 个。

（2）试剂

NaOH（s）；酚酞指示剂（2 g·L^{-1} 乙醇溶液）；邻苯二甲酸氢钾（KHC$_8$H$_4$O$_4$）基准物质❶。

4.1.5 实验操作

（1）0.1 mol·L^{-1} NaOH 溶液的配制

在电子天平上粗称 2.0 g NaOH 放入小烧杯，加水溶解，转移至 500 mL 试剂瓶中，稀释至 500 mL 摇匀，贴上标签，备用。

（2）0.1 mol·L^{-1} NaOH 溶液的标定

在分析天平上准确称取 0.4～0.6 g KHP 三份，分别放入三个编好号的 250 mL 锥形瓶中，加入 40～50 mL 蒸馏水，小心摇动使其溶解❷，待试样全部溶解后，加入 2～3 滴酚酞指示剂。用所配制的 NaOH 溶液滴定至溶液呈微粉色并保持 30 s 内不褪色即为终点❸，平行三份，记录所消耗的 NaOH 溶液的体积。根据下式计算所配制的 NaOH 溶液的准确浓度。

$$c_{NaOH} = \frac{m/M}{V_{NaOH}} \times 10^3$$

式中，m 为称量的 KHP 的质量；M 为 KHP 的摩尔质量；c_{NaOH}、V_{NaOH} 分别为 NaOH 标准溶液的浓度和体积。

4.1.6 注释

❶ KHP 通常在 100～125℃ 干燥 2 h 备用。干燥温度超过此温度时，则脱水而变为邻苯二甲酸酐，引起误差，无法准确标定 NaOH 溶液的浓度。

❷ KHP 不易溶，必要时可稍微加热以促进其溶解。不要用玻璃棒在锥形瓶中直接搅拌。

❸ 注意滴定终点颜色的观察，要求溶液呈现微红色，越浅越好，并保持半分钟不褪色。

4.1.7 思考题

标定 NaOH 溶液浓度时，所用的 KHC$_8$H$_4$O$_4$ 的质量范围是如何确定的？称得偏多或偏少对测定产生什么影响？

4.2　盐酸标准溶液的配制与标定

4.2.1　应用背景

盐酸（HCl）作为酸碱滴定中的标准溶液，因其在空气中的高挥发性需要采用间接法配制，为了得到 HCl 的准确浓度需要使用前进行标定。通过本次实验学生可以进一步掌握标准溶液的间接配制方法及标定，培养学生解决实际问题的能力，为后续正确使用 HCl 标准溶液打下基础。

4.2.2　实验目的和要求

（1）掌握 HCl 标准溶液的配制。
（2）掌握 HCl 标准溶液的标定方法。

4.2.3　实验原理

稀 HCl 溶液因其稳定性好，且大多数氯化物易溶于水，不影响指示剂指示终点，是酸碱滴定中最常用的酸标准溶液。因浓 HCl 易挥发，故只能采用间接法配制 HCl 标准溶液。标定 HCl 溶液浓度常用的基准物质有无水 Na_2CO_3 和硼砂（$Na_2B_4O_7 \cdot 10H_2O$）。本实验采用无水 Na_2CO_3 为基准物，它与 HCl 的反应如下：

$$Na_2CO_3 + 2HCl = 2NaCl + CO_2 + H_2O$$

反应生成的 H_2CO_3 过饱和部分会不断分解逸出，其饱和溶液的 pH≈3.9，可用甲基橙为指示剂，溶液由黄色刚变至橙色（pH=4.0）时即为滴定终点。

4.2.4　实验仪器、材料与试剂

（1）实验仪器与材料
电子天平；分析天平；酸式滴定管（50 mL）1 支；移液管（25 mL）1 支；锥形瓶（250 mL）3 个；试剂瓶（500 mL）1 个；烧杯（250 mL）1 个；量筒（10 mL）1 个；容量瓶（250 mL）1 个。
（2）试剂
浓 HCl；甲基橙指示剂（1 g·L⁻¹）；无水 $Na_2CO_3$❶。

4.2.5　实验操作

（1）0.1 mol·L⁻¹ HCl 溶液的配制
首先在去离子水洗干净的 500 mL 试剂瓶内装入约 200 mL 的去离子水，然后用量筒量取浓 HCl 约 4.5 mL（通风橱内操作），倒入该试剂瓶中，最后再加水稀释至 500 mL，上下充分摇匀，贴上标签，备用。
（2）0.1 mol·L⁻¹ HCl 溶液的标定
用电子天平准确称取 1.5～2.0 g Na_2CO_3 基准物，倒入烧杯中，加水溶解后转移到 250 mL 容量瓶，定容，摇匀，备用。用移液管准确移取三份 25.00 mL 上述溶液置于 250 mL 锥形瓶中，分别加入 2～3 滴甲基橙指示剂，用待标定的 HCl 滴定溶液由黄色恰好变为橙色，即为终点❷。

4.2.6 注释

❶ 于 180℃干燥 2～3 h。也可将 NaHCO₃ 置于瓷坩埚内，在 270～300℃的烘箱内干燥 1 h，使之转变为 Na₂CO₃，然后放入干燥器内冷却后备用。

❷ 注意滴定终点的准确判断。

4.2.7 思考题

为什么配制 $0.1\ mol \cdot L^{-1}$ HCl 溶液 500 mL 需要量取浓 HCl 溶液 4.5 mL？写出计算式。

4.3 食用白醋中醋酸含量的测定

4.3.1 应用背景

白醋是日常生活中常用的调料之一，主要成分是醋酸（HAc），适宜的醋酸比例的食用白醋可以调节人体的新陈代谢。同时白醋也可以作为清洁剂使用，能起到很好的杀菌、防霉等效果。其中酸含量将直接影响到白醋的质量，因此在实际使用过程中需要知道食用白醋中 HAc 的含量，作为食品出厂时也要进行 HAc 含量的测定，满足国家标准才可以上市。所以，准确测定白醋中 HAc 含量具有重要的意义。通过本次实验学生可以掌握酸碱滴定法测定 HAc 含量的原理，培养学生规范的滴定操作技能及利用标准溶液测定实际生活中的未知物含量。

4.3.2 实验目的和要求

（1）学会用基准物质标定标准溶液的浓度。
（2）进一步掌握酸碱滴定法的基本原理。
（3）学会用已标定的标准溶液来测定未知物的含量。
（4）熟悉滴定管、移液管和容量瓶的使用，巩固滴定操作。

4.3.3 实验原理

HAc 的电离常数 $K_a=1.76 \times 10^{-5} > 10^{-7}$，故可以用 NaOH 标准溶液进行直接滴定测量含量，它与 NaOH 溶液的反应为：

$$HAc + NaOH \Longrightarrow NaAc + H_2O$$

由于醋酸钠显碱性，使化学计量点落在碱性范围内，可选用酚酞为指示剂。滴定溶液由无色变为微粉色即为终点。根据 NaOH 标准溶液的浓度和滴定时消耗的体积，计算 HAc 的含量。食用白醋中 HAc 含量大约在 $30～50\ mg \cdot mL^{-1}$。

NaOH 具有很强的吸湿性，易吸收 CO_2 和水分，而生成少量的 Na_2CO_3，且含少量的硅酸盐、硫酸盐和氯化物等，因此不能直接配制标准溶液，而只能先配制近似浓度的溶液，然后选用 KHP、二水合草酸 $H_2C_2O_4 \cdot 2H_2O$ 等基准物质标定。本实验选用 KHP 为基准物质来标定 NaOH 的浓度。

4.3.4 实验仪器、材料与试剂

（1）实验仪器与材料

电子天平；分析天平；碱式滴定管（50 mL）1 支；移液管（25 mL）1 支；锥形瓶（250 mL）3 个；白试剂瓶（500 mL）1 个；烧杯（250 mL）1 个；量筒（10 mL）1 个；容量瓶（250 mL）1 个。

（2）试剂

NaOH（s）；酚酞指示剂（2 g·L^{-1}乙醇溶液）；邻苯二甲酸氢钾（KHP）[❶]；白醋。

4.3.5 实验操作

（1）0.1 mol·L^{-1} NaOH 溶液的配制及标定

NaOH 溶液的配制及标定方法见实验 **4.1**。

（2）食用白醋中 HAc 含量的测定

用移液管准确移取食用白醋 25.00 mL，置于 250.0 mL 容量瓶中，定容，摇匀，备用。

用 25.00 mL 移液管分别移取 3 份上述溶液，分别置于 250 mL 锥形瓶中，加入酚酞指示剂 2～3 滴。用 NaOH 标准溶液滴定至溶液呈微红色并保持 30 s 不褪色[❷]，记录所消耗的标准溶液体积，平行三份。用下式计算每 100 mL 食用白醋中 HAc 的质量。

$$\rho_{HAc} = \frac{cVM_{HAc}}{V_s}$$

式中，c、V分别为 NaOH 标准溶液的浓度和体积；M_{HAc}为醋酸的摩尔质量；V_s为白醋的体积。

4.3.6 注释

❶ 在 100～125℃干燥 1 h 后，置于干燥器中备用。
❷ 注意滴定终点颜色的观察，要求溶液呈现微红色，越浅越好，并保持半分钟不褪色。

4.3.7 思考题

（1）称取 NaOH 及 KHP 各用什么天平？为什么？
（2）测定食用白醋含量时，为什么选用酚酞为指示剂？能否选用甲基橙或甲基红为指示剂？
（3）酚酞指示剂由无色变为微红时，溶液的 pH 值为多少？变红的溶液在空气中放置后又会变为无色的原因是什么？

4.4 工业纯碱中总碱度测定

4.4.1 应用背景

工业纯碱主要成分是碳酸钠，是重要的化工原料之一，广泛应用于轻工、建材、化学、冶金、纺织、石油、国防、医药等工业。因其重要性，需要测定工业纯碱中总碱度，以达到鉴定纯碱质量的目的，在生产和生活中具有实际意义。通过本次实验，学生应掌握酸碱滴定方法中测定二元弱碱的基本原理，培养学生规范的操作流程和严谨的实验态度，进一步培养学生利用酸碱滴定方法去解决实际问题的能力。

4.4.2　实验目的和要求

（1）掌握 HCl 标准溶液的配制、标定过程。

（2）掌握强酸滴定二元弱碱的滴定过程，滴定突跃范围及指示剂的选择。

（3）掌握定量转移操作的基本要点。

4.4.3　实验原理

工业纯碱其主要成分为碳酸钠（Na_2CO_3），其中可能还含有少量 NaCl、Na_2SO_4、NaOH 及 $NaHCO_3$ 等成分。常以 HCl 标准溶液为滴定剂测定总碱度来衡量产品的质量。滴定反应为：

$$Na_2CO_3 + 2HCl = 2NaCl + H_2CO_3$$
$$H_2CO_3 = CO_2 + H_2O$$

反应产物 H_2CO_3 易形成过饱和溶液并分解为 CO_2 逸出。化学计量点时溶液 pH 值为 3.8～3.9，可选用甲基橙为指示剂，用 HCl 标准溶液滴定，溶液由黄色转变为橙色即为终点。试样中的 $NaHCO_3$ 同时被中和。

由于试样易吸收水分和 CO_2，应在 270～300℃将试样烘干 2 h，除去吸附水并使 $NaHCO_3$ 全部转化为 Na_2CO_3，工业纯碱的总碱度通常以 $w_{Na_2CO_3}$ 或 w_{Na_2O} 表示，由于试样均匀性较差，应称取较多试样，使其更具代表性。测定的允许误差可适当放宽一点。

稀盐酸是一种实验室常用的滴定剂，HCl 标准溶液采用间接法配制，然后用基准物质标定。最常用的基准物质是无水碳酸钠和硼酸。无水碳酸钠易提纯，价格便宜，因此本实验采用无水碳酸钠作为基准物质。碳酸钠具有吸湿性，故在使用前必须在 270～300℃的电炉内加热 1 h，然后置于干燥器中冷却后备用。

用盐酸滴定 Na_2CO_3 时，用甲基橙为指示剂。终点时溶液的颜色由黄色变为橙红色。

$$Na_2CO_3 + 2HCl = 2NaCl + H_2O + CO_2$$

由反应可知 Na_2CO_3 与 HCl 的摩尔比为 1:2，可计算出 HCl 的准确浓度。

4.4.4　验仪器、材料与试剂

（1）实验仪器与材料

电子天平；分析天平；酸式滴定管（50 mL）1 支；移液管（25 mL）1 支；锥形瓶（250 mL）3 个；白试剂瓶（500 mL）1 个；烧杯（250 mL）1 个；量筒（10 mL）1 个；容量瓶（250 mL）2 个。

（2）试剂

浓 HCl；无水 $Na_2CO_3$❶；甲基橙指示剂（1 g·L^{-1}）；工业纯碱。

4.4.5　实验操作

（1）0.1 mol·L^{-1} HCl 溶液的配制与标定

HCl 溶液的配制与标定方法见实验 4.2。

（2）总碱度的测定

准确称取试样约 2 g[2]倾入烧杯中，加少量水使其溶解，必要时可稍加热促溶解。冷却后，将溶液定量转入 250 mL 容量瓶中，加水定容，摇匀，备用。

用移液管平行移取试液三份，每份 25.00 mL 分别放入 250 mL 锥形瓶中，加入 2～3 滴甲基橙指示剂，用 HCl 标准溶液滴定溶液由黄色恰变为橙色即为终点[3]。计算试样中 Na_2O 或 Na_2CO_3 含量，即为总碱度。测定的各次相对偏差应在±0.5%以内。

4.4.6　注释

❶ 见实验 4.2.6 注释❶。
❷ 大样称取原则，因工业纯碱均匀性较差，因此应称取较多试样，使之具有代表性。
❸ 注意准确判断滴定终点。

4.4.7　思考题

无水 Na_2CO_3 保存不当，吸收了 1%的水分，用此基准物质标定 HCl 溶液浓度时，对其结果产生何种影响？

4.5　有机酸分子量的测定

4.5.1　应用背景

有机酸碱通常为弱的多元酸碱，在实际分子量的测定中存在多级电离过程，在测定过程中会产生较大误差。通过本次实验学生可以采用误差理论解释分析结果，理论联系实际，进一步培养学生定量分析中"量"的概念及重要性，为今后化学分析奠定基础。

4.5.2　实验目的和要求

（1）了解以酸碱滴定分析法测定有机酸碱分子量的基本方法。
（2）巩固用误差理论处理分析结果的理论知识。

4.5.3　实验原理

有机弱酸多为多元酸，与 NaOH 反应方程式可以用下式表达：

$$nNaOH + H_nA \Longrightarrow Na_nA + nH_2O$$

当多元有机酸（organic acid，OA）的逐级解离常数均符合准确滴定的要求时，可以用酸碱滴定法，用酚酞作指示剂进行滴定，根据下述公式计算其摩尔质量：

$$M_{OA} = \frac{\frac{a}{b}(cV)}{m_{OA}}$$

式中，a/b 为滴定反应的化学计量比，本实验应为 $1/n$；c、V 分别为 NaOH 标准溶液的浓度和体积；m_{OA} 为多元有机酸的质量。

4.5.4 实验仪器、材料与试剂

（1）实验仪器与材料

电子天平；分析天平；碱式滴定管（50 mL）1 支；移液管（25 mL）1 支；锥形瓶（250 mL）3 个；白试剂瓶（500 mL）1 个；烧杯（250 mL）1 个；量筒（10 mL）1 个；容量瓶（250 mL）1 个。

（2）试剂

NaOH（s）；邻苯二甲酸氢钾（KHP）；酚酞指示剂（2 g·L^{-1} 乙醇溶液）；有机酸试样（如草酸、酒石酸、柠檬酸、乙酰水杨酸、苯甲酸等）。

4.5.5 实验操作

（1）0.1 mol·L^{-1} NaOH 的标定

标定方法见实验 4.1。并计算各项分析结果的相对偏差及相对平均偏差，若相对平均偏差大于 0.2%，应找出原因后，重新标定。

（2）有机酸分子量的测定

准确称取有机酸试样一份于烧杯中，加水溶解，定量转入 250 mL 容量瓶中，用水稀释至刻度，摇匀。用 25.00 mL 移液管平行移取三份，分别放入 250 mL 锥形瓶中，加酚酞指示剂 2 滴，用 NaOH 标准溶液滴定至由无色变为微红色，30 s 内不褪色即为终点❶。根据公式计算有机酸分子量。

4.5.6 注释

❶ 注意终点变化情况，30 s 内不褪色即为终点。

4.5.7 思考题

（1）在用 NaOH 滴定有机酸时能否使用甲基橙作为指示剂？为什么？

（2）称取 0.4 g KHP 溶于 50 mL 水中，问此时溶液 pH 值为多少？

4.6 铵盐中氮含量的测定（甲醛法）

4.6.1 应用背景

铵盐作为一类常用的氮肥，施于土壤可提供植物氮素营养的单元肥料，需要知道其中的含氮量，因此需要具有氮标明量。适宜的氮肥用量对于提高作物产量、改善农产品质量有重要作用。通过本次实验学生可以掌握以置换滴定方式利用酸碱滴定方法测定的氮肥中的氮含量的基本原理，理论联系实际，进一步培养学生利用酸碱滴定方法去解决实际问题的能力。

4.6.2　实验目的和要求

（1）了解酸碱滴定法的应用。

（2）掌握甲醛法测定铵盐中氮含量的原理和方法。

（3）熟练置换滴定方式的操作技术。

4.6.3　实验原理

铵盐是一类常用的无机化肥。由于 NH_4^+ 的酸性太弱（$K_a=5.6\times10^{-10}$），故无法用 NaOH 标准溶液直接滴定，可用蒸馏法或甲醛法进行测定，常用的是甲醛法。

甲醛法是将铵盐与甲醛作用，可定量地生成六亚甲基四铵盐和 H^+：

$$4NH_4^+ + 6HCHO \Longrightarrow (CH_2)_6N_4H^+ + 3H^+ + 6H_2O$$

由于生成的 $(CH_2)_6N_4H^+$（$K_a=7.1\times10^{-6}$）和 H^+ 可用 NaOH 标准溶液滴定，滴定终点生成弱碱 $(CH_2)_6N_4$，故滴定突跃范围落在弱碱性范围，应用酚酞作指示剂，溶液呈微红色即为终点。

由上述反应可知，1 mol NH_4^+ 相当于 1 mol H^+。如果试样中含有游离酸，加甲醛之前应先以甲基橙为指示剂，用 NaOH 中和至溶液呈黄色。

甲醛法准确度差，但方法快速，故实际生产中应用较广，适用于强酸铵盐的测定。

4.6.4　实验仪器、材料与试剂

（1）实验仪器与材料

电子天平；分析天平；酸式滴定管（50 mL）1 支；移液管（25 mL）1 支；锥形瓶（250 mL）3 个；烧杯（100 mL）1 个；量筒（100 mL、10 mL）各 1 个；容量瓶（250 mL）1 个。

（2）试剂

NaOH 标准溶液（0.1 mol·L^{-1}）；酚酞指示剂（0.5 %乙醇溶液）；甲醛溶液（20 %）；邻苯二甲酸氢钾（KHP）。❶

4.6.5　实验操作

（1）0.1 mol·L^{-1} NaOH 的标定

标定方法见实验 4.1。

（2）化肥试样中氮的测定

准确称取试样 3～4 g 于 100 mL 烧杯中，加入少量水使之溶解，将溶液定量转移至 250 mL 容量瓶中，定容，摇匀。平行移取三份 25.00 mL 试液于 250 mL 锥形瓶中，加 10 mL 预先中和好的 20 %甲醛溶液❷，加酚酞指示剂 2～3 滴，充分摇匀。放置 1 min，用 NaOH 标准溶液滴定至溶液呈现微红色且 30 s 不褪色，即为终点❸。计算氮的含量。

4.6.6　注释

❶ 见实验 4.3.6 注释❶。

❷ 甲醛中含有微量酸，应事先除去，方法：取原瓶甲醛上层清液于烧杯中，加水稀释 1 倍，加入 2～3 滴 0.5 %酚酞指示剂，用 NaOH 标准溶液滴定至甲醛溶液呈现微红色。加入甲

醛的量要适当，否则会影响实验结果。

❸ 中和甲醛时要控制好滴定终点，否则会直接影响后面的滴定体积大小。

4.6.7 思考题

（1）加入甲醛的作用是什么？

（2）试样$(NH_4)_2SO_4$、NH_4NO_3、NH_4Cl 和 NH_4HCO_3 是否都可用本法测定？为什么？

4.7　药用硼砂含量的测定

4.7.1　应用背景

药用硼砂，无色半透明的结晶或白色结晶性粉末，易溶于热水及甘油，不溶于醇，有风化性。水溶液对石蕊和酚酞呈碱性反应。在空气中易吸水，形成部分水合物，并变成不透明。缓慢溶于水。可作为色谱分析试剂、缓冲剂、金属助熔剂。通过本次实验学生可以学习采用酸碱滴定方法测定强碱弱酸盐类的基本原理，准确判断滴定终点时甲基红颜色变化，进一步培养学生利用酸碱滴定方法测定常用药品的含量。

4.7.2　实验目的和要求

（1）了解酸碱滴定法测定药用硼砂含量的原理和应用。

（2）巩固酸碱滴定中强碱弱酸盐的测定原理。

（3）掌握甲基红指示剂的滴定终点的判断。

4.7.3　实验原理

硼砂（$Na_2B_4O_7 \cdot 10H_2O$）是非常重要的含硼矿物及硼化合物。通常为含有无色晶体的白色粉末，易溶于水。硼砂可用作清洁剂、化妆品、杀虫剂等，用途广泛，也可用于配制缓冲溶液和制取其他硼化合物等。硼砂是弱碱（$K_b = 1.6 \times 10^{-5}$），可作为一元弱碱用 HCl 溶液直接滴定，它与盐酸溶液的反应为：

$$Na_2B_4O_7 + 2HCl + 5H_2O =\!=\!= 4H_3BO_3 + 2NaCl$$

由于产物硼酸显酸性，使化学计量点落在酸性范围，可以选甲基红为指示剂。

4.7.4　实验仪器、材料与试剂

（1）实验仪器与材料

电子天平；分析天平；酸式滴定管（50 mL）1 支；移液管（25 mL）1 支；锥形瓶（250 mL）3 个；烧杯（500 mL、100 mL）各 1 个；量筒（100 mL、20 mL）各 1 个；试剂瓶（500 mL）1 个；塑料瓶（500 mL）1 个。

（2）试剂

浓 HCl；硼砂；无水碳酸钠；甲基红。

4.7.5　实验操作

（1）配制 500 mL 0.1 mol·L^{-1} HCl 溶液

标定方法见实验 4.2。

（2）配制 500 mL 0.01 mol·L^{-1} Na$_2$B$_4$O$_7$ 溶液

电子天平称取 1.9 g 的硼砂置于 100 mL 的烧杯中，用去离子水溶解，然后转移至试剂瓶中，加水稀释制 500 mL，盖好瓶塞，摇匀。

（3）药用硼砂含量的测定

用 25.00 mL 移液管移取三份硼砂溶液，分别置于 250 mL 锥形瓶中，加入 2～3 滴甲基红指示剂。用 HCl 标准溶液滴定至由黄色变为橙色即为终点❶，记录所消耗的标准溶液体积，平行三份。计算硼砂的质量分数。

4.7.6　注释

❶ 滴定终点应为橙色，若偏红，则滴定过量，结果偏高。

4.7.7　思考题

（1）用 0.1 mol·L^{-1} HCl 滴定硼砂中，可否使用甲基橙指示终点？为什么？

（2）若硼砂部分风化，则测定结果偏高还是偏低？为什么？

第 5 章

配位滴定实验

5.1　自来水总硬度的测定

5.1.1　应用背景

　　水的总硬度是指水中镁盐和钙盐的含量。水硬度值的大小，会影响人的健康，如饮用水中硬度过高会影响肠胃的消化功能等。因此，硬度是水质分析的重要指标之一，定期监测水的硬度值显得尤为重要。本次实验测定了自来水的总硬度，用乙二胺四乙酸二钠盐（EDTA）的标准溶液滴定水中 Ca、Mg 总量，然后换算为相应的总硬度单位（$CaCO_3$，表示水的硬度）。通过本次实验学生可以掌握标准溶液的配制及标定方法，为后续正确标定 EDTA 溶液打下基础。

5.1.2　实验目的和要求

　　（1）了解 EDTA 标准溶液的配制和标定原理。
　　（2）掌握水硬度的测定方法，巩固学习配位滴定法的原理及其应用。
　　（3）掌握配位滴定法中的直接滴定法。

5.1.3　实验原理

　　水硬度的测定分为水的总硬度以及钙、镁硬度两种，前者是测定 Ca、Mg 总量，后者则是分别测定 Ca 和 Mg 的含量。

$$Ca^{2+} + Y \longrightarrow CaY$$
$$Mg^{2+} + Y \longrightarrow MgY$$

　　表示水硬度的方法很多，其中以度数计，$1°$ 表示十万份水中含 1 份 CaO。我国也采用

mmol·L^{-1} 或 mg·L^{-1}（CaCO$_3$）为单位表示水的硬度。本实验用 EDTA 配位滴定法测定水的总硬度。在 pH=10 的缓冲溶液中，以铬黑 T 为指示剂，用三乙醇胺掩蔽 Fe^{3+}、Al^{3+}、Cu^{2+}、Pb^{2+} 和 Zn^{2+} 等共存离子。如果 Mg^{2+} 的浓度小于 Ca^{2+} 浓度的 1/20，则需加入 5 mL Mg^{2+}-EDTA 溶液。

$$水的硬度(°) = \frac{cVM_{CaO}}{V_水 \times 1000} \times 10^5$$

EDTA 常作为配位滴定中的滴定剂，采取间接法配制标准溶液。标定 EDTA 溶液的基准物主要有 CaCO$_3$、ZnO 等，若用钙指示剂指示终点，要求 pH≥12，用 NaOH 溶液控制酸度；若用铬黑 T 指示剂指示终点，则要求 pH=10，用 NH$_3$-NH$_4$Cl 缓冲溶液控制酸度。标定的主要反应如下：

$$M+Y \Longrightarrow MY$$
$$M+In \Longrightarrow MIn$$
$$MIn+Y \Longrightarrow MY + In$$

用铬黑 T 作指示剂，终点由紫红色变为蓝紫色。

5.1.4 实验仪器、材料与试剂

（1）实验仪器与材料

电子台秤；分析天平；酸式滴定管（50 mL）1 支；移液管（100 mL，25 mL）各 1 支；锥形瓶（250 mL）3 个；烧杯（150 mL）1 个；量筒（100 mL，10 mL）各 1 个；容量瓶（250 mL）1 个。

（2）试剂

乙二胺四乙酸二钠；NH$_3$-NH$_4$Cl 缓冲溶液；Mg^{2+}-EDTA 溶液；铬黑 T 指示剂；三乙醇胺（200 g·L^{-1}）；Na$_2$S（20 g·L^{-1}）；HCl 溶液（1∶1）。

5.1.5 实验操作

（1）0.005 mol·L^{-1} EDTA 溶液的配制和标定

用电子台秤称取 1.0 g EDTA 二钠盐。EDTA 于 200 mL 温水中溶解，冷却后加水稀释至 500 mL，移入试剂瓶中。

准确称取基准 CaCO$_3$ 0.12～0.15 g 于 150 mL 烧杯中。先以少量水润湿，盖上表面皿，从烧杯嘴处往烧杯中滴加 HCl 溶液（1∶1），使 CaCO$_3$ 全部溶解❶。加水 50 mL，微沸几分钟以除去 CO$_2$。冷却后用水冲洗烧杯内壁和表面皿，定量转移 CaCO$_3$ 溶液于 250 mL 容量瓶中，用水稀释至刻度，摇匀，计算标准 CaCO$_3$ 的浓度。

用移液管吸取 25.00 mL CaCO$_3$ 标准溶液于锥形瓶中，加入 25 mL 去离子水，加入 2 mL Mg^{2+}-EDTA，然后加入 15 mL NH$_3$-NH$_4$Cl 缓冲溶液，再加 3 滴铬黑 T 指示剂，立即用 EDTA 滴定，当溶液由紫红色转变为紫蓝色即为终点。平行滴定三次，用平均值计算 EDTA 的准确浓度。

（2）水的总硬度的测定

用移液管移取 100.00 mL 自来水于 250 mL 锥形瓶中，加入 3 mL 三乙醇胺溶液❷，10 mL NH$_3$-NH$_4$Cl 缓冲溶液，1 mL Na$_2$S 溶液以掩蔽重金属离子，再加入 3 滴铬黑 T 指示剂，立即用 EDTA 标液滴定，当溶液由紫红色变为蓝紫色即为终点。平行测定三份，计算水样的总硬度，以度表示结果。

5.1.6 注释

❶ 用盐酸溶解 $CaCO_3$ 时应注意避免溅到外面使之丢失。

❷ 加入三乙醇胺的目的是掩蔽 Fe^{3+}、Al^{3+}，否则对指示剂产生封闭现象。

5.1.7 思考题

（1）本实验所使用 EDTA，应该采用何种指示剂标定？最适当的基准物质是什么？

（2）写出以 ρ_{CaCO_3}（单位为 $mg \cdot L^{-1}$）表示水总硬度的计算公式，并计算本实验中水样的总硬度。

5.2 铋、铅含量的连续测定

5.2.1 应用背景

铋、铅是重要的材料，在许多领域中得到应用。在医疗领域，用作特定形状的防辐射专用挡块；在模具制造领域，用作铸造制模、模具装配调试等；在电子电气、自动控制领域，用作热敏元件、保险材料、火灾报警装置等；在折弯金属管时，作为填充物；在做金相试样时，作为嵌镶剂以及液力偶合器。合金中各元素的含量直接影响合金的性能，铋铅含量的高低成为评价其产品质量的主要指标。因此，测定铋铅的含量在生产和生活中具有实际意义。通过控制溶液酸度的方法对铋铅离子连续测定，培养学生定量分析的综合能力，为后续课程和科学研究打下良好的基础。

5.2.2 实验目的和要求

（1）了解氧化锌标定 EDTA 的方法。

（2）掌握由调节酸度提高 EDTA 选择性进行连续滴定的方法和原理。

5.2.3 实验原理

混合离子的滴定常用控制酸度法、掩蔽法进行，根据副反应系数原理进行计算，论证混合离子分别滴定的可能性。

Bi^{3+}、Pb^{2+} 均能与 EDTA 形成稳定的 $1:1$ 配合物，lgK 分别为 27.94 和 18.04。由于两者的 lgK 相差很大，故可利用酸效应，控制不同的酸度，进行分别滴定。

在 $pH \approx 1$ 时滴定 Bi^{3+}，$Bi^{3+} + Y = BiY$。

在 $pH \approx 5 \sim 6$ 时滴定 Pb^{2+}，$Pb^{2+} + Y = PbY$。

在 Bi^{3+}、Pb^{2+} 混合溶液中，首先调节溶液的 $pH \approx 1$，以二甲酚橙为指示剂，Bi^{3+} 与指示剂形成紫红色配合物（Pb^{2+} 在此条件下不会与二甲酚橙形成有色配合物），用 EDTA 标液滴定 Bi^{3+}，当溶液由紫红色恰变为黄色，即为滴定 Bi^{3+} 的终点。

在滴定 Bi^{3+} 后的溶液中，加入六亚甲基四胺溶液，调节溶液 pH 值至 $5 \sim 6$，此时 Pb^{2+} 与二甲酚橙形成紫红色配合物，溶液再次呈现紫红色，然后用 EDTA 标准溶液继续滴定，当溶液由紫红色恰转变为黄色时，即为滴定 Pb^{2+} 的终点。

5.2.4 实验仪器、材料与试剂

（1）实验仪器与材料

电子台秤；分析天平；酸式滴定管（50 mL）1 支；移液管（25 mL）1 支；锥形瓶（250 mL）3 个；烧杯（150 mL）1 个；量筒（100 mL，10 mL）各 1 个；容量瓶（250 mL）1 个。

（2）试剂

乙二胺四乙酸二钠；二甲酚橙（2 $g \cdot L^{-1}$）；六亚甲基四胺；HCl 溶液（1:1）；Bi^{3+}、Pb^{2+} 混合液（含 Bi^{3+}、Pb^{2+} 各约 0.01 $mol \cdot L^{-1}$）；氧化锌（ZnO）。

5.2.5 实验操作

（1）0.01 $mol \cdot L^{-1}$ EDTA 溶液的配制和标定

用电子台秤称取 2.0 g EDTA 二钠盐于 200 mL 温水中溶解，冷却后加水稀释至 500 mL 移入试剂瓶中。

（2）锌标准溶液的配制

准确称取基准物质 ZnO 0.20～0.25 g，置于 150 mL 烧杯中，滴加 6 mL HCl 溶液（1:1），立即盖上表面皿，待锌完全溶解，以少量水冲洗表面皿和烧杯内壁，定量转移 Zn^{2+} 溶液于 250 mL 容量瓶中❶，用水稀释至刻度，摇匀，计算锌标准溶液的浓度。

（3）EDTA 的标定

用移液管吸取 25.00 mL Zn^{2+} 标准溶液于锥形瓶中，加入 30 mL 水，加 2 滴二甲酚橙指示剂，滴加六亚甲基四胺至溶液呈现稳定的紫红色，再加 5 mL 六亚甲基四胺。用 EDTA 滴定，当溶液由紫红色恰转变为亮黄色时即为终点。平行滴定 3 次，取平均值，计算 EDTA 的准确浓度。

（4）Bi^{3+}、Pb^{2+} 混合液的测定

用移液管移取 25.00 mL Bi^{3+}、Pb^{2+} 混合溶液 3 份于 250 mL 锥形瓶中，加 1～2 滴二甲酚橙指示剂，用 EDTA 标液滴定，当溶液由紫红色恰变为黄色，即为 Bi^{3+} 的终点❷。根据消耗的 EDTA 体积，计算混合液中 Bi^{3+} 的含量（以 $g \cdot L^{-1}$ 表示）。

在滴定 Bi^{3+} 后的溶液中，滴加六亚甲基四胺，至呈现稳定的紫红色后，再过量加入 5 mL，此时溶液的 pH 值约为 5～6，补加 2 滴二甲酚橙指示剂。用 EDTA 标准溶液滴定❸，当溶液由紫红色恰转变为黄色，即为终点。根据滴定结果，计算混合液中 Pb^{2+} 的含量（以 $g \cdot L^{-1}$ 表示）。

5.2.6 注释

❶ 在溶解锌时应注意避免溅到外面造成损失。
❷ 测定过程中一定要先测定铋后再测定铅，并注意观察终点颜色变化。
❸ 滴定 Bi^{3+} 后再滴 Pb^{2+} 时，滴定管应重新装满调零。

5.2.7 思考题

（1）描述连续滴定 Bi^{3+}、Pb^{2+} 过程中，锥形瓶中颜色变化的情形，以及颜色变化的原因。
（2）为什么不用 NaOH、NaAc 或 $NH_3 \cdot H_2O$，而用六亚甲基四胺调节 pH 值到 5～6？
（3）若在第一次终点到达之前的滴定中，不断地加入去离子水，可能会出现什么问题？

5.3 工业级硫酸锌中锌含量的测定

5.3.1 应用背景

工业硫酸锌，外观为白色或微黄色的结晶或粉末，是制造锌钡白和锌盐的主要原料，也可用作印染媒染剂、木材和皮革的保存剂、医药催吐剂，也是生产黏胶纤维和维尼纶纤维的重要辅助原料。另外，在电镀和电解工业中也有应用。既然锌含量是其质量的最重要的指标之一，可采用 EDTA 直接滴定法测定工业硫酸锌中锌含量。通过本次实验培养学生利用配位滴定方法解决实际问题的能力。

5.3.2 实验目的和要求

（1）了解配位滴定中缓冲溶液的作用。
（2）掌握二甲酚橙指示剂的使用条件及性质。

5.3.3 实验原理

硫酸锌（$ZnSO_4$）是最重要的锌盐，为无色斜方晶体或白色粉末，其七水合物（$ZnSO_4 \cdot 7H_2O$）俗称皓矾，是一种天然矿物。$ZnSO_4 \cdot 7H_2O$ 能溶于水，在空气中易风化。

工业硫酸锌，外观为白色或微黄色的结晶或粉末，锌含量是其质量的最重要的指标之一。一般工业硫酸锌含 $ZnSO_4 \cdot 7H_2O$ 在 98 % 以上，成分比较简单，可用 EDTA 溶液直接滴定。

其反应式为：

$$Zn^{2+} + Y \Longrightarrow ZnY$$

锌离子与 EDTA 的作用需在 pH=5～6 的条件下进行，因此可以使用六亚甲基四胺缓冲溶液调节溶液的酸度，以二甲酚橙（XO）为指示剂。

5.3.4 实验仪器、材料与试剂

（1）实验仪器与材料

电子台秤；分析天平；酸式滴定管（50 mL）1 支；移液管（100 mL，25 mL）各 1 支；锥形瓶（250 mL）3 个；烧杯（150 mL，100 mL）各 1 个；量筒（100 mL，10 mL）各 1 个；试剂瓶（500 mL）；容量瓶（250 mL）1 个。

（2）试剂

乙二胺四乙酸二钠；Mg^{2+} - EDTA 溶液；六亚甲基四胺；NH_3 - NH_4Cl 缓冲溶液；铬黑 T 指示剂；粗硫酸锌（可自制）；二甲酚橙指示剂；$CaCO_3$ 基准物质；HCl 溶液（1:1）；柠檬酸钠溶液（5 %）。

5.3.5 实验操作

（1）0.005 mol·L^{-1} EDTA 溶液的配制和标定

用电子台秤称取 1.0 g EDTA 二钠盐。EDTA 于 200 mL 温水中溶解，冷却后加水稀释至

500 mL 移入试剂瓶中。

准确称取基准物 CaCO$_3$ 0.12～0.15 g 于 150 mL 烧杯中。先以少量水润湿，盖上表面皿，从烧杯嘴处往烧杯中滴加 HCl 溶液（1∶1），使 CaCO$_3$ 全部溶解。加水 50 mL，微沸几分钟以除去 CO$_2$。冷却后用水冲洗烧杯内壁和表面皿，定量转移 CaCO$_3$ 溶液于 250 mL 容量瓶中，用水稀释至刻度，摇匀，计算标准 CaCO$_3$ 的浓度。

用移液管吸取 25.00 mL CaCO$_3$ 标准溶液于锥形瓶中，加入 25 mL 去离子水，加入 2 mL Mg^{2+}-EDTA，然后加入 15 mL NH$_3$-NH$_4$Cl 缓冲溶液，再加 3 滴铬黑 T 指示剂，立即用 EDTA 滴定，当溶液由酒红色转变为紫蓝色即为终点❶。平行滴定 3 次，用平均值计算 EDTA 的准确浓度。

（2）试样的测定

准确称取硫酸锌试样 0.35～0.42 g，置于 100 mL 烧杯中，加 5 mL HCl 溶液（1∶1）后加水溶解，再定量转移至 250 mL 容量瓶中，用水稀释至刻度，摇匀，备用。

用移液管移取 25.00 mL 上述溶液 3 份于 250 mL 锥形瓶中，加 2 滴二甲酚橙指示剂，加 10 mL 5 % 柠檬酸钠溶液❷，滴加 200 g·L^{-1} 六亚甲基四胺至溶液呈现稳定的紫红色，再加 5 mL 六亚甲基四胺。用 EDTA 标液滴定，当溶液由紫红色恰变为黄色即为终点，平行测定三份。根据消耗的 EDTA 体积，计算样品中锌的质量分数（%）。

5.3.6 注释

❶ 配位反应比酸碱反应速度慢，所以临近终点时滴定速度不宜过快，要充分摇匀。

❷ 柠檬酸钠溶液的加入可以掩蔽少量 Fe^{3+}、Al^{3+}，避免指示剂封闭现象。

5.3.7 思考题

（1）若采用在 pH=10 的缓冲溶液中测定锌含量，应如何消除 Fe^{3+}、Al^{3+} 干扰？

（2）在本实验所述的测定条件下，能否选用 NH$_4$F 或三乙醇胺掩蔽 Fe^{3+}、Al^{3+}，为什么？

5.4 鲜牛奶中钙含量的测定

5.4.1 应用背景

钙是人体必需的微量元素，钙约占人体质量的 1.4 %，钙能维持调节机体内许多生理生化过程，调节内分泌腺的分泌，维持细胞膜的完整性和通透性，促进细胞的再生，增加机体抵抗力，人体中钙含量不足或过剩都会影响生长发育和健康。现代医学研究证明，缺钙会造成人体生理障碍，进而引发一系列严重疾病，如高血压、冠心病、尿路结石、结（直）肠癌、手足抽搐症、骨质疏松、骨质增生等，因此有必要每天补钙。本实验通过返滴定法测定鲜牛奶中钙的含量，使学生掌握返滴定法的原理，进一步培养学生解决实际问题的能力，为后续化学分析实验打下基础。

5.4.2 实验目的和要求

（1）了解返滴定配位滴定法的原理及方法。

（2）了解牛奶中钙含量的检测及其表示方法。

5.4.3 实验原理

本实验采用返滴定配位滴定法测定牛奶中的钙含量,乙二胺四乙酸二钠盐(EDTA)为滴定剂,在牛奶试样中,加入已知、过量的 EDTA,采用 NaOH 调节溶液 pH 值为 12~13,加入钙试剂(铬蓝黑 R),以适当金属离子的标准溶液作为返滴定剂,滴定过量的 EDTA,计算与待测钙离子反应的 EDTA 的量,从而求出牛奶中的钙含量。所涉及的反应为:

$$Ca^{2+} + Y \Longrightarrow CaY$$

5.4.4 实验仪器、材料与试剂

(1)实验仪器与材料

电子台秤;分析天平;酸式滴定管(50 mL)1 支;移液管(5 mL,25 mL)各 1 支;锥形瓶(250 mL)3 个;烧杯(50 mL)1 个;量筒(10 mL)1 个;容量瓶(250 mL)1 个。

(2)试剂

乙二胺四乙酸二钠;NaOH 溶液(5 %);钙试剂;$CaCO_3$ 基准物质;试剂瓶(500mL);HCl 溶液(1:1);鲜牛奶。

5.4.5 实验操作

(1)EDTA 溶液的配制和标定

用电子台秤称取 3.7 g EDTA 二钠盐。EDTA 二钠盐于 200 mL 温水中溶解❶,冷却后加水稀释至 500 mL 移入试剂瓶中。

准确称取基准 $CaCO_3$ 0.38~0.42 g 于 50 mL 烧杯中。先以少量水润湿,盖上表面皿,从烧杯嘴处往烧杯中滴加 HCl 溶液(1:1),使 $CaCO_3$ 全部溶解。加水 50 mL,微沸几分钟以除去 CO_2。冷却后用水冲洗烧杯内壁和表面皿,定量转移 $CaCO_3$ 溶液于 250 mL 容量瓶中❷,用水稀释至刻度,摇匀,计算标准 $CaCO_3$ 的浓度。

用移液管吸取 25.00 mL $CaCO_3$ 标准溶液于锥形瓶中,用 2 mL NaOH(5 %)溶液调节 pH 值约为 12,再加 3 滴钙试剂,立即用 EDTA 滴定,当溶液由红色转变为蓝色即为终点。平行滴定三次,用平均值计算 EDTA 的准确浓度。

(2)牛奶中钙的测定

用移液管移取 5.00 mL 市售鲜牛奶于 250 mL 锥形瓶中,加入 25 mL 的去离子水,随后加入 25.00 mL 的 EDTA 溶液和 2 mL NaOH(5 %)溶液,再加入 20~30 mg 钙试剂,摇匀,牛奶变为蓝色,用标准钙溶液回滴过量 EDTA 至蓝色变为紫色。记录消耗体积,平行测定三次,根据消耗的体积,求出鲜牛奶中钙含量,以每升牛奶含钙的毫克数表示。

5.4.6 注释

❶ 在使用过程中,防止瓶塞被污染,不能随意放置于桌面上。
❷ 容量瓶不能烘干,防止体积变化。

5.4.7 思考题

(1)使用钙试剂的 pH 条件是什么?

（2）滴定时，EDTA 溶液放入酸式还是碱式滴定管？

（3）什么是返滴定法？在什么条件下使用？

5.5 驱蛔灵糖浆中枸橼酸哌嗪含量的测定

5.5.1 应用背景

驱蛔灵糖浆中的主要成分为枸橼酸哌嗪（$C_{30}H_{54}N_6O_{21}$），又称驱蛔灵，本品为白色结晶性粉末或半透明结晶性颗粒，无臭、味酸。主要用于肠道蛔虫病、蛲虫病，也可用于早期胆道蛔虫绞痛的缓解期和蛔虫所致的不全性肠梗阻。通过本实验使学生掌握市售驱蛔灵糖浆中枸橼酸哌嗪含量的检测方法及其应用，同时掌握样品的前处理方法，进一步提高学生综合运用所学知识分析问题、解决问题的能力。

5.5.2 实验目的和要求

（1）了解配位滴定法间接测定有机物质的原理。

（2）了解驱蛔灵糖浆中枸橼酸哌嗪含量的检测方法及其表示方法。

5.5.3 实验原理

儿童服用的"驱蛔灵糖浆"为黄色的浓厚液体，具有调味剂的芳香气味。辅料为：蔗糖、苯甲酸钠、杏仁香精。其有效成分为枸橼酸哌嗪（$M_{枸橼酸哌嗪}$=732.7），枸橼酸哌嗪具有麻痹蛔虫肌肉的作用，在虫体神经肌肉接头处，发挥抗胆碱作用，阻断神经冲动的传递，使虫体肌肉麻痹而不能附着在宿主肠壁，随粪便排出。枸橼酸哌嗪的结构式为：

$$3HN \bigcirc NH \cdot 2HO-\underset{\underset{CH_2COOH}{|}}{\overset{\overset{CH_2COOH}{|}}{C}}-COOH \cdot 5H_2O$$

枸橼酸哌嗪与硝酸铅反应生成白色的哌嗪铅盐沉淀。将白色哌嗪铅盐沉淀从黄色糖浆中分离出来，用硝酸溶解后，生成硝酸铅，以 EDTA 标准溶液作为滴定剂滴定生成的铅离子，从而可求得驱蛔灵糖浆中枸橼酸哌嗪的含量。

5.5.4 实验仪器、材料与试剂

（1）实验仪器与材料

电子台秤；分析天平；酸式滴定管（25 mL）1 支；移液管（25 mL）1 支；漏斗 1 个；锥形瓶（250 mL）3 个；烧杯（50 mL，150 mL）各 1 个；量筒（10 mL）1 个；试剂瓶（500 mL）；容量瓶（100 mL，250 mL）各 1 个。

（2）试剂

$CaCO_3$ 基准物质；HCl 溶液（1∶1）；NaOH 溶液（5%）；钙试剂；HNO_3 溶液（1∶1）；酒石酸（10%水溶液）；氨水（1∶1）；EDTA 溶液（0.02 $mol \cdot L^{-1}$）；氨-氯化铵缓冲溶液（pH=10）。硝酸铅溶液（0.04 $mol \cdot L^{-1}$）：称取 6.5 g 硝酸铅固体，先滴加少量 HNO_3 溶液（1∶1），再

加蒸馏水，溶解后以蒸馏水稀释至 500 mL。

铬黑 T 指示剂：取铬黑 T（EBT）0.2 g 完全溶于三乙醇胺后，加入 5 L 无水乙醇（数月不变质）。

5.5.5　实验操作

（1）EDTA 溶液的配制和标定

用电子台秤称取 3.7 g EDTA 二钠盐。EDTA 二钠盐于 200 mL 温水中溶解❶，冷却后加水稀释至 500 mL 移入试剂瓶中。

准确称取基准 $CaCO_3$ 0.38～0.42 g 于 50 mL 烧杯中。先以少量水润湿，盖上表面皿，从烧杯嘴处往烧杯中滴加 HCl 溶液（1∶1），使 $CaCO_3$ 全部溶解。加水 50 mL，微沸几分钟以除去 CO_2。冷却后用水冲洗烧杯内壁和表面皿，定量转移 $CaCO_3$ 溶液于 250 mL 容量瓶中❷，用水稀释至刻度，摇匀，计算标准 $CaCO_3$ 的浓度。

用移液管吸取 25.00 mL $CaCO_3$ 标准溶液于锥形瓶中，用 2 mL NaOH（5 %）溶液调节 pH 值约为 12，再加 3 滴钙试剂，立即用 EDTA 滴定，当溶液由红色转变为蓝色即为终点。平行滴定三次，用平均值计算 EDTA 的准确浓度。

（2）驱蛔灵糖浆中枸橼酸哌嗪含量的测定

准确称取驱蛔灵糖浆 2.0 g 于 150 mL 小烧杯中❸，加入 30 mL 0.04 mol·L^{-1} 硝酸铅溶液，生成白色沉淀。将沉淀小心过滤，并以蒸馏水洗涤沉淀 6～7 次，每次约用水 10 mL，随后用 100 mL 容量瓶承接于漏斗下，滴加 5 mL HNO_3 溶液（1∶1）于漏斗中来溶解沉淀❹。再以硝酸溶液洗涤滤纸数次，洗涤液也承接于容量瓶中，以蒸馏水稀释至刻度，摇匀。

吸取上述铅盐溶液 25.00 mL，滴加氨水（1∶1）至出现浑浊，再滴加 HNO_3 溶液（1∶1）使沉淀完全溶解。加入 5 mL 酒石酸溶液和 10 mL 氨-氯化铵缓冲溶液（pH=10），加入 3 滴铬黑 T 指示剂，以 0.02 mol·L^{-1} EDTA 标准溶液滴定至溶液由紫红色变为纯蓝色。然后根据下式计算糖浆中枸橼酸哌嗪的含量：

$$C_{30}H_{54}N_6O_{21} = \frac{c_{EDTA}V_{EDTA}M_{C_{30}H_{54}N_6O_{21}}}{m_s} \times 100\%$$

式中，c_{EDTA}、V_{EDTA} 分别为 EDTA 的浓度和体积；$M_{C_{30}H_{54}N_6O_{21}}$ 为枸橼酸哌嗪的摩尔质量；m_s 为糖浆的质量。

5.5.6　注释

❶ 在使用过程中，防止瓶塞被污染，不能随意放置于桌面上。

❷ 容量瓶不能烘干，防止体积变化。

❸ 因糖浆黏度较大，如用吸量管、移液管移取试样，体积误差较大，故本实验采用称量方法取样。

❹ 用 HNO_3 溶解漏斗中沉淀时，应将滴管接近沉淀慢慢滴加，减少沉淀损失。

5.5.7　思考题

（1）本实验中沉淀枸橼酸哌嗪的硝酸铅溶液浓度是否需标定？

（2）在生成哌嗪铅盐白色沉淀后，除了本实验中将沉淀溶解进行测定的方法外，还可以用什么方法测定？

第6章

氧化还原滴定实验

6.1　石灰石中钙含量的测定

6.1.1　应用背景

　　石灰石是大量用于建筑材料、工业的原料，以方解石和文石两种矿物存在于自然界。石灰石为白色粉末，无臭、无味，露置空气中无反应，不溶于醇。石灰石的主要成分是碳酸钙（$CaCO_3$），还含有 SiO_2、Fe_2O_3、Al_2O_3、CaO 及 MgO 等组分。可采用 $KMnO_4$ 间接法测定石灰石中钙的含量。通过本实验使学生掌握氧化还原滴定法间接测定的原理和方法，熟悉与巩固标准溶液的配制、标定和沉淀、过滤、洗涤的基本操作，提高学生的探索精神和创新精神，进一步培养学生利用所学知识和原理分析问题、解决问题的能力。

6.1.2　实验目的和要求

　　（1）掌握氧化还原滴定法间接测定目标物质的基本原理。
　　（2）了解氧化还原反应条件对滴定的影响。
　　（3）熟练掌握高锰酸钾溶液的配制方法，掌握沉淀、过滤、洗涤的基本操作。

6.1.3　实验原理

　　用 HCl 溶解石灰石试样，成为 Ca^{2+} 溶液。为了与其他共存组分分离，Ca^{2+} 与 $C_2O_4^{2-}$ 反应，形成 CaC_2O_4 沉淀。经过滤、洗涤后用稀硫酸溶液溶解，然后用 $KMnO_4$ 标准溶液滴定释放出来的 $H_2C_2O_4$。根据 $KMnO_4$ 标准溶液的浓度、用量及计量关系和试样量，可计算得到试样的钙含量。相应反应式如下：

$$Ca^{2+} + C_2O_4^{2-} = CaC_2O_4$$

$$CaC_2O_4 + 2H^+ = H_2C_2O_4 + Ca^{2+}$$

$$2MnO_4^- + 5C_2O_4^{2-} + 16H^+ = 2Mn^{2+} + 10CO_2 + 8H_2O$$

为了得到易过滤和洗涤的粗大的晶形沉淀，本实验采用均相沉淀法将 Ca^{2+} 转化为 CaC_2O_4 沉淀，具体过程如下：试样用 HCl 溶解后，加柠檬酸铵掩蔽 Fe^{3+} 和 Al^{3+}；在酸性条件下加入过量沉淀剂 $(NH_4)_2C_2O_4$（注：沉淀剂的浓度较小，主要以 $HC_2O_4^-$ 形式存在，故不会有 CaC_2O_4 沉淀生成），再滴加稀氨水中和溶液中的 H^+，使 $C_2O_4^{2-}$ 浓度缓缓增大，当达到生成 CaC_2O_4 的浓度时，CaC_2O_4 沉淀会在溶液中缓慢地析出，从而得到纯净、颗粒粗大的 CaC_2O_4 晶形沉淀。

CaC_2O_4 沉淀的溶解度随溶液酸度的增加而增大，本实验控制溶液 pH 值在 3.5～4.5 之间，既可使 CaC_2O_4 沉淀完全，又不致生成其他难溶性钙盐 $[Ca_2(OH)_2C_2O_4]$ 沉淀而造成误差。沉淀完毕，需加热陈化 30 min。过滤后，沉淀表面吸附的 $C_2O_4^{2-}$ 必须洗净，否则分析结果偏高。为了减少 CaC_2O_4 在洗涤时的损失，则先用稀 $(NH_4)_2C_2O_4$ 溶液洗涤，然后再用微热的蒸馏水洗到不含 $C_2O_4^{2-}$ 时为止。将洗净的 CaC_2O_4 沉淀溶解于稀 H_2SO_4 中，加热至 75～85℃，用 $KMnO_4$ 标准溶液滴定。

6.1.4　实验仪器、材料与试剂

（1）实验仪器与材料

电子台秤；分析天平；酸式滴定管（50 mL）1 支；移液管（25 mL）1 支；锥形瓶（250 mL）3 个；烧杯（500 mL、250 mL、100 mL）各 1 个；量筒（100 mL、25 mL、10 mL）各 1 个；容量瓶（250 mL）1 个；表面皿 1 个；玻璃棒 3 根；电加热板 1 个；恒温水浴 1 个；中速定性滤纸；漏斗 1 个；漏斗架 1 个。

（2）试剂

$Na_2C_2O_4$ 标准试剂（105～110℃下烘 2 h）；HCl 溶液（1∶1）；H_2SO_4 溶液（1∶2）；二甲酚橙指示剂（1 g·L^{-1}）；$AgNO_3$（0.1 mol·L^{-1}）；$NH_3·H_2O$ 溶液（1∶1）；$(NH_4)_2C_2O_4$ 溶液（4%）；柠檬酸铵溶液（100 g·L^{-1}）；待测石灰石试样；HNO_3 溶液（2 mol·L^{-1}）。

$KMnO_4$ 标准溶液（0.01 mol·L^{-1}）：用台秤称取约 0.08 g $KMnO_4$，溶于 500 mL 水中，盖上表面皿，加热煮沸并保持微沸 1 h，冷却后于室温下放置 2～3 d 后，用玻璃砂心漏斗抽滤，滤液储存于棕色玻璃瓶中待标定。

6.1.5　实验操作

（1）试样的溶解

准确称取于 105～110℃下干燥 2 h 的样品 0.20～0.25 g 三份，分别置于 250 mL 烧杯中，先以少量水润湿，盖上表面皿，从烧杯嘴处往烧杯中缓慢加入 HCl 溶液（1∶1）15 mL，摇动烧杯使试样溶解❶❷。待停止发泡后加热煮沸 2 min，冷却后用水淋洗表面皿和烧杯内壁，并稀释溶液至 150 mL。

（2）$KMnO_4$ 标准溶液的标定

准确称取 $Na_2C_2O_4$ 0.08～0.1 g 三份，分别置于 250 mL 锥形瓶中，各加蒸馏水 40 mL 和 10 mL 3 mol·L^{-1} H_2SO_4 溶液，水浴加热至 75～85℃，趁热用 $KMnO_4$ 溶液滴定。开始时，滴定速度宜慢，在第一滴 $KMnO_4$ 溶液滴入后，不断摇动溶液，当紫红色褪去后再滴入第二滴。溶液中有 Mn^{2+} 产生后，滴定速度可适当加快，近终点时紫红色褪去很慢，应减慢滴定速度，同时充分摇动溶液。当溶液呈现微红色并在 30 s 不褪色即为终点。计算 KMnO$_4$ 溶液的浓度。

（3）CaC$_2$O$_4$ 沉淀的制备及过滤、洗涤

在上述溶液中加入 5 mL 柠檬酸铵溶液（100 g·L^{-1}）掩蔽 Fe^{3+} 和 Al^{3+}，随后加入 2 滴二甲酚橙指示剂，溶液呈红色，再加入 30 mL 4% (NH$_4$)$_2$C$_2$O$_4$ 溶液，用恒温水浴加热至 70～80℃，在不断搅拌下滴加氨水（1:1）至恰好为黄色为止，盖上表面皿，置于 70～80℃ 水浴陈化 30 min❸，期间用玻璃棒搅拌几次❹，然后取出自然冷却至室温，用中速定性滤纸以倾析法过滤。先将上层清液倾注在滤纸上，再以 0.1 % (NH$_4$)$_2$C$_2$O$_4$ 溶液［由 4 % (NH$_4$)$_2$C$_2$O$_4$ 溶液自行稀释］洗涤沉淀 3～4 次，每次用量 10 mL，再用水洗至洗涤液中不含 Cl$^-$ 为止（用 AgNO$_3$ 溶液检验，检验的方法是：用表面皿收集 5～6 滴滤液，加 1 滴 AgNO$_3$ 溶液和 1 滴 HNO$_3$ 溶液，混匀后放置 1 min，如无浑浊现象，表示 Cl$^-$ 已洗净）。

（4）CaC$_2$O$_4$ 沉淀的溶解和测定

将带有沉淀的滤纸小心展开并贴在原存放沉淀的烧杯内壁上，分别用 10 mL H$_2$SO$_4$ 溶液（1:2）和 150 mL 去离子水分次将滤纸上的沉淀冲洗到烧杯内，加热至 70～80℃。用 0.01 mol·L^{-1} KMnO$_4$ 标准溶液滴定至溶液呈微红色，再用玻璃棒将滤纸浸入溶液中❺，将其展开与溶液充分接触，若溶液褪色，继续用 KMnO$_4$ 标准溶液滴定至微红色并在 30 s 内不褪色即终点，记下消耗 KMnO$_4$ 标准溶液的体积。由所消耗的 KMnO$_4$ 溶液的体积及其浓度，计算石灰石中 Ca^{2+} 的质量分数。

6.1.6　注释

❶ 若试样中含有大量镁，则需进行重沉淀，或者用草酸二甲酯均匀沉淀来减少镁的共沉淀。

❷ 若试样用酸溶解不完全，则残渣可用 Na$_2$CO$_3$ 熔融，再用酸浸取，浸取液与试液合并后进行测定。

❸ 陈化过程中若溶液变红，可补加氨水（1:1）使溶液恰变至黄色。

❹ 玻璃棒不要取出。

❺ 切勿将滤纸捣碎。

6.1.7　思考题

（1）本实验中对 CaC$_2$O$_4$ 沉淀的生成条件进行控制的目的是什么？其原理是什么？

（2）洗涤 CaC$_2$O$_4$ 沉淀时，为什么先用 (NH$_4$)$_2$C$_2$O$_4$ 溶液洗，再用水洗？为什么要洗到滤液不含 Cl$^-$ 为止？怎样判断 C$_2$O$_4^{2-}$ 是否洗净？

（3）在滴定至红色出现后，尚需将滤纸转入溶液内并再继续滴定至红色，为什么不把滤纸在开始滴定时就浸入溶液中滴定？

（4）滴定时应控制溶液的温度在 70～80℃ 之间，这是为什么？

6.2　水果中抗坏血酸含量的测定（直接碘量法）

6.2.1　应用背景

抗坏血酸是维生素 C 的俗称，因维生素 C 是人体重要的维生素之一，缺乏时会产生坏血病，故维生素 C 才有抗坏血酸之称。抗坏血酸属水溶性维生素。由于分子中烯二醇基的存在，使其具有较强的还原性，能被 I_2 定量氧化成二酮基，该反应可用于建立碘量法，应用于果汁、果蔬、血液、注射液和药片等样品中抗坏血酸含量的测定。通过该实验使学生学习市售水果中抗坏血酸含量的检测方法及其应用，培养学生实物分析工作的能力。

6.2.2　实验目的和要求

（1）掌握碘标准溶液的配制及标定。
（2）了解直接碘量法测定维生素 C 的原理及操作过程。

6.2.3　实验原理

维生素 C 在医药和化学上应用非常广泛。在分析化学中常用于光度法和配位滴定法中作为还原剂，如使 Fe^{3+} 还原为 Fe^{2+}，Cu^{2+} 还原为 Cu^+，硒（Ⅲ）还原为硒等。

维生素 C 分子式为 $C_6H_8O_6$，分子量为 176.13，国际纯粹与应用化学联合会（IUPAC）命名为 2,3,5,6-四羟基-2-己烯酸-4-内酯。由于分子中的烯二醇基具有还原性，能被 I_2 氧化成二酮基：

可用淀粉作指示剂。

1 mol 维生素 C 与 1 mol I_2 定量反应，维生素 C 的摩尔质量为 176.12 $g \cdot mol^{-1}$。该反应可以用于测定药片、注射液及果蔬中的维生素 C 含量。

由于维生素 C 的还原性很强，在空气中极易被氧化，尤其是在碱性介质中，测定时加入 HAc 使溶液呈弱酸性，减少维生素 C 的副反应。

I_2 溶液可用已标定好的硫代硫酸钠（$Na_2S_2O_3$）标定，也可用三氧化二砷（As_2O_3）标定。As_2O_3 难溶于水，但可溶于碱溶液中：

$$As_2O_3 + 6OH^- \Longrightarrow 2AsO_3^{3-} + 3H_2O$$

As_2O_3 与 I_2 的反应式如下：

$$AsO_3^{3-} + I_2 + H_2O \Longrightarrow AsO_4^{3-} + 2I^- + 2H^+$$

这个反应是可逆的。在中性或弱碱性溶液中加入 $NaHCO_3$ 使溶液的 pH=8，反应能定量地向右进行。

用 $Na_2S_2O_3$ 标定 I_2 的反应为：

$$2S_2O_3^{2-} + I_2 \Longrightarrow S_4O_6^{2-} + 2I^-$$

以上标定均可用淀粉作指示剂。

6.2.4　实验仪器、材料与试剂

（1）实验仪器与材料

电子台秤；分析天平；酸式、碱式滴定管（50 mL）各 1 支；移液管（25 mL）1 支；锥形瓶（250 mL）3 个；烧杯（100 mL）1 个；量筒（10 mL）1 个；容量瓶（250 mL）1 个。

（2）试剂

I_2 溶液（0.05 $mol \cdot L^{-1}$）；$Na_2S_2O_3$ 标准溶液（0.01 $mol \cdot L^{-1}$）；淀粉溶液（5 $g \cdot L^{-1}$）；醋酸

（2 mol·L^{-1}）；取水果可食部分捣碎为果浆；NaOH 溶液（6 mol·L^{-1}）。

6.2.5　实验操作

（1）0.05 mol·L^{-1} 碘溶液的配制

称取 3.3 g I$_2$❶和 5 g KI，置于研钵中，加入少量水研磨（通风橱中操作），待 I$_2$全部溶解后，将溶液转入棕色试剂瓶中，加水稀释至 250 mL，充分摇匀，放暗处保存。

（2）0.01 mol·L^{-1} Na$_2$S$_2$O$_3$ 标准溶液的配制

称取 25 g Na$_2$S$_2$O$_3$·5H$_2$O，溶于刚煮沸并冷却后的 1 L 水中，再加入 Na$_2$CO$_3$ 约 0.2 g，将溶液保存在棕色瓶中，于暗处放几天后标定。

（3）碘溶液的标定

用 Na$_2$S$_2$O$_3$ 标准溶液标定 I$_2$ 溶液。吸取 25.00 mL Na$_2$S$_2$O$_3$ 标准溶液三份，分别置于 250 mL 锥形瓶中，加 50 mL 水，2 mL 淀粉溶液❷，用 I$_2$ 溶液滴定至稳定的蓝色❸，30 s 内不褪色即为终点。计算 I$_2$ 溶液的浓度。

（4）水果中维生素 C 含量的测定

用 100 mL 小烧杯准确称取新捣碎的果浆 30～50 g，立即加 10 mL 2 mol·L^{-1} HAc，定量转入 250 mL 锥形瓶中，加入 2 mL 淀粉溶液，立刻用 I$_2$ 标准溶液滴定至呈现稳定的蓝色。计算果浆中维生素 C 的含量。

6.2.6　注释

❶ 配制 I$_2$ 溶液时，应在 KI 中多研一会。

❷ 淀粉溶液应在接近终点时加入，否则易引起凝聚，而且吸附在淀粉上的 I$_2$ 不易释出，影响测定结果。

❸ I$_2$ 溶液应装入酸管。

6.2.7　思考题

（1）配制 I$_2$ 溶液时加入 KI 的目的是什么？
（2）碘量法的误差来源有哪些？

6.3　加碘食盐中碘含量的测定

6.3.1　应用背景

食盐是人们生活中不可缺少的调味品，又是副食品加工中重要的辅料。食盐的主要成分是氯化钠，含有少量的钾、镁、钙等物质。加碘盐指的是增加碘制剂后的食用盐，即在食盐中加入一定比例的碘酸钾和适当的稳定剂，以专供地方甲状腺病流行地区的人民食用的盐。碘是人体必需的微量元素之一，有智力元素之称。缺碘会导致人的一系列碘缺乏疾病的产生。现已证实，食盐加碘是预防碘缺乏病的有效方法。我国规定，食用碘盐的碘含量（以 I$^-$表示）为 20～50 μg·g^{-1}，所以测定加碘食盐中碘含量具有重要的意义。通过该实验使学生掌握氧化还原方法测定碘的原理和方法，了解实物试样中某组分含量测定的一般步骤，使学生树立准确的"量"的概念，培养学生的自主学习能力、动手实践能力和创新能力。

6.3.2 实验目的

（1）掌握氧化还原方法测定碘的原理和方法。

（2）进一步掌握置换滴定法的原理与方法。

（3）了解实物试样中某组分含量测定的一般步骤。

6.3.3 实验原理

食盐中的碘一般以 I^- 或 IO_3^- 的形式存在，由于两者反应不能共存。假设食盐中的碘以 I^- 存在，可发生如下反应：

$$I^- + 3Br_2 + 3H_2O == IO_3^- + 6H^+ + 6Br^-$$

过量的 Br_2 可用 HCOONa 溶液（或固体水杨酸）除去：

$$Br_2 + HCOO^- + H_2O == CO_3^{2-} + 3H^+ + 2Br^-$$

加入过量 KI 还原 IO_3^- 产生 I_2 的反应为：

$$IO_3^- + 5I^- + 6H^+ == 3I_2 + 3H_2O$$

用硫代硫酸钠标定 I_2 的反应为：

$$2S_2O_3^{2-} + I_2 == S_4O_6^{2-} + 2I^-$$

$Na_2S_2O_3$ 溶液经常用 KIO_3、$KBrO_3$ 或 $K_2Cr_2O_7$ 等氧化剂作为基准物，使用前者不会污染环境，用得最多的是 $K_2Cr_2O_7$。定量地将 I^- 氧化为 I_2，再用 $Na_2S_2O_3$ 溶液滴定，由此根据反应的计量关系计算出 $Na_2S_2O_3$ 标准溶液的准确浓度。

$$Cr_2O_7^{2-} + 14H^+ + 6I^- == 3I_2 + 2Cr^{3+} + 7H_2O$$

在酸度较低时此反应完成较慢，若酸度太强又有使 KI 被空气氧化成 I_2 的危险，因此必须注意酸度的控制并避光放置 5 min，此反应才能定量完成。第二步反应为：

$$2S_2O_3^{2-} + I_2 == S_4O_6^{2-} + 2I^-$$

第一步反应析出的 I_2 用 $Na_2S_2O_3$ 溶液滴定，以淀粉作指示剂，淀粉溶液与 I_2 分子形成蓝色可溶性吸附化合物，使溶液呈蓝色。到达终点时，溶液中的 I_2 全部与 $Na_2S_2O_3$ 作用，蓝色消失。但开始时 I_2 太多，如被淀粉吸附得过牢，就不易被完全夺出，并且也难以观察终点，因此必须在滴定至近终点时，加入淀粉溶液。

I_2 与 $Na_2S_2O_3$ 的反应只能在中性或弱酸性溶液中进行，因为在碱性或者酸性溶液中会发生一些副反应。

6.3.4 实验仪器、材料与试剂

（1）实验仪器与材料

电子台秤；分析天平；碱式滴定管（50 mL）1 支；移液管（25 mL）1 支；碘量瓶（250 mL）3 个；烧杯（100 mL、500 mL）各 1 个；量筒（10 mL）1 个；容量瓶（250 mL）1 个；试剂瓶（500 mL）1 个；棕色瓶 1 个。

（2）试剂

$K_2Cr_2O_7$ 基准物（150～180℃干燥 2 h）；$Na_2S_2O_3$ 标准溶液（0.002 mol·L^{-1}）；Na_2CO_3（AR）；

HCl 溶液（1 mol·L^{-1}）；溴水饱和溶液；HCOONa（1%）；KI（5%，新鲜）；淀粉指示剂溶液（0.5%，用时新配）；加碘食盐。

6.3.5　实验操作

（1）0.002 mol·L^{-1} Na$_2$S$_2$O$_3$ 溶液的配制标定

称取 0.26 g Na$_2$S$_2$O$_3$·5H$_2$O，溶于刚煮沸并冷却后的 500 mL 水中，再加入 Na$_2$CO$_3$ 约 0.002 g，将溶液保存在棕色瓶中，于暗处放几天后标定。

（2）0.0001667 mol·L^{-1} K$_2$Cr$_2$O$_7$ 标准溶液的配制

将 K$_2$Cr$_2$O$_7$ 在 150～180℃ 干燥 2 h，置于干燥器中冷却至室温。准确称取基准物质 K$_2$Cr$_2$O$_7$ 0.0123 g，置于 100 mL 烧杯中，加水溶解，定量转入 250 mL 容量瓶中，稀释至刻度并摇匀。

（3）Na$_2$S$_2$O$_3$ 溶液的标定

用移液管吸取 25.00 mL K$_2$Cr$_2$O$_7$ 标准溶液于 250 mL 碘量瓶中，加入 1 mL 1 mol·L^{-1} 的 HCl 溶液，再加入 5% KI 溶液 1 mL❶，摇匀后放在暗处 5 min，待反应完全后❷，加入 50 mL 蒸馏水，立即用待标定的 Na$_2$S$_2$O$_3$ 溶液滴定至近终点❸，即溶液呈淡黄色，加 0.5% 淀粉指示剂溶液 2 mL❹，继续用 Na$_2$S$_2$O$_3$ 滴定至溶液呈现亮绿色为终点，平行滴定三次❺，取平均值，计算 Na$_2$S$_2$O$_3$ 的准确浓度。

（4）食盐中含碘量的测定

称取 10 g 均匀加碘食盐（准确至 0.01 g），置于 250 mL 碘量瓶中，加 100 mL 蒸馏水溶解，加 2 mL 1 mol·L^{-1} 的 HCl 溶液和 2 mL 饱和溴水，混匀，放置 5 min，摇匀后加入 5 mL 1.0% HCOONa 水溶液，放置 5 min 后，加 5 mL 5% KI 溶液，静置约 10 min，Na$_2$S$_2$O$_3$ 标准溶液滴定至溶液呈浅黄色时，加 5 mL 0.5% 淀粉指示剂溶液，继续滴定至蓝色恰好消失为止，记录所用 Na$_2$S$_2$O$_3$ 体积，平行滴定三次。由所消耗的 Na$_2$S$_2$O$_3$ 溶液的体积及其浓度，计算食盐中含碘量。

6.3.6　注释

❶ KI 要过量，但浓度不能超过 2%～4%，因为太浓，淀粉指示剂的颜色转变不灵敏。

❷ K$_2$Cr$_2$O$_7$ 与 KI 反应进行较慢，在稀溶液中反应的速度更慢，故在加水稀释前，应放置 5 min，使反应完全。

❸ Na$_2$S$_2$O$_3$ 应装入碱管。

❹ 淀粉指示剂应在临近终点时加入，而不能加入得过早，否则将有较多的 I$_2$ 与淀粉指示剂结合，而这部分 I$_2$ 在终点时解离较慢，造成终点拖后。

❺ 为防止反应产物 I$_2$ 的挥发，平行实验的试剂需一份一份地加入。

6.3.7　思考题

（1）标定 Na$_2$S$_2$O$_3$ 标准溶液时为什么要在一定的酸度范围内，酸度过高或过低有何影响？为什么滴定前要先放置 5 min？

（2）淀粉指示剂能否在滴定前加入？为什么？

6.4 铁矿石中全铁含量的测定

6.4.1 应用背景

含有铁元素的矿石称为铁矿石，铁矿石的种类很多，用于炼铁的主要有磁铁矿（Fe_3O_4）、赤铁矿（Fe_2O_3）和菱铁矿（$FeCO_3$）等。铁矿石是钢铁生产企业的重要原材料，一般低于 50 % 品位的铁矿石需要经过选矿才能冶炼利用，因此，铁矿石中全铁含量的测定具有重要意义。通过该实验使学生掌握 $K_2Cr_2O_7$ 法测定铁矿石中铁的原理和操作步骤，了解矿物试样的前处理和组分含量测定的一般步骤，使学生树立准确的"量"的概念，培养学生实物分析的能力。

6.4.2 实验目的和要求

（1）学习 $K_2Cr_2O_7$ 法测定铁矿石中铁的原理和操作步骤。

（2）了解无汞定铁法，增强环保意识。

（3）熟悉二苯胺磺酸钠指示剂的作用原理。

6.4.3 实验原理

铁矿石的种类很多，用于炼铁的主要有磁铁矿（Fe_3O_4）、赤铁矿（Fe_2O_3）和菱铁矿（$FeCO_3$）等。铁矿石试样经 HCl 溶液溶解后，其中的铁转化为 Fe^{3+}。在强酸性条件下，Fe^{3+} 可通过 $SnCl_2$ 还原为 Fe^{2+}。Sn^{2+} 将 Fe^{3+} 还原完后，甲基橙也可被 Sn^{2+} 还原成氢化甲基橙而褪色，因而甲基橙可指示 Fe^{3+} 还原终点。Sn^{2+} 还能继续使氢化甲基橙还原成 N, N-二甲基对苯胺和对氨基苯磺酸钠。有关反应式为：

$$(CH_3)_2NC_6H_4N = NC_6H_4SO_3Na + 2e^- + 2H^+ \longrightarrow (CH_3)_2NC_6H_4NH-NHC_6H_4SO_3Na$$

$$(CH_3)_2NC_6H_4NH-NHC_6H_4SO_3Na + 2e^- + 2H^+ \longrightarrow (CH_3)_2NC_6H_4NH_2 + NH_2C_6H_4SO_3Na$$

这样一来，略微过量的 Sn^{2+} 也被消除。由于这些反应是不可逆的，因此甲基橙的还原产物不消耗 $K_2Cr_2O_7$。反应在 HCl 介质中进行，还原 Fe^{3+} 时 HCl 浓度以 4 mol·L^{-1} 左右为好，大于 6 mol·L^{-1} 时，Sn^{2+} 则先还原甲基橙为无色，使其无法指示 Fe^{3+} 的还原，同时 Cl^- 浓度过高也可能消耗 $K_2Cr_2O_7$；HCl 浓度低于 2 mol·L^{-1} 则甲基橙褪色缓慢。反应完后，以二苯胺磺酸钠为指示剂，用 $K_2Cr_2O_7$ 标准溶液滴定至溶液呈紫色即为终点，主要反应式为：

$$2FeCl_4^- + SnCl_4^{2-} + 2Cl^- = 2FeCl_4^{2-} + SnCl_6^{2-}$$

$$6Fe^{2+} + Cr_2O_7^{2-} + 14H^+ = 6Fe^{3+} + 2Cr^{3+} + 7H_2O$$

滴定过程中生成的 Fe^{3+} 呈黄色，影响终点的观察，若在溶液中加入 H_3PO_4，H_3PO_4 与 Fe 生成无色的 $Fe(HPO_4)_2^-$，可掩蔽 Fe^{3+}。同时由于 $Fe(HPO_4)_2^-$ 的生成，使得 Fe^{3+}/Fe^{2+} 电对的条件电位降低，滴定突跃增大，指示剂可在突跃范围内变色，从而减小滴定误差。Cu^{2+}、As(V)、Ti(Ⅳ)、Mo(Ⅵ) 等离子存在时，可被 $SnCl_2$ 还原，同时又能被 $K_2Cr_2O_7$ 氧化，Sb(V)和Sb(Ⅲ)也干扰铁的测定。

6.4.4 实验仪器、材料与试剂

（1）实验仪器与材料

分析天平；酸式滴定管（50 mL）1 支；移液管（25 mL）1 支；锥形瓶（250 mL）3 个；

烧杯（100 mL）1个；量筒（10 mL）1个；容量瓶（250 mL）1个。

（2）试剂

$SnCl_2$ 溶液（100 $g·L^{-1}$）；$SnCl_2$ 溶液（50 $g·L^{-1}$）；浓 HCl 溶液；硫磷混酸（1∶1）；甲基橙水溶液（1 $g·L^{-1}$）；二苯胺磺酸钠水溶液（2 $g·L^{-1}$）；$K_2Cr_2O_7$ 标准溶液。

6.4.5 实验操作

（1）$SnCl_2$ 溶液（100 $g·L^{-1}$）的配制

称取 10 g $SnCl_2·2H_2O$ 溶于 40 mL 浓热 HCl 溶液中，加蒸馏水稀释至 100 mL。

（2）$K_2Cr_2O_7$ 标准溶液的配制

将 $K_2Cr_2O_7$ 在 150～180℃烘干 2 h，放入干燥器冷却至室温，准确称取 0.6～0.7 g $K_2Cr_2O_7$ 于小烧杯中，加蒸馏水溶解后转移至 250 mL 容量瓶中，用蒸馏水稀释至刻度，摇匀，计算 $K_2Cr_2O_7$ 的浓度。

（3）铁矿石中 Fe 溶液的配制

准确称铁矿石粉 1.0～1.5 g 于烧杯中，用少量蒸馏水润湿后，加 20 mL 浓 HCl 溶液❶，盖上表面皿，在沙浴上加热 20～30 min，并不时摇动，避免沸腾。如有带色不溶残渣，可滴加 100 $g·L^{-1}$ $SnCl_2$ 溶液 20～30 滴助溶，试样分解完全时，剩余残渣应为白色或非常接近白色（即 SiO_2），此时可用少量蒸馏水吹洗表面皿及杯壁，冷却后将溶液移到 250 mL 容量瓶中，加蒸馏水稀释至刻度，摇匀。

（4）试样中 Fe 的含量的测定

移取试样溶液 25.00 mL 于 250 mL 锥形瓶中，加 8 mL 浓 HCl 溶液，加热至近沸，加入 6 滴 1 $g·L^{-1}$ 甲基橙，边摇动锥形瓶边慢慢滴加 100 $g·L^{-1}$ $SnCl_2$ 溶液还原 Fe^{3+}，溶液由橙红色变为红色，再慢慢滴加 50 $g·L^{-1}$ $SnCl_2$ 溶液至溶液为淡红色，若摇动后粉色褪去，说明 $SnCl_2$ 已过量，可补加 1 滴 1 $g·L^{-1}$ 甲基橙，以除去稍微过量的 $SnCl_2$，此时溶液如呈浅粉色最好，不影响滴定终点，$SnCl_2$ 切不可过量。然后，迅速用流水冷却❷，加 50 mL 蒸馏水、20 mL 硫磷混酸和 4 滴 2 $g·L^{-1}$ 二苯胺磺酸钠水溶液。立即用上述 $K_2Cr_2O_7$ 标准溶液滴定至出现稳定的紫红色❸。平行测定三次，计算试样中 Fe 的含量。

6.4.6 注释

❶ 试样若不能被盐酸分解完全，则可用硫磷混酸分解，溶解试样时须加热至水分完全蒸发出三氧化硫白烟，白烟脱离液面 3～4 cm。但应注意加热时间不能过长，以防止生成焦磷酸盐。

❷ 铁还原完全后，溶液要立即冷却，及时滴定，久置会使 Fe^{2+} 被空气中的氧氧化。

❸ 滴定接近终点时，$K_2Cr_2O_7$ 要慢慢加入，过量的 $K_2Cr_2O_7$ 会使指示剂的氧化型破坏。

6.4.7 思考题

（1）$K_2Cr_2O_7$ 为什么可以直接配制准确浓度的溶液？

（2）$K_2Cr_2O_7$ 法测定铁矿石中的铁时，滴定前为何要加入 H_3PO_4？加入 H_3PO_4 后为何要立即滴定？

（3）用 $SnCl_2$ 还原 Fe^{3+} 时，为何要在加热条件下进行？加入的 $SnCl_2$ 量不足或过量会给测试结果带来什么影响？

（4）分解铁矿石时，如果加热至沸会对结果产生什么影响？

（5）本实验中甲基橙起什么作用？

6.5　高碘酸钾法测定甘露醇的含量

6.5.1　应用背景

甘露醇是一种己六醇，因溶解时吸热，有甜味，对口腔有舒服感，故广泛用于醒酒药、口中清凉剂等咀嚼片的制造。甘露醇是一种高渗性的组织脱水剂，临床上广泛应用于治疗脑水肿，预防急性肾衰，治疗青光眼，加速毒物及药物从肾脏的排泄。此外，在工业上，甘露醇可用于塑料行业，制松香酸酯及人造甘油树脂、炸药、雷管（硝化甘露醇）等。通过高碘酸钾法测定甘露醇的含量，使学生能灵活运用所学的基本理论和分析方法，掌握基本操作技能，培养学生分析问题、解决问题的能力。

6.5.2　实验目的和要求

（1）了解高碘酸钾法的原理。

（2）了解甘露醇含量的检测方法及其表示方法。

（3）掌握高碘酸钾法的反应条件。

6.5.3　实验原理

高碘酸钾法是基于以高碘酸钾为氧化剂测定一些还原性物质的滴定方法。由于高碘酸钾在酸性介质中与某些官能团能产生选择性很高的反应，故该法常用于有机物的测定。

在酸性溶液中，高碘酸盐的主要形式为高碘酸（H_5IO_6）及偏高碘酸（IO_4^-），溶液的 pH 值越低，高碘酸（H_5IO_6）所占的比例越大。在酸性条件下，高碘酸盐是一个很强的氧化剂，其氧化还原半反应为：

$$H_5IO_6 + H^+ + 2e^- \Longrightarrow IO_3^- + 3H_2O \qquad \varphi^\ominus = 1.60\ V$$

高碘酸盐除具有一般强氧化剂的性能和应用外，高碘酸盐在测定 α-二醇类及 α-基醇类化合物的含量方面具有独特的应用。若是化合物的相邻两个碳原子上有烃基，高碘酸盐能使 C—C 键断开，氧化生成两个羰基化合物（醛）。

多羟基化合物遇到高碘酸盐则分步氧化，首先生成 α-羰基羟基化合物，继而氧化成羧酸和醛。若化合物中每个碳原子上都有羟基，则最后的氧化产物为甲醛和甲酸。以六元醇甘露醇为例，在酸性溶液中，与高碘酸发生下列反应：

$$HO\text{—}CH_2\text{—}CHOH\text{—}CHOH\text{—}CHOH\text{—}CHOH\text{—}CH_2OH + 5H_5IO_6 \longrightarrow 2HCHO + 4HCOOH + 5IO_3^- + 5H^+ + 11H_2O$$

甘露醇和高碘酸的化学计量比为 1∶5，于样品溶液中加入定量过量的高碘酸盐溶液，反应完全后，加入过量的 KI，剩余的 H_5IO_6 及反应生成的 IO_3^- 与 KI 发生歧化反应，生成游离的 I_2，用 $Na_2S_2O_3$ 标准溶液滴定游离的 I_2，其所涉及的化学反应如下：

$$H_5IO_6+7I^-+7H^+ \rightleftharpoons 4I_2+6H_2O$$
$$IO_3^-+5I^-+6H^+ \rightleftharpoons 3I_2+3H_2O$$
$$2S_2O_3^{2-}+I_2 \rightleftharpoons S_4O_6^{2-}+2I^-$$

6.5.4 实验仪器、材料与试剂

（1）实验仪器与材料

分析天平；碱式滴定管（25 mL）1 支；移液管（10 mL，25 mL）1 支；碘量瓶（250 mL）3 个；烧杯（100 mL）1 个；量筒（10 mL）1 个；容量瓶（250 mL）2 个。

（2）试剂

$Na_2S_2O_3$（0.1 $mol·L^{-1}$）标准溶液；甘露醇（AR）；H_2SO_4 溶液（1∶3）；KIO_4（AR）；KI（10%）。

6.5.5 实验操作

（1）0.01 $mol·L^{-1}$ 高碘酸标准溶液配制

准确称取 KIO_4 0.55～0.60 g，置于 100 mL 烧杯中，加蒸馏水溶解，定量转入 250 mL 容量瓶中，用水稀释至刻度并摇匀。

（2）甘露醇标准溶液配制

准确称取甘露醇 0.20～0.25 g 于 100 mL 烧杯，加蒸馏水溶解，定量转入 250 mL 容量瓶中，用水稀释至刻度并摇匀。

（3）甘露醇含量的测定

移取 10.00 mL 甘露醇标准溶液于 250 mL 碘量瓶中，加入 25.00 mL KIO_4 标准溶液，加入 10 mL H_2SO_4 溶液（1∶3），置水浴上加热 15 min。冷却至室温后，加入 20 mL KI 试液，放置 5 min 后，用 $Na_2S_2O_3$ 标准溶液滴定至近终点，加 1 mL 淀粉指示剂❶，继续滴定至蓝色恰好消失，记录所用 $Na_2S_2O_3$ 体积❷，平行滴定三次❸。

6.5.6 注释

❶ 淀粉指示剂应在临近终点时加入，而不能加入得过早，否则将有较多的 I_2 与淀粉指示剂结合，而这部分 I_2 在终点时解离较慢，造成终点拖后。

❷ $Na_2S_2O_3$ 应装入碱管。

❸ 为防止反应产物 I_2 的挥发，平行实验的试剂需一份一份地加入。

6.5.7 思考题

（1）从甘露醇和高碘酸反应看来，产物有 H^+ 产生，为什么在反应中还要加入 H_2SO_4 酸化？

（2）该滴定过程中，氧化剂和还原剂分别是什么？

第7章

沉淀滴定实验

7.1 莫尔法测定可溶性氯化物中氯的含量

7.1.1 应用背景

氯化物中的氯离子是水和废水中一种常见的无机阴离子。几乎所有的天然水中都有氯离子存在且含量变化范围较宽。若饮用水中氯离子含量为 250 mg·L^{-1}，相应的阳离子为钠时，会感觉到咸味；水中氯化物浓度过高会对水系统有腐蚀作用，损害管道和构筑物；用于农业灌溉，则会使土壤发生盐化，并妨碍植物生长。因此，氯化物中氯含量的测定具有十分重要的意义。

7.1.2 实验目的和要求

（1）学习配制和标定 $AgNO_3$ 标准溶液。

（2）掌握莫尔法滴定的原理和实验操作。

7.1.3 实验原理

某些可溶性氯化物中氯含量的测定可采用莫尔法。此法是在中性或弱碱性溶液中，以 K_2CrO_4 为指示剂，用 $AgNO_3$ 标准溶液进行滴定。由于 AgCl 沉淀的溶解度比 Ag_2CrO_4 小，因此，溶液中首先析出 AgCl 沉淀。当 AgCl 定量沉淀后，过量的 $AgNO_3$ 溶液即与 CrO_4^{2-} 生成砖红色 Ag_2CrO_4 沉淀，指示达到终点。反应式如下：

$$Ag^+ + Cl^- \rightleftharpoons AgCl（白色） \qquad K_{sp}=1.8\times10^{-10}$$

$$2Ag^+ + CrO_4^{2-} \rightleftharpoons Ag_2CrO_4（砖红色） \qquad K_{sp}=2.0\times10^{-12}$$

滴定必须在中性或弱碱性溶液中进行，最适宜的 pH 值范围为 6.5～10.5。如果有铵盐存在，溶液的 pH 值需控制在 6.5～7.2。

指示剂的用量对滴定有影响，一般以 5×10^{-3} mol·L^{-1} 为宜（指示剂必须定量加入）。溶液较稀时，须做指示剂的空白校正。凡是能与 Ag$^+$ 生成难溶性化合物或配合物的阴离子都干扰测定，如 PO$_4^{3-}$、AsO$_4^{3-}$、SO$_3^{2-}$、S^{2-}、CO$_3^{2-}$ 和 C$_2$O$_4^{2-}$ 等。其中 H$_2$S 可加热煮沸除去，将 SO$_3^{2-}$ 氧化成 SO$_4^{2-}$ 后就不再干扰测定。大量 Cu^{2+}、Ni^{2+}、Co^{2+} 等有色离子将影响终点观察。Ba^{2+} 的干扰可通过加入过量的 Na$_2$SO$_4$ 消除。Al^{3+}、Fe^{3+}、Bi^{3+}、Sn^{4+} 等高价金属离子因在中性或弱碱性溶液中易水解产生沉淀，也会干扰测定。

7.1.4 实验仪器、材料与试剂

（1）实验仪器与材料

分析天平；棕色滴定管（50 mL）1 支；移液管（25 mL）1 支；吸量管（1 mL）1 支；锥形瓶（250 mL）3 个；烧杯（100 mL）1 个；量筒（25 mL、10 mL）各 1 个；容量瓶（250 mL、100 mL）各 1 个；棕色试剂瓶（500 mL）1 个。

（2）试剂

K$_2$CrO$_4$ 溶液（50 g·L^{-1}）；NaCl 试样；CaCO$_3$ 固体。

NaCl 基准试剂：在 500～600℃ 高温炉中灼烧 0.5 h 后，置于干燥器中冷却。也可将 NaCl 置于带盖的瓷坩埚中，加热，并不断搅拌，待爆炸声停止后，继续加热 15 min，将坩埚放入干燥器中冷却后使用。

AgNO$_3$ 溶液（0.1 mol·L^{-1}）：称取 8.5 g AgNO$_3$ 溶解于 500 mL 不含 Cl$^-$ 的蒸馏水中，将溶液转入棕色试剂瓶中，置暗处保存，以防止光照分解。

7.1.5 实验操作

（1）AgNO$_3$ 溶液的标定

准确称取 0.5～0.65 g NaCl 基准物于小烧杯中，用蒸馏水溶解后，定量转入 100 mL 容量瓶中，以蒸馏水稀释至刻度，摇匀。

用移液管移取 25.00 mL NaCl 溶液于 250 mL 锥形瓶中，加入 25 mL 蒸馏水（沉淀滴定中，为减少沉淀对被测离子的吸附，一般滴定的体积以大些为好，故需加蒸馏水稀释试液），用吸量管加入 1 mL 50 g·L^{-1} K$_2$CrO$_4$ 溶液，在不断摇动条件下，用待标定的 AgNO$_3$ 溶液滴定至呈现砖红色即为终点（银为贵金属，含 AgCl 的废液应回收处理）❶。平行标定三份，根据 AgNO$_3$ 溶液的体积和 NaCl 的质量，计算 AgNO$_3$ 溶液的浓度。

（2）试样分析

准确称取 2 g NaCl 试样于烧杯中，加蒸馏水溶解后，定量转入 250 mL 容量瓶中，用蒸馏水稀释至刻度，摇匀。用移液管移取 25.00 mL 试液于 250 mL 锥形瓶中，加入 25 mL 蒸馏水，用 1 mL 吸量管加入 1 mL 50 g·L^{-1} K$_2$CrO$_4$ 溶液，在不断摇动条件下，用 AgNO$_3$ 标准溶液滴定至溶液出现砖红色即为终点❷。平行测定三份，计算试样中氯的含量。

（3）空白试验

取 1 mL K$_2$CrO$_4$ 指示剂溶液，加入适量蒸馏水，然后加入无 Cl$^-$ 的 CaCO$_3$ 固体（相当于滴定时 AgCl 的沉淀量），制成类似于实际滴定的浑浊溶液。逐渐滴入 AgNO$_3$ 标准溶液，至与终点颜色相同为止,记录读数，从滴定试液所消耗的 AgNO$_3$ 体积中扣除此读数。实验完毕后，将装 AgNO$_3$

溶液的滴定管先用蒸馏水冲洗 2～3 次后，再用自来水洗净，以免 AgCl 残留于管内。

7.1.6 注释

❶ 滴定至快到终点时，要充分摇动溶液，以确保终点的观察。
❷ 因加入指示剂量较小，故需注意控制，防止标定和滴定指示剂量差别较大而影响滴定结果。

7.1.7 思考题

（1）莫尔法测氯时，为什么溶液的 pH 值需控制在 6.5～10.5？
（2）以 K_2CrO_4 作指示剂时，指示剂浓度过大或过小对测定有何影响？
（3）用莫尔法测定"酸性光亮镀铜液"（主要成分为 $CuSO_4$ 和 H_2SO_4）中的氯含量时，试液应作哪些预处理？

7.2 佛尔哈德法测定碘化钠中 I^- 的含量

7.2.1 应用背景

碘化钠（NaI）是实验室中常见的分析试剂，是制造无机碘化物和有机碘化物的原料，在化学反应中可用作氧化剂、碘乳剂以及碘的助溶剂。在食品、医疗和摄影中，可用作食品内添加剂、甲状腺肿瘤防治剂、祛痰剂、利尿剂、X 射线造影剂和感光剂等。因此，对其含量的测定具有十分重要的意义。通过实验学习并掌握佛尔哈德法测定碘化钠中 I^- 含量的基本原理，理论联系实际，培养学生的实验操作技能。

7.2.2 实验目的和要求

（1）学习 NH_4SCN 标准溶液的配制和标定。
（2）掌握用佛尔哈德法测定 NaI 中 I^- 含量的原理。

7.2.3 实验原理

在含 I^- 的酸性试液中，加入一定量且过量的 Ag^+ 标准溶液，定量生成 AgI 沉淀后，过量的 Ag^+ 以铁铵矾作指示剂，用 NH_4SCN 标准溶液返滴定，由 $Fe(SCN)^{2+}$ 配离子的红色来指示滴定终点。反应如下：

$$NaI+2AgNO_3 \longrightarrow AgI+NaNO_3+AgNO_3(剩余)$$
$$AgNO_3(剩余)+NH_4SCN \longrightarrow AgSCN+NH_4NO_3$$
$$3NH_4SCN+FeNH_4(SO_4)_2 \longrightarrow Fe(SCN)_3+2(NH_4)_2SO_4$$

指示剂用量大小对滴定有影响，一般控制 Fe^{3+} 浓度为 $0.015\ mol\cdot L^{-1}$ 为宜。滴定时，控制氢离子浓度为 $0.1～1\ mol\cdot L^{-1}$，剧烈摇动溶液，并加入硝基苯（有毒）或石油醚保护 AgI 沉淀使其与溶液隔开，防止 AgI 沉淀与 SCN^- 发生置换反应而消耗滴定剂。

能与 SCN^- 生成沉淀或生成配合物，或能氧化 SCN^- 的物质均有干扰。PO_4^{3-}、AsO_4^{3-} 和 CrO_4^{2-} 等离子，由于酸效应的作用不影响测定。佛尔哈德法常用于直接测定银合金和矿石中银的含量。

7.2.4 实验仪器、材料与试剂

（1）实验仪器与材料

分析天平；棕色滴定管（50 mL）1 支；移液管（25 mL）1 支；锥形瓶（250 mL）3 个；烧杯（100 mL）1 个；量筒（25 mL、10 mL）各 1 个；容量瓶（250 mL、100 mL）各 1 个；棕色试剂瓶（500 mL）1 个；吸量管（5 mL、1 mL）各 1 个。

（2）试剂

NaCl 试样；$AgNO_3$ 溶液（0.1 $mol·L^{-1}$，见实验 7.1）；铁铵矾指示剂（400 $g·L^{-1}$）；NaI 试样。HNO_3 溶液（8 $mol·L^{-1}$，若含有氮的氧化物而呈黄色时，应煮沸去除氮化物）。

NH_4SCN 溶液（0.1 $mol·L^{-1}$）：称取 3.8 g NH_4SCN，用 500 mL 蒸馏水溶解后转入试剂瓶中。

7.2.5 实验操作

（1）0.1 $mol·L^{-1}$ $AgNO_3$ 溶液的标定

参考实验 7.1。

（2）NH_4SCN 溶液的标定

用移液管移取 25.00 mL 0.1 $mol·L^{-1}$ $AgNO_3$ 标准溶液于 250 mL 锥形瓶中，加入 5 mL 8 $mol·L^{-1}$ HNO_3 溶液、1.0 mL 400 $g·L^{-1}$ 铁铵矾指示剂❶，然后用待标定的 NH_4SCN 溶液滴定。滴定时，激烈振荡溶液，当滴至溶液颜色稳定为淡红色时即为终点。平行标定三份，计算 NH_4SCN 溶液的浓度。

（3）试样分析

准确称取约 5 g NaI 试样于 50 mL 烧杯中，加蒸馏水溶解后，定量转入 250 mL 容量瓶中，稀释至刻度，摇匀。

用移液管移取 25.00 mL 试样于 250 mL 锥形瓶中，加入 25 mL 蒸馏水、5 mL 8 $mol·L^{-1}$ HNO_3 溶液，用滴定管加入 0.1 $mol·L^{-1}$ $AgNO_3$ 标准溶液至过量 5～10 mL（加入 $AgNO_3$ 溶液时，生成黄色 AgI 沉淀，接近计量点时，AgI 要凝聚，振荡溶液，再让其静置片刻，使沉淀沉降，然后加入几滴 $AgNO_3$ 到清液层。如不生成沉淀，说明 $AgNO_3$ 已过量，这时，再适当过量 5～10 mL $AgNO_3$ 溶液即可）。再加入 1.0 mL 400 $g·L^{-1}$ 铁铵矾指示剂，用 NH_4SCN 标准溶液滴至出现 $Fe(SCN)^{2+}$ 配离子的淡红色稳定不变时即为终点。平行测定三份，计算 NaI 试样中氯的含量。

7.2.6 注释

❶ 指示剂应该在加入过量的 $AgNO_3$ 溶液后才加入，以避免产生 Fe^{3+} 氧化 I^-。

7.2.7 思考题

（1）佛尔哈德法测氯时，为什么要加入石油醚或硝基苯？当用此法测定 Br^-、I^- 时，还需加入石油醚或硝基苯吗？

（2）试讨论酸度对佛尔哈德法测定卤素离子含量的影响。

（3）本实验溶液为什么用 HNO_3 酸化？可否用 HCl 溶液或 H_2SO_4 酸化？为什么？

7.3　醋酸银溶度积常数的测定

7.3.1　应用背景

溶度积常数（K_{sp}）是难溶电解质沉淀溶解平衡的平衡常数。利用溶度积，可以计算难溶电解质的溶解度、判断难溶电解质中沉淀与溶液中的离子之间的动态平衡。通过实验，学生可以学习沉淀滴定法测定醋酸银（AgAc）溶度积常数的方法，巩固沉淀滴定操作。

7.3.2　实验目的和要求

（1）巩固沉淀滴定、过滤等基本操作。

（2）掌握用佛尔哈德法测定难溶盐 AgAc 溶度积的原理和方法。

7.3.3　实验原理

AgAc 是一种微溶性的强电解质，在一定温度下，饱和 AgAc 溶液存在下列平衡：

$$AgAc \Longrightarrow Ag^+ + Ac^-$$

$$K_{sp,AgAc} = [Ag^+][Ac^-] \tag{1}$$

当温度一定时，K_{sp} 不随 $[Ag^+]$ 和 $[Ac^-]$ 的变化而改变。因此，测出饱和溶液中 Ag^+ 和 Ac^- 的浓度，即可求出该温度时的 K_{sp}。

本实验以铁铵矾作指示剂，用 NH_4SCN 标准溶液进行沉淀滴定，测定饱和溶液中 Ag^+ 的浓度，即佛尔哈德直接滴定法：

$$Ag^+ + SCN^- \Longrightarrow AgSCN$$

$$K_{sp,AgSCN} = [Ag^+][SCN^-] = 1.0 \times 10^{-12}$$

$$Fe^{3+} + SCN^- \Longrightarrow FeSCN^{2+}$$

$$K_{稳} = \frac{[FeSCN^{2+}]}{[SCN^-][Fe^{3+}]} = 8.9 \times 10^2$$

当 Ag^+ 全部沉淀后，溶液中 $c_{SCN^-} = 10^{-6}\ mol \cdot L^{-1}$，而人眼能观察到 $FeSCN^{2+}$ 红色时，浓度约为 $10^{-5}\ mol \cdot L^{-1}$，则要求 c_{SCN^-} 约为 $2 \times 10^{-5}\ mol \cdot L^{-1}$，必须在 Ag^+ 全部转化为 AgSCN 白色沉淀后再过量半滴（约 0.02 mL）才能使 c_{SCN^-} 约为 $2 \times 10^{-5}\ mol \cdot L^{-1}$，因而可用铁铵矾作指示剂测定 Ag^+ 浓度。

AgAc 饱和溶液中 c_{Ac^-} 的计算：设 $AgNO_3$ 溶液的浓度为 c_{Ag^+}、体积为 V_{Ag^+}；NaAc 溶液的浓度为 c_{Ac^-}、体积为 V_{Ac^-}，两者混合后总体积为 $V_{Ag^+} + V_{Ac^-}$（混合后体积变化忽略不计）。用佛尔哈德法测出 AgAc 饱和溶液中的 Ag^+ 浓度为 c_{Ag^+}，则 AgAc 饱和溶液中 Ac^- 的浓度为：

$$[Ac^-] = \frac{c_{Ac^-}V_{Ac^-} - c_{Ag^+}V_{Ag^+}}{V_{Ac^-} + V_{Ag^+}} + [Ag^+] \tag{2}$$

将测得的 c_{Ag^+} 与式（2）计算得到的 c_{Ac^-} 代入式（1）求得 $K_{sp,AgAc}$。

7.3.4 实验仪器、材料与试剂

（1）实验仪器与材料

分析天平；酸式滴定管（50 mL）1 支；移液管（25 mL）1 支；锥形瓶（250 mL）3 个；烧杯（100 mL）1 个；量筒（25 mL、10 mL）各 1 个；容量瓶（250 mL、100 mL）各 1 个；棕色试剂瓶（250 mL）1 个；吸量管。

（2）试剂

NH_4SCN 标准溶液；NaAc 溶液（$0.20\ mol \cdot L^{-1}$）；NaCl 基准物质；HNO_3 溶液（$6\ mol \cdot L^{-1}$）；铁铵矾指示剂（$400\ g \cdot L^{-1}$）；HNO_3 溶液（$6\ mol \cdot L^{-1}$）；$Fe(NO_3)_3$ 溶液。

$AgNO_3$ 溶液（$0.20\ mol \cdot L^{-1}$）：称取 8.5 g $AgNO_3$ 溶解于 250 mL 不含 Cl^- 的蒸馏水中，将溶液转入棕色试剂瓶中，置暗处保存，以防止光照分解。

7.3.5 实验操作

（1）$AgNO_3$ 溶液的标定

标定方法见实验 7.1。

（2）NH_4SCN 标准溶液的配制及标定

参考实验 7.2。

（3）AgAc 溶度积的测定

① 用吸量管分别移取 20.00 mL、30.00 mL 的 $0.20\ mol \cdot L^{-1}$ $AgNO_3$ 溶液于两个干燥的锥形瓶中❶，然后用另一吸量管分别加入 40.00 mL、30.00 mL $0.20\ mol \cdot L^{-1}$ NaAc 溶液于上述两个锥形瓶中，使每瓶中均有 60.00 mL 溶液，摇动锥形瓶约 30 min 使沉淀生成完全❷❸。

② 分别将上述两瓶中混合物过滤，滤液用两个干燥洁净的小烧杯承接（滤液必须完全澄清，否则应重新过滤）。

③ 用移液管移取 25.00 mL 上述 1 号瓶中滤液放入两个洁净的锥形瓶中，加入 1 mL $Fe(NO_3)_3$ 溶液，若溶液显红色，加几滴 $6\ mol \cdot L^{-1}$ HNO_3 溶液直至无色。

④ 用 $0.10\ mol \cdot L^{-1}$ NH_4SCN 溶液滴定此溶液至呈恒定浅红色，记录所用 NH_4SCN 溶液的体积。重复操作步骤③、④，测定 2 号瓶中滤液❹。

7.3.6 注释

❶ 实验中要用到一些干燥的烧杯、锥形瓶，要提前准备好。
❷ $AgNO_3$ 溶液和 NaAc 溶液在锥形瓶中反应时，要不断摇动锥形瓶。
❸ 生成 AgAc 的反应时间约需 30min，一定要使沉淀生成完全。
❹ 实验参考值 $K_{sp,\ AgAc}=[Ag^+][Ac^-]=4.4 \times 10^{-3}$。

7.3.7 思考题

（1）在酸性介质中用 NH_4SCN 溶液滴定 Ag^+ 优点有哪些？为什么要用 HNO_3 而不用 HCl 或 H_2SO_4 呢？

（2）实验中应该用什么方法过滤混合液？是用干漏斗还是用湿漏斗过滤？

第8章

重量分析实验

8.1 二水合氯化钡中钡含量的测定

8.1.1 应用背景

重量分析法通过直接沉淀和称量得到分析结果，不需要基准物质（或标准试样）进行比较，其测定结果准确度高，相对误差一般为 0.1%～0.2 %。尽管重量分析法操作烦琐且过程较长，但由于它具有不可替代的特点，目前在常量的硅、硫、磷、镍等元素或其化合物的定量分析中仍采用重量分析法。

8.1.2 实验目的和要求

（1）了解测定二水合氯化钡中钡含量的原理和方法。

（2）掌握晶形沉淀的制备、过滤、洗涤、灼烧及恒重等基本操作。

8.1.3 实验原理

$BaSO_4$ 重量法既可以测定 Ba^{2+}，也可以测定 SO_4^{2-}。在含有钡离子的试液中加入稀盐酸，一方面是为了防止产生碳酸钡、磷酸钡、砷酸钡沉淀以及氢氧化钡的共沉淀，另一方面适当提高酸度，增加硫酸钡在沉淀过程中的溶解度，以降低其相对过饱和度，有利于获得较粗大的晶形沉淀。加热至近沸，在不断搅拌下滴加热的稀硫酸溶液，形成微溶于水的硫酸钡沉淀。

$$Ba^{2+} + SO_4^{2-} = BaSO_4$$

所得沉淀经陈化、过滤、洗涤、烘干、炭化、灰化和灼烧后以硫酸钡形式称重，即可求得二水合氯化钡中钡的含量。

$$Ba含量 = \frac{m_{BaSO_4} \times \dfrac{M_{Ba}}{M_{BaSO_4}}}{m_s} \times 100\%$$

为了获得颗粒较大、纯净的晶形沉淀，应在酸性、较稀的热溶液中缓慢地加入沉淀剂，以降低过饱和度，沉淀完成后还需陈化；为保证硫酸钡沉淀完全，沉淀剂硫酸必须过量，并在自然冷却后再过滤。由于硫酸在高温下可挥发除去，沉淀带来的硫酸不致引起误差，因此沉淀剂可过量 50%～100 %。

硫酸铅、硫酸锶的溶解度均较小，对钡的测定有干扰。

8.1.4 实验仪器、材料与试剂

（1）实验仪器与材料

分析天平；瓷坩埚（25 mL）3 个；定量滤纸（慢速或中速）；玻璃漏斗 1 个；马弗炉；表面皿；烧杯（250 mL、100 mL）各 2 个；玻璃棒 2 根；电炉 1 个；石棉网 2 个；干燥器。

（2）试剂

H_2SO_4（1 $mol \cdot L^{-1}$）；HCl（2 $mol \cdot L^{-1}$）；$AgNO_3$（0.1 $mol \cdot L^{-1}$）；$BaCl_2 \cdot 2H_2O$ 基准试剂。

8.1.5 实验操作

（1）瓷坩埚的准备

洗净一个瓷坩埚，在电炉上烘干，冷却后粗称其质量。放入 800～820℃的马弗炉中灼烧。第一次灼烧 30 min，取出稍冷片刻后，转入干燥器中冷至室温后称重。第二次灼烧 15 min，取出稍冷片刻后，转入干燥器中冷至室温，再称重。如此同样操作，直至恒重为止。注意每次灼烧时，应尽可能将坩埚放在马弗炉的同一位置。

（2）沉淀的制备

准确称取 0.4～0.6 g $BaCl_2 \cdot 2H_2O$ 试样一份❶，置于 250 mL 烧杯中，加入约 100 mL 水，3 mL 2 $mol \cdot L^{-1}$ HCl 溶液，盖上表面皿，加热至近沸，溶解，但勿使试液沸腾，以免溅失。与此同时，另取 4 mL 1 $mol \cdot L^{-1}$ H_2SO_4 溶液于 100 mL 烧杯中，加水稀释至 30 mL，加热至近沸，趁热将 H_2SO_4 溶液用小滴管逐滴地加入到热的钡盐溶液中，并用玻璃棒不断搅拌（搅拌时，玻璃棒不要碰烧杯内壁和底部，以免划损烧杯致使沉淀黏附在烧杯上难以洗下），直至 H_2SO_4 溶液全部加入为止。待沉淀下降溶液变清时，于上层清液中加入 1～2 滴 1 $mol \cdot L^{-1}$ H_2SO_4 溶液，仔细观察沉淀是否完全，若清液变为浑浊，则应补加沉淀剂❷。如已沉淀完全，盖上表面皿，将玻璃棒靠在烧杯嘴边（切勿将玻璃棒拿出杯外，以免损失沉淀），置于水浴上加热，陈化 0.5～1 h，并不时搅动。也可将沉淀在室温下放置过夜，陈化。

（3）称量形的获得

溶液冷却后，用慢速或中速定量滤纸过滤。先将上层清液倾注在滤纸上，再以稀 H_2SO_4（用 1 mL 1 $mol \cdot L^{-1}$ H_2SO_4 稀释至 100 mL 配成）洗涤沉淀 3～4 次，每次约用 10 mL，洗涤时均用倾析法过滤❸。然后，将沉淀小心转移到滤纸上，用折叠滤纸时撕下的小片滤纸擦拭玻璃棒和杯壁，并将此小片滤纸放在漏斗中，再用稀 H_2SO_4 洗涤 4～6 次，直至洗涤液中不含 Cl^- 为止（用 $AgNO_3$ 溶液检查，检查方法是：用表面皿收集约 2 mL 滤液，加入 2 滴 0.1 $mol \cdot L^{-1}$ $AgNO_3$ 溶液，混匀后放置 1 min，若无白色浑浊产生，表示 Cl^- 已洗净）。

将滤纸取出并包好，置于已恒重的瓷坩埚中，经烘干、炭化、灰化后❸，在800～820℃马弗炉中灼烧至恒重❶❹。计算二水合氯化钡中钡的含量。

8.1.6 注释

❶ 每次称量要准确。
❷ 沉淀要沉淀完全，洗涤要洗得干净。
❸ 灰化，避免起火，一旦着火马上用盖子隔绝空气。
❹ 灼烧温度不能太高，若超过950℃，可能有部分 $BaSO_4$ 分解。

8.1.7 思考题

（1）为什么要在稀热 HCl 溶液中且不断搅拌下逐滴加入沉淀剂沉淀 $BaSO_4$？HCl 加入太多有何影响？

（2）为什么要在热溶液中沉淀 $BaSO_4$，但要冷却后过滤？晶形沉淀为何要陈化？

（3）什么叫倾析法过滤？洗涤沉淀时，为什么用洗涤液或水都要少量多次？

8.2 沉淀重量法测定硫酸钠的含量

8.2.1 应用背景

在黏胶纤维生产中，硫酸钠是一种重要的化工材料，作为凝固浴（是用来凝固聚合物的一种液体，这是一个溶剂交换的过程，相当于将原有的良溶剂通过不良溶剂置换出来，配比可以调节）的主要成分之一，具有促使黏胶液流凝固、抑制硫酸离解、延缓纤维素磺酸酯再生速度的作用。因此，对硫酸钠的质量检验具有重要意义。

8.2.2 实验目的和要求

（1）了解晶形沉淀的沉淀条件。
（2）熟悉沉淀重量法的基本操作。

8.2.3 实验原理

在酸性溶液中，以 $BaCl_2$ 作沉淀剂使硫酸盐成为晶形沉淀析出，经陈化、过滤、洗涤、灼烧后，以 $BaSO_4$ 沉淀形式称量，即可计算样品中 Na_2SO_4 的含量。

$$Ba^{2+} + SO_4^{2-} =\!\!=\!\!= BaSO_4$$

在 HCl 酸性溶液中进行沉淀，可防止 CO_3^{2-}、$C_2O_4^{2-}$ 等离子与 Ba^{2+} 形成沉淀，但酸度可增加 $BaSO_4$ 的溶解度，降低其相对过饱和度，有利于获得较好的晶形沉淀。由于过量 Ba^{2+} 的同离子效应存在，所以溶解度损失可忽略不计。

Cl^-、NO_3^-、ClO_3^- 等阴离子和 K^+、Na^+、Ca^{2+} 等阳离子均可参与共沉淀，故应在热稀溶液中进行沉淀，以减少共沉淀的发生。因 $BaSO_4$ 的溶解度受温度影响较小，可用热水洗涤沉淀。

8.2.4 实验仪器、材料与试剂

（1）实验仪器与材料

分析天平；瓷坩埚（25 mL）3 个；定量滤纸（慢速或中速）；玻璃漏斗 1 个；马弗炉；表面皿；烧杯（250 mL、100 mL）各 2 个；玻璃棒 2 根；电炉 1 个；石棉网 2 个；干燥器。

（2）试剂

硫酸钠样品（$Na_2SO_4·10H_2O$）；稀 HCl（6 $mol·L^{-1}$）；$BaCl_2$ 溶液（0.1 $mol·L^{-1}$）；$AgNO_3$ 溶液（0.1 $mol·L^{-1}$）。

8.2.5 实验操作

（1）样品的称取与溶解

准确称取 Na_2SO_4 样品约 0.4 g（或其他可溶性硫酸盐，含硫量约 90 mg），置于烧杯中，加 25 mL 蒸馏水使其溶解，稀释至 200 mL。

（2）沉淀的制备

在上述溶液中加稀 HCl 1 mL，盖上表面皿，置于电炉石棉网上，加热至近沸❶。取 $BaCl_2$ 溶液 30～35 mL 于小烧杯中，加热至近沸，然后用滴管将热 $BaCl_2$ 溶液逐滴加入样品溶液中，同时不断搅拌溶液。当 $BaCl_2$ 溶液即将加完时，静置，于 $BaSO_4$ 上清液中加入 1～2 滴 $BaCl_2$ 溶液，观察是否有白色浑浊出现，用以检验沉淀是否已完全。盖上表面皿，置于电炉（或水浴）上，在搅拌下继续加热，陈化约半小时，然后冷却至室温。

（3）沉淀的过滤和洗涤

将上清液用倾析法倒入漏斗中的滤纸上，用一洁净烧杯收集滤液（检查有无沉淀穿滤现象，若有，应重新换滤纸）。用少量热蒸馏水洗涤沉淀 3～4 次（每次加入热水 10～15 mL），然后将沉淀小心地转移至滤纸上。用洗瓶吹洗烧杯内壁，洗涤液并入漏斗中，并用撕下的滤纸角擦拭玻璃棒和烧杯内壁，将滤纸角放入漏斗中，再用少量蒸馏水洗涤滤纸上的沉淀（约 10 次），至滤液不显 Cl^- 反应为止（用 $AgNO_3$ 溶液检查）❷。

（4）沉淀的干燥和灼烧

取下滤纸，将沉淀包好，置于已恒重的坩埚中，先用小火烘干炭化，再用大火灼烧至滤纸灰化。然后将坩埚转入马弗炉中，在 800～850℃灼烧约 30 min❸。取出坩埚，待红热退去，置于干燥器中，冷却 30 min 后称量。再重复灼烧 20 min，冷却，取出，称量，直至恒重。

平行操作三次，根据 $BaSO_4$ 质量计算 Na_2SO_4 的质量分数。

8.2.6 注释

❶ 溶液加热近沸，但不应煮沸，防止溶液溅失。

❷ 检查滤液中的 Cl^- 时，用小表面皿收集 10～15 滴滤液，加 2 滴 $AgNO_3$ 溶液，观察是否出现浑浊，若有浑浊则需继续洗涤。

❸ $BaSO_4$ 沉淀的灼烧温度应控制在 800～850℃，否则，$BaSO_4$ 将与碳作用而被还原。

8.2.7 思考题

（1）结合实验说明晶形沉淀最适条件有哪些？

（2）小结使沉淀完全和沉淀纯净的措施。

8.3　重量法测定稀土氧化物总量

8.3.1　应用背景

我国是世界上最大的稀土生产国和出口大国，稀土元素在石油、化工、冶金、纺织、陶瓷、玻璃、永磁材料等领域都得到了广泛的应用，稀土一般是由原矿经选矿、冶炼等工艺，分离出各种化合物，其中以氧化物产品较普遍。稀土元素氧化物是指元素周期表中原子序数为 57～71 的 15 种镧系元素氧化物，以及与镧系元素化学性质相似的钪（Sc）和钇（Y）共 17 种元素的氧化物。对稀土氧化物含量进行测定是稀土生产和相关应用的基础，具有十分重要的意义。

8.3.2　实验目的和要求

（1）了解稀土氧化物产品的检测手段。
（2）学习检测过程中溶样、过滤、沉淀、灼烧等操作方法。

8.3.3　实验原理

稀土指镧系 15 个元素和钪、钇共 17 种化学性质相似的元素，简称 RE（rare eartb）。广东、江西等地的吸附型稀土矿，商品主要以混合稀土氧化物的型态出售，含量一般在 90 %～95 %。

氧化稀土易溶于强酸：

$$RE_2O_3 + 6H^+ \longrightarrow 2RE^{3+} + 3H_2O$$

RE^{3+} 可与草酸生成微溶性化合物，17 种元素的草酸盐溶解度略有不同，但都在重量法可接受的水平内。

$$2RE^{3+} + 3(C_2O_4)^{2-} \longrightarrow RE_2(C_2O_4)_3$$

草酸稀土沉淀颗粒粗，结晶均匀，易于过滤和洗涤，再经 900℃ 燃烧，可得到纯的 RE_2O_3，据此可检测稀土氧化物商品 RE_2O_3 的含量。

$$RE_2(C_2O_4) + O_2 \xrightarrow{900℃} RE_2O_3 + CO_2$$

Ca、Mg、Al、Pb 等也与草酸生成沉淀，但溶解度均大于草酸稀土。在酸性条件下，这些元素基本不进入沉淀，Ca、Mg 总量不超过 1 %时，对含量 90 %以上的稀土氧化物商品的检测不影响分析结果的准确性，一般无需另行处理。

如样品中 Ca^{2+}、Mg^{2+}、Al^{3+} 较多，需预处理。可采用 $NaHCrO_2$（铬酸氢钠）为沉淀剂预沉淀，使 Ca^{2+}、Mg^{2+} 生成 $Ca(HCrO_2)_2$ 和 $Mg(HCrO_2)_2$ 沉淀。过滤除去，Al^{3+} 可用三乙醇胺掩蔽，使之不进入草酸稀土沉淀。

8.3.4　实验仪器、材料与试剂

（1）实验仪器与材料

电炉；分析天平；坩埚；水浴锅；干燥器；马弗炉；表面皿；移液管；滤纸；烧杯（100 mL

2 个、150 mL 1 个）；移液管（25 mL）1 个；玻璃棒 1 个。

（2）试剂

HCl（2∶1）；$H_2C_2O_4$（2%）；H_2O_2（30%）；粗氧化稀土。

8.3.5 实验操作

（1）称样及溶样

准确称取粗氧化稀土产品 1 g 于 100 mL 烧杯，盖上表面皿，分多次加入共 10 mL HCl（2∶1）[1]，10 滴 30% 的 H_2O_2。待反应结束后，在电炉上加热，至酸蒸发近干取下冷却至室温[2]。加水 20～30 mL，再置于电炉上加热溶解盐类，取下冷却。

溶液冷却至室温后，将烧杯中的溶液连同不溶物一起定量转移至 100 mL 容量瓶中，加水至刻度线，摇匀。

（2）沉淀和过滤

准备一个干净、干燥的 10 mL 烧杯，将容量瓶中约 2/3 体积的溶液过滤、待用。另取一个 150 mL 的烧杯，加入 2% $H_2C_2O_4$ 溶液 10 mL，加水至 50 mL，放在电炉上加热至近沸。

准确吸取 25.00 mL 过滤后的试样溶液，小心地滴加到近沸的草酸溶液中，同时用玻璃棒搅拌。此时草酸溶液仍置电炉上加热，待试样全部滴加完毕，在电炉上保温 20～30 min，小心不要使其沸腾溅出。取下冷却并陈化 1 h 以上。

陈化后的沉淀用中速滤纸过滤，以 2% $H_2C_2O_4$ 溶液稀释 5 倍作为洗涤液，用倾析法洗涤沉淀 3～4 次，然后将沉淀全部转移到漏斗中的滤纸上，用撕下来的滤纸角擦拭玻璃棒和烧杯壁，并将擦拭过的滤纸角也转移到漏斗中。再用洗涤液冲洗烧杯和沉淀 3～4 次。

（3）沉淀灼烧称重

取出沉淀包裹成三角形，放入已恒重的坩埚中，在电炉上烘干、炭化后，置马弗炉中 900℃ 灼烧 1 h，取出于干燥器中冷却至室温，称重。再次灼烧 20 min，冷却、称重，直至恒重，计算样品的氧化稀土含量。

$$w_{RE_2O_3} = \frac{m_{沉淀} \times \dfrac{25.00}{100.00}}{m_{样品}} \times 100\%$$

式中，$m_{沉淀}$ 为稀土氧化物沉淀的质量，g；$m_{样品}$ 为粗氧化稀土产品质量，g。

8.3.6 注释

[1] 反应较剧烈，HCl 应分多次加入，以免样品溅出。

[2] 注意不要把酸全部蒸干，加水后的溶液要保持酸性，否则后面沉淀时会使 Ca^{2+}、Mg^{2+} 等进入沉淀。

8.3.7 思考题

（1）为什么溶解试样时，不能把酸全部蒸干？

（2）溶解试样时为什么要加入 H_2O_2？

（3）沉淀剂草酸为什么要加水、加热？

（4）如何确定样品中 Ca^{2+}、Mg^{2+} 是否需预处理？

8.4 氯化钡中结晶水的测定（挥发法）

8.4.1 应用背景

挥发法常用于固体试样中水分、结晶水或其他易挥发组分的含量测定。将试样放入电热干燥箱中进行常压加热，提高试样内部水的蒸气压，试样中的水分就会向外扩散，达到干燥脱水的目的。存在于物质中的水一般有两种形式：一种是吸湿水，另一种是结晶水。吸湿水是物质从空气中吸收的水，其含量随空气的湿度而改变，一般在不太高的温度下即能除掉。结晶水是水合物内部的水，它有固定的质量，可以在化学式中表示出来，例如 $BaCl_2 \cdot 2H_2O$，可测定其中结晶水的含量。对含结晶水的化合物测定其水分含量，再结合其他实验研究可确定所含结晶水的数目、化合物纯度和组成，具有十分重要的意义。

8.4.2 实验目的和要求

（1）掌握重量分析法的基本操作。
（2）学会气化法测定氯化物中结晶水的方法。

8.4.3 实验原理

结晶水是水合结晶物质中结构内部的水，加热至一定温度，即可以失去。失去结晶水的温度往往随物质的不同而异，如 $BaCl_2 \cdot 2H_2O$ 的结晶水加热到 120～125℃ 即可失去。

称取一定质量的结晶氯化钡，在上述温度下加热到质量不再改变时为止。试样减轻的质量就等于结晶水的质量。

8.4.4 实验仪器、材料与试剂

（1）实验仪器与材料
分析天平；称量瓶 2 个；干燥箱；烘箱。
（2）试剂
$BaCl_2 \cdot 2H_2O$ 试样。

8.4.5 实验操作

（1）试样的称取
取两个称量瓶，仔细洗净后置于烘箱中（烘干时应将瓶盖取下横放在瓶口上），在 125℃ 温度下烘干，约烘 1.5～2 h 后把称量瓶及盖一起放在干燥器中。冷却至室温，在分析天平上准确称取其质量。再将称量瓶放入烘箱中烘干、冷却、称量，重复进行，直至恒重。

称取 1.4～1.5 g 的 $BaCl_2 \cdot 2H_2O$ 两份，分别置于已恒重的称量瓶中，盖好盖子，再准确称其质量。在所得质量中减去称量瓶的质量，即得 $BaCl_2 \cdot 2H_2O$ 试样质量。

（2）烘去结晶水
将盛有试样的称量瓶放入加热至 125℃ 的烘箱中，瓶盖横放于瓶口上，保持约 2 h。然后

用坩埚钳将称量瓶移入干燥器内；冷却至室温后把称量瓶盖好，准确称其质量，再在 125℃ 温度下烘半小时，取出放入干燥器中冷却，再准确称其质量，如此反复操作，直至恒重❶。

由称量瓶和试样质量中减去最后称出的质量（即称量瓶和 $BaCl_2$ 的质量），即得结晶水的质量。按下式计算结晶水的含量：

$$w_{H_2O} = \frac{m_{H_2O}}{m_s} \times 100\%$$

式中，失去水分质量为 m_{H_2O}，g；试样质量为 m_s，g。

由 w_{H_2O} 计算氯化钡中结晶水的分子数 n：

$$1:n = \frac{1-w_{H_2O}}{M_{BaCl_2}} : \frac{w_{H_2O}}{M_{H_2O}}$$

式中，M_{BaCl_2} 为 $BaCl_2$ 的摩尔质量，$g \cdot mol^{-1}$；M_{H_2O} 为 H_2O 的摩尔质量，$g \cdot mol^{-1}$。

8.4.6 注释

❶ 水分蒸净与否，无直观指标，只能依靠恒量来判断。恒量是指两次烘烤称量的质量差不超过规定的毫克数，一般不超过 0.4 mg。

8.4.7 思考题

（1）加热的温度为什么要控制在 125℃ 以下？

（2）加热的时间应该控制多少？什么叫恒重，如何进行恒重的操作？

第 9 章

分光光度法实验

9.1 邻二氮菲分光光度法测定铁

9.1.1 应用背景

不同基质样品中铁含量的测定具有重要意义。例如，为避免铁结成的水垢影响锅炉的安全运行，要求锅炉给水必须达到一定标准；铁是人体不可或缺的微量元素，如果缺少铁会引起贫血，过多则会导致急性中毒对人体造成较大的危害。食品是人们摄取铁元素的最主要途径，准确测定食品中铁含量对食品营养和质量具有重要意义。另外，铁作为合金中的一种重要元素，其含量的准确测定也具有极为重要的作用。

9.1.2 实验目的和要求

（1）学会吸收曲线及标准曲线的绘制，了解分光光度法的基本原理。

（2）掌握用邻二氮菲分光光度法测定微量铁的方法和原理。

（3）学会 722S 型分光光度计的使用方法，了解其工作原理。

（4）掌握比色皿的正确使用方法。

9.1.3 实验原理

根据朗伯-比耳定律：

$$A=\varepsilon bc$$

当入射光波长 λ 及光程 b 一定时，在一定浓度范围内，有色物质的吸光度 A 与该物质的浓度 c 成正比。只要绘出以吸光度 A 为纵坐标，浓度 c 为横坐标的标准曲线，测出试液的吸光度，就可以由标准曲线查得对应的浓度值，即未知样的含量。同时，还可应用相关的回归分析软件，将数据输入计算机，得到相应的分析结果。

用分光光度法测定试样中的微量铁，可选用的显色剂主要有邻二氮菲（又称邻菲罗啉，phen）及其衍生物、磺基水杨酸、硫氰酸盐等。目前一般采用邻二氮菲法，该法具有高灵敏度、高选择性、稳定性好、干扰易消除等优点。

在 pH=2～9 的溶液中，Fe^{2+} 与 phen 生成稳定的橘红色配合物 $Fe(phen)_3^{2+}$，配合物的 $\lg K_{稳}$=21.3，摩尔吸光系数 ε=1.1×10^4 L·mol^{-1}·cm^{-1}，而 Fe^{3+} 与邻二氮菲生成 3∶1 配合物，呈淡蓝色，$\lg K_{稳}$=14.1。所以在加入显色剂之前，应用盐酸羟胺（$NH_2OH \cdot HCl$）将 Fe^{3+} 还原为 Fe^{2+}，其反应式如下：

$$2Fe^{3+}+2NH_2OH \cdot HCl \Longrightarrow 2Fe^{2+}+N_2+4H^++2H_2O+2Cl^-$$

测定时控制溶液的酸度在 pH 值约为 5 较为适宜。

9.1.4 实验仪器、材料与试剂

（1）实验仪器与材料

722S 型分光光度计；烧杯（100 mL）；容量瓶若干；比色管（50 mL）8 个；比色皿；吸量管。

（2）试剂

硫酸铁铵［$FeNH_4(SO_4)_2 \cdot 12H_2O$，s，AR］；$H_2SO_4$ 溶液（3 mol·L^{-1}）；$NH_2OH \cdot HCl$（10 %）；NaOH（1 mol·L^{-1}）；NaAc（1 mol·L^{-1}）；phen（0.15 %）。

9.1.5 实验操作

（1）标准溶液配制

① 10 μg·mL^{-1} 铁标准溶液配制。准确称取 0.8634 g Fe NH$_4$ (SO$_4$)$_2$·12H$_2$O 于 100 mL 烧杯中，加 60 mL 3 mol·L^{-1} H$_2$SO$_4$ 溶液，溶解后定容至 1 L，摇匀，得 100 μg·mL^{-1} 储备液（可由实验室提供）❶。用时吸取 10.00 mL 稀释至 100 mL，得 10 μg·mL^{-1} 工作液。

② 系列标准溶液配制。取 6 个 50 mL 容量瓶，分别加入铁标准溶液 0.00 mL、2.00 mL、4.00 mL、6.00 mL、8.00 mL、10.00 mL，然后加入 1.0 mL NH$_2$OH·HCl、2.00 mL phen、5.0 mL NaAc 溶液（为什么？）❷，每加入一种试剂都应初步混匀。用去离子水定容至刻度线，充分摇匀，放置 10 min。

（2）条件实验

① 吸收曲线的绘制。选用 1 cm 比色皿，以试剂空白为参比溶液（为什么？），取 4 号容量瓶试液，选择 440～560 nm 波长，每隔 10 nm 测一次吸光度，其中 500～520 nm 之间，每隔 5 nm 测定一次吸光度。以吸光度 A 为纵坐标，相应波长 λ 为横坐标，在坐标纸上绘制 A-λ 吸收曲线。从吸收曲线上选择测定 Fe 的适宜波长，一般选用最大吸收波长 λ_{max} 为测定波长。

② 溶液酸度的选择。取 8 个 50 mL 容量瓶（或比色管），用吸量管分别加入 1 mL 铁标准溶液，1 mL NH$_2$OH·HCl，摇匀，再加入 2 mL phen，摇匀。用吸量管分别加入 0.0 mL、0.2 mL、0.5 mL、1.0 mL、1.5 mL、2.0 mL、2.5 mL 和 3.0 mL 1 mol·L^{-1} NaOH 溶液，用水稀至刻度，摇匀。放置 10 min。用 1 cm 比色皿，以蒸馏水为参比溶液，在选择的波长下测定各溶液的吸光度。同时，用 pH 计测量各溶液的 pH。以 pH 为横坐标，吸光度 A 为纵坐标，绘制 A 与 pH 关

系的酸度影响曲线，得出测定铁的适宜酸度范围。

③ 显色剂用量的选择。取 7 个 50 mL 容量瓶（或比色管），用吸量管各加入 1 mL 铁标准溶液，1 mL NH$_2$OH·HCl，摇匀。再分别加入 0.1 mL、0.3 mL、0.5 mL、0.8 mL、1.0 mL、2.0 mL、4.0 mL phen 和 5 mL NaAc 溶液，以水稀释至刻度，摇匀。放置 10 min。用 1 cm 比色皿，以蒸馏水为参比溶液，在选择的波长下测定各溶液的吸光度。以 phen 溶液体积 V 为横坐标，吸光度 A 为纵坐标，绘制 A 与 V 关系的显色剂用量影响曲线。测定显色剂的最适宜用量。

④ 显色时间。在一个 50 mL 容量瓶（或比色管）中，用吸量管加入 1 mL 铁标准溶液、1 mL NH$_2$OH·HCl 溶液，摇匀。再加入 2 mL phen、5 mL NaAc，以水稀释至刻度，摇匀。立刻用 1 cm 比色皿，以蒸馏水为参比溶液，在选定的波长下测量吸光度。然后依次测量放置 5 min、10 min、30 min、60 min、120 min、…、n min 后的吸光度。以时间为横坐标，吸光度 A 为纵坐标，绘制 A 与显色时间的关系曲线。获得铁与 phen 显色反应完全所需要的适宜时间。

（3）标准曲线（工作曲线）的绘制

用 1 cm 比色皿，以试剂空白为参比溶液，在选定波长下，测定各溶液的吸光度。在坐标纸上，以铁含量为横坐标，吸光度 A 为纵坐标，绘制标准曲线。

（4）试样中铁含量的测定

从实验教师处领取含铁未知液一份，放入 50 mL 容量瓶中，按以上方法显色，测其吸光度。此步操作应与系列标准溶液显色、测定同时进行。

依据试液的 A 值，从标准曲线上即可查得其浓度，最后计算出原试液中含铁量（以 μg·mL^{-1} 表示）。并选择相应的回归分析软件，将所得的各次测定结果输入计算机，获得相应的分析结果。

9.1.6　注释

❶ 注意溶液的加入顺序，不能随意颠倒，加入盐酸羟胺后反应 5 min，再加 NaAc 和 phen。

9.1.7　思考题

（1）本实验中哪些试剂应准确加入，哪些不必准确加入？为什么？

（2）加入 NH$_2$OH·HCl 的目的是什么？

（3）配制 Fe NH$_4$ (SO$_4$)$_2$·12H$_2$O 溶液时，能否直接用水溶解？为什么？

（4）如何正确使用比色皿？

（5）何谓"吸收曲线""工作曲线"？其绘制及目的各有什么不同？

9.2　血中葡萄糖的酶测定法

9.2.1　应用背景

血中葡萄糖的平衡影响人体各种组织和器官的能量供应，对人体的健康具有非常重要的意义。当血中葡萄糖含量过低时，会引起头昏、心慌、四肢无力等，严重时甚至会导致死亡。当血中葡萄糖含量过高时，会使葡萄糖从肾脏排出，形成糖尿，造成体内营养物质流失，损害人体健康。因此，对血糖含量的测定具有非常重要的意义。

9.2.2 实验目的和要求

（1）掌握酶法测定血中葡萄糖的操作技术。

（2）了解测定血中葡萄糖的临床意义。

（3）进一步熟悉 722S 型分光光度计和吸量管的使用方法。

9.2.3 实验原理

全血、血清或血浆经氢氧化锌沉淀后得到无蛋白滤液，其中的葡萄糖在葡萄糖氧化酶作用下，生成葡萄糖酸和过氧化氢，后者在过氧化氢酶作用下，可以与邻联茴香胺形成一种黄色化合物，其 $\lambda_{max}=540$ nm。通过测定生成的黄色化合物的吸光度，可以确定试样中葡萄糖的含量[❶❷]。

9.2.4 实验仪器、材料与试剂

（1）实验仪器与材料

722S 型分光光度计；容量瓶（50 mL）5 个；比色管（50 mL）7 个；吸量管；离心机；恒温水槽；试管。

（2）试剂[❸]

硫酸锌溶液（22 g·L^{-1}，用 ZnSO$_4$·7H$_2$O 配制）；H$_2$SO$_4$ 溶液（3 mol·L^{-1}）；苯甲酸溶液（2.5 g·L^{-1}）。

Ba(OH)$_2$ 饱和溶液：称取 80 g Ba(OH)$_2$·8H$_2$O，置于 1 L 沸水中，塞上带有碱石灰干燥管的塞子，摇匀，放置几天。在 25℃时，该饱和溶液浓度约为 0.22 mol·L^{-1}。

0.06 mol·L^{-1} Ba(OH)$_2$ 溶液：量取上述饱和 Ba(OH)$_2$ 溶液 270 mL，用煮沸后冷却的蒸馏水稀释至 1 L。（9.00±0.10）L 该稀释液能被 10.00 mL ZnSO$_4$ 溶液中和，检查方法如下。准确移取 10.00 mL ZnSO$_4$ 溶液于 100 mL 锥形瓶中，加 25 mL 2 g·L^{-1} 的酚酞指示剂 2 滴，用 0.06 mol·L^{-1} Ba(OH)$_2$ 溶液滴定至稳定的淡红色，用去的 Ba(OH)$_2$ 溶液应为（9.00±0.10）mL，否则就稀释两种溶液中过浓的一种后再标定。

磷酸盐甘油缓冲溶液（pH=7.0）：溶解 3.48 g Na$_2$HPO$_4$ 和 2.12 g KH$_2$PO$_4$ 于 600 mL 水中，加甘油 400 mL，混合均匀。

酶试剂：称取 500 mg 葡萄糖氧化酶、10 mg 辣根过氧化物酶及 2 mL 磷酸盐甘油缓冲溶液于洁净干燥的研钵中，研磨后，与缓冲溶液一起加入 200 mL 量筒中，并稀释至刻度。过滤，滤液保存于洁净干燥的试剂瓶中。称取 20 mg 邻联茴香胺溶于 2.0 mL 无水甲醇中，混合两溶液，摇匀后，盛于棕色瓶中，该试剂在冰箱中至少可稳定 3 周。

葡萄糖标准储备液（10.00 g·L^{-1}）：准确称取 1.000 g 已干燥过的试剂级葡萄糖，溶于水，用 2.5 g·L^{-1} 的苯甲酸溶液稀释至 100 mL，苯甲酸作为防腐剂。

9.2.5 实验操作

（1）葡萄糖标准系列溶液的配制

准确吸取 2.50 mL、5.00 mL、10.00 mL、15.00 mL、20.00 mL 葡萄糖标准储备液至 50 mL 容量瓶中，用 2.5 g·L^{-1} 的苯甲酸溶液稀释至刻度，浓度分别为 0.500 g·L^{-1}、1.000 g·L^{-1}、2.000 g·L^{-1}、3.000 g·L^{-1}、4.000 g·L^{-1}。

（2）用全血、血清或血浆制备无蛋白待测溶液

移取 0.50 mL 全血、血清或血浆于 10～15 mL 的试管中，加 0.06 mol·L^{-1} Ba(OH)$_2$溶液 4.50 mL，摇匀后，慢慢加入 22 g·L^{-1} ZnSO$_4$溶液 5.00 mL，完全混匀，放置 5 min 后，离心或过滤，即得 1∶20 无蛋白待测溶液。另外，分别用蒸馏水和葡萄糖标准系列溶液按上述相同的方法制备 1∶20 空白溶液和标准溶液。

（3）血样中葡萄糖含量的测定

分别移取 0.20 mL 空白溶液、标准溶液和待测溶液于洁净、干燥的试管中，在 30 s 内于各管中加入 1.00 g 酶试剂，混匀并立即放在 37℃恒温水浴中，保温 30 min，30 min 后要求在 30 s 内于各管中加入 3 mol·L^{-1} H$_2$SO$_4$溶液 5 mL 终止酶反应，以空白溶液为参比，5 min 后在 540 nm 波长下测定各试液的吸光度（保证在 1 h 之内）。作出标准系列溶液的吸光度-浓度工作曲线，根据试样吸光度和工作曲线，计算血样中葡萄糖含量（g·L^{-1}）。

9.2.6 注释

❶ 本法可用于脑脊液葡萄糖的测定，但不能直接用于尿液葡萄糖含量测定。血样可以向血库或医院检验室购买。

❷ 血糖正常值：0.70～1.60 g·L^{-1}（样品为血浆或血清）；0.65～0.95 g·L^{-1}（全血）。

❸ 本实验所用的试剂在我国已有标准试剂盒生产，如用试剂盒，操作步骤请按试剂盒说明书要求进行。

9.2.7 思考题

（1）在测定操作中，为什么酶试剂和酶反应终止剂要求在 30 s 内加入各测定管中？

（2）酶反应所得的黄色化合物在多长时间内稳定？

9.3 吸光度加和性试验及水中微量 Cr(Ⅵ)和 Mn(Ⅶ) 的同时测定

9.3.1 应用背景

铬属于分布较广的元素之一，自然界中主要以铬铁矿（FeCr$_2$O$_4$）形式存在。铬也是人体必需的微量元素，三价的铬[Cr(Ⅲ)]是对人体有益的元素，而六价铬[Cr(Ⅵ)]是有毒的，可致癌，其毒性比 Cr(Ⅲ)大 100 倍。并且 Cr(Ⅵ)不易降解，易在生物体和人体内堆积，造成长久的危害。国家规定排放废水中 Cr(Ⅵ)的最大允许质量浓度为 0.5 mg·L^{-1}，生活用水中 Cr(Ⅵ)的质量浓度范围为 0.05～1.50 mg·L^{-1}。饮用水中含高价锰[(Mn(Ⅶ)]过多，可引起食欲不振、呕吐、腹泻、胃肠道紊乱、大便失常等。因此，测定 Cr(Ⅵ)和 Mn(Ⅶ)具有重要意义。

9.3.2 实验目的和要求

（1）了解吸光度的加和性。

（2）掌握用分光光度法测定混合多组分的原理和方法。

9.3.3　实验原理

试液中含有数种吸光物质时，在一定条件下可以采用分光光度法同时进行测定而无需分离。例如，在 H_2SO_4 溶液中 $Cr_2O_7^{2-}$ 和 MnO_4^- 的吸收曲线相互重叠。根据吸光度的加和性原理，在 $Cr_2O_7^{2-}$ 和 MnO_4^- 的最大吸收波长 440 nm 和 545 nm 处测定混合溶液的总吸光度。然后用解联立方程式的方法，即可分别求出试液中 Cr（Ⅵ）和 Mn（Ⅶ）的含量。

因为

$$A_{440}^{总} = A_{440}^{Cr} + A_{440}^{Mn} \tag{1}$$

$$A_{545}^{总} = A_{545}^{Cr} + A_{545}^{Mn} \tag{2}$$

得

$$A_{440} = \varepsilon_{440}^{Cr} c^{Cr} b + \varepsilon_{440}^{Mn} c^{Mn} b \tag{3}$$

$$A_{545} = \varepsilon_{545}^{Cr} c^{Cr} b + \varepsilon_{545}^{Mn} c^{Mn} b \tag{4}$$

若 b=1 cm。

由式（3）、式（4）可得：

$$c^{Cr} = \frac{A_{440}\varepsilon_{545}^{Mn} - A_{545}\varepsilon_{440}^{Mn}}{K_{440}^{Cr}\varepsilon_{545}^{Mn} - \varepsilon_{545}^{Cr}K_{440}^{Mn}} \tag{5}$$

$$c^{Cr} = \frac{A_{545} - \varepsilon_{545}^{Cr}c^{Cr}}{\varepsilon_{545}^{Mn}} \tag{6}$$

式（5）、式（6）中的摩尔吸收系数 ε，可分别用已知浓度的 $Cr_2O_7^{2-}$ 和 MnO_4^- 在波长为 440 nm 和 545 nm 时的标准曲线求得（标准曲线的斜率即为 ε_b）。

9.3.4　实验仪器、材料与试剂

（1）实验仪器与材料

722S 型分光光度计；容量瓶（50 mL）3 个；微量进样器（10μL 或 50 μL）1 支；比色皿。

（2）试剂

$KMnO_4$ 标准溶液（$1.0×10^{-3}$ mol·L^{-1}，用 $Na_2C_2O_4$ 为基准物标定得准确浓度）；$K_2Cr_2O_7$ 标准溶液（$4.0×10^{-3}$ mol·L^{-1}）；H_2SO_4 溶液（$2×10^{-1}$ mol·L^{-1}）。

9.3.5　实验操作

（1）$KMnO_4$ 和 $K_2Cr_2O_7$ 吸收曲线及吸光度的加和性试验

① 配制三种标准溶液：取三个 50 mL 容量瓶，各加下列溶液后，以水稀释至刻度，摇匀：

a. 10 mL $1.0×10^{-3}$ mol·L^{-1} $KMnO_4$ 和 5 mL $2×10^{-1}$ mol·L^{-1} H_2SO_4；

b. 10 mL $4.0×10^{-3}$ mol·L^{-1} $K_2Cr_2O_7$ 和 5 mL $2×10^{-1}$ mol·L^{-1} H_2SO_4；

c. 10 mL $1.0×10^{-3}$ mol·L^{-1} $KMnO_4$ 和 10 mL $4.0×10^{-3}$ mol·L^{-1} $K_2Cr_2O_7$ 及 5 mL $2×10^{-1}$ mol·L^{-1} H_2SO_4。

② 测定吸光度❶：以水为参比，用 1 cm 比色皿，测定波长为 600 nm、580 nm、…、400 nm 时溶液 a、b、c 的吸光度，记录在表中。

λ/nm	A_1	A_2	A_3
600			
580			
560			
550			
545			
540			
535			
530			
520			
500			
480			
460			
450			
440			
430			
420			
400			

③ 在同一张坐标纸上绘制 MnO_4^-、$Cr_2O_7^{2-}$ 和混合溶液的吸光曲线，验证吸光度的加和性。

（2）$KMnO_4$ 在 $\lambda=545$ nm 和 440 nm 时的摩尔吸收系数的测定（用累加法）

① 测定 ε_{545}^{Mn}：于 50 mL 容量瓶中加入 5 mL 2×10^{-1} mol·L^{-1} H_2SO_4 溶液，以水稀释至刻度，摇匀，吸出 10 mL 于 3 cm 比色皿中，在 $\lambda=545$ nm 处，以此溶液为参比，调吸光度为"0"，然后用微量进样器，吸取 1.0×10^{-3} mol·L^{-1} $KMnO_4$ 标准溶液 10 μL 于比色皿中，用玻璃棒搅匀后测定其吸光度。再用同样方法累加 1.0×10^{-3} mol·L^{-1} $KMnO_4$ 标准溶液于比色皿中，每次 10 μL，并测定吸光度。以比色皿中 $KMnO_4$ 溶液浓度为横坐标，相应的吸光度为纵坐标绘制标准曲线图❷，求出 ε_{545}^{Mn}。

② 测定 ε_{440}^{Mn}：以 440 nm 波长的光为入射光，其余操作步骤同上。

（3）$K_2Cr_2O_7$ 在 $\lambda=545$ nm 和 440 nm 时摩尔吸收系数 κ 的测定（用累加法）

① 测定 ε_{545}^{Cr}：方法同 ε_{545}^{Mn} 的测定，只是标准溶液改用 4.0×10^{-3} mol·L^{-1} $K_2Cr_2O_7$ 溶液。

② 测定 ε_{440}^{Cr}：方法同 ε_{545}^{Cr} 的测定，只是入射光波长采用 440 nm。

（4）测定未知液中 $Cr_2O_7^{2-}$ 和 MnO_4^- 的含量

用累加法。在 50 mL 容量瓶中加 2 mol·L^{-1} H_2SO_4 溶液 5 mL，以水稀释至刻度，吸出此溶液两份，每份 10 mL，置于 2 个 3 cm 比色皿，以此溶液为参比溶液。一个在 $\lambda=545$nm 时调吸光度为"0"，用 10 μL 或 50 μL 微量进样器移取未知液 10 μL 于比色皿中，搅拌均匀，测定吸光度。如吸光度数值太小，可再移取适量未知液累加于比色皿中，再测定其吸光度。另一装空白溶液的比色皿，在 $\lambda=440$ nm 时调吸光度为零。用同样方法测出在 440 nm 时的吸光度。由 A_{440}、A_{545}、ε_{440}^{Mn}、ε_{545}^{Mn}、ε_{440}^{Cr} 及 ε_{545}^{Cr} 计算出未知液中 $Cr_2O_7^{2-}$ 和 MnO_4^- 的含量。

9.3.6 注释

❶ 测吸光度时由稀到浓溶液测定。

❷ 绘制 $Cr_2O_7^{2-}$ 和 MnO_4^- 在波长为 440 nm 和 545 nm 时的标准曲线时，注意坐标分度的选择应使标准曲线的倾斜度在 45°左右（此时曲线的斜率最大），且每种物质的标准溶液在不同波长处的工作曲线不得画在同一坐标系内。

9.3.7 思考题

（1）设某溶液中含有吸光物质 X、Y、Z。根据吸光度加和性规律，总吸光度 $A_总$ 与 X、Y、Z 总组分的吸光度的关系式应为什么？

（2）今欲对上题溶液中的吸光物质 X、Y、Z，不预先加以分离而同时进行测定。已知 X、Y、Z 在 λ_X、λ_Y、λ_Z 处各有一最大吸收峰，相应的摩尔吸收系数为 ε_X、ε_Y 和 ε_Z，则 $A_总$ 与 c_X、c_Y、c_Z、ε_X、ε_Y、ε_Z 的关系式应怎样？

（3）何谓累加法？它和标准系列法比较各有何优缺点？

9.4 分光光度法测定钢中低含量钼

9.4.1 应用背景

钼是硬而有展性的白色金属，常作为合金元素加入钢中，能增加钢的强度而不降低其可塑性和韧性，尤其是改善钢的各种性能，如耐蚀性、冷脆性。在耐热钢和工具钢中钼的含量为 0.15 %～0.70 %；一般的结构钢中，钼的含量在 1 % 以下；而在不锈钢及某些高速钢、耐热钢中钼的含量可高达 60 % 以上。钼是钢材分析中经常需要测定的项目。

9.4.2 实验目的和要求

（1）学习分光光度法测定钢中低含量钼的原理及方法。
（2）掌握钢样、合金钢样的溶样方法。
（3）学会运用萃取分离富集方法。

9.4.3 实验原理

钼在钢中以碳化物（Mo_2C、MoC）的形态存在，它不溶于稀硫酸和盐酸，但可溶于硝酸。对于稳定的钼碳化物可用硫酸加热冒烟的方法，使之分解。测定钼的方法很多，高含量的钼可用重量法（如安息香二肟法、8-羟基喹啉法等），钼含量较高时可用氧化还原滴定法、配位滴定法或电位滴定法。

合金钢中低含量的钼常用分光光度法，它具有操作简单、准确度高的优点。硫氰酸盐与五价钼形成橘红色化合物，可以直接测定，也可用有机溶剂萃取后测定。还原六价钼的试剂有抗坏血酸、氯化亚锡、硫脲等。显色液在硫酸或高氯酸中比较稳定，应尽量避免使用硝酸。介质的酸度对显色有较大的影响，钼含量在 0.1 % 以上时，可用直接法比色测定；钼含量在 0.1 % 以下时，为提高方法的灵敏度和选择性，可用乙酸丁酯、乙酸乙酯等有机溶剂萃取硫氰酸钼配合物，然后用分光光度法测定。

本实验采用王水溶解试样，经高氯酸冒烟后冷却，以氯化亚锡还原钼、铁和铜，钼被还原为五价，Mo（Ⅴ）与硫氰酸盐形成橘红色配合物，用乙酸乙酯萃取，然后在有机相中用分光光度法测定钼的含量。

9.4.4　实验仪器、材料与试剂

（1）实验仪器与材料

722S 型分光光度计；比色管（50 mL）7 个；量筒；吸量管（2 mL、5 mL 、10 mL）各 1 支；比色皿（1 cm）5 个；分液漏斗；锥形瓶；容量瓶。

（2）试剂

王水（HNO_3 与 HCl 的体积比为 1∶3）；高氯酸溶液（$HClO_4$，9 $mol·L^{-1}$）；H_2SO_4 溶液（9 $mol·L^{-1}$）；酒石酸（s）；NaOH 溶液（200 $g·L^{-1}$）；硫氰酸铵溶液（NH_4SCN，100 $g·L^{-1}$）；钼标准溶液（0.0500 $g·L^{-1}$）。

氧化亚锡-盐酸（SnO-HCl）溶液：将 25 g SnO 溶于 30 mL 浓 HCl 中，全溶后以水稀释至 100 mL，摇匀，可在此溶液中加入少量金属锡。

乙酸乙酯：加入适量的硫氰酸钠（NaSCN）和 SnO，摇动使之饱和，然后取上层清液使用。

铁溶液（10 $g·L^{-1}$）：用硫酸铁或三氯化铁配制，配制时溶液中加入数滴硫酸或盐酸。

9.4.5　实验操作

（1）钢样中钼含量的测定

称取试样 0.5 g，置于 250 mL 锥形瓶中，加王水 15 mL，加热使试样溶解，稍冷后，加 5 mL $HClO_4$，继续加热使其冒烟至瓶口，稍冷，加水约 15 mL 溶解盐类，加入 2.5 g 酒石酸，摇匀，将试液转移至 50 mL 容量瓶中，并用水稀释至刻度，摇匀❶❷。

吸取 5 mL（或 10 mL）试液于 60 mL 分液漏斗中，加 6 mL H_2SO_4 溶液、5 mL SnO-HCl 溶液、5 mL 乙酸乙酯、5 mL NH_4SCN 溶液，振荡 30～60 s，静置分层后，弃去水相，再加 2 mL SnO-HCl 溶液❸，继续振荡 30 s，分层后弃去水相，用滤纸擦干分液漏斗的放液口，将有机相置于比色皿中心❹❺，在分光光度计上于 470 nm 处测定其吸光度❻。

（2）标准曲线的绘制

向 5 个 60 mL 分液漏斗中，均移入 10 $g·L^{-1}$ 的铁溶液 5 mL，接着分别加入钼的标准溶液 0.00 mL、2.00 mL、4.00 mL、6.00 mL、8.00 mL，以下按照试液测定方法操作。以未加钼标准溶液者为参比，测量吸光度，绘制相应的标准曲线。

9.4.6　注释

❶ 含钨钢溶解试样时，另加 6 mL 磷酸，其余操作相同。

❷ 含铜量高于 0.5 % 时，在加 H_2SO_4 溶液前应加 10 mL 100 $g·L^{-1}$ 硫脲，以消除铜的干扰。

❸ SnO 溶液应清亮，否则对测定有影响。

❹ 此方法萃取后 H_2SO_4 酸度为 3.6 $mol·L^{-1}$ 左右（3～5 $mol·L^{-1}$ 分层快，<3 $mol·L^{-1}$ 分层困难）。

❺ 若有机相浑浊，可用脱脂棉过滤，脱脂棉应先用稀 HCl（2 $mol·L^{-1}$）洗 1～2 次，并用清水洗至中性，烘干后使用。

❻ 测吸光度时由稀到浓溶液测定。

9.4.7　思考题

（1）为什么测定试样时，选用不加试样的空白试剂作参比溶液？

（2）为什么测定标准曲线时溶液中要加入一定量的铁？

9.5　分光光度法测定食品中亚硝酸盐含量

9.5.1　应用背景

亚硝酸盐主要指亚硝酸钠（$NaNO_2$）、亚硝酸钾（KNO_2），为白色至淡黄色粉末或颗粒状，微咸，易溶于水。外观及味道都与食盐相似，并在工业、建筑业中广为使用，肉类制品中可作为发色剂限量使用。亚硝酸盐具有较强的毒性，食入 0.3～0.5 g 的亚硝酸盐即可引起中毒甚至死亡。食用亚硝酸盐量过高的井水、污水，会引起慢性中毒。因此，测定亚硝酸盐的含量是食品安全检测中非常重要的项目之一。

9.5.2　实验目的和要求

（1）掌握分光光度法测定食品中亚硝酸盐含量的原理和方法。
（2）进一步熟悉分光光度计的操作。
（3）了解食品样品的前处理技术。

9.5.3　实验原理

食品样品经沉淀蛋白质、除去脂肪后，在弱酸性条件下，亚硝酸盐与对氨基苯磺酸发生重氮化反应生成重氮盐，然后与 N-1-萘基乙二胺偶合生成紫红色偶氮化合物。在 550 nm 波长下测定吸光度，用标准曲线法定量。

9.5.4　实验仪器、材料与试剂

（1）实验仪器与材料
722S 型分光光度计；容量瓶（100 mL、200 mL、500 mL）各 1 个；比色管（25 mL）7个；吸量管；电热恒温水槽；滤纸；电子分析天平；小型样品粉碎机；匀浆机；比色皿。

（2）试剂
NaOH 溶液（0.5 $mol·L^{-1}$）；HCl 溶液（0.5 $mol·L^{-1}$）；待测样品（熟肉、粮食、蔬菜）；0.5 $mol·L^{-1}$ HCl 溶液；0.5 $mol·L^{-1}$ NaOH 溶液；1.0 $mol·L^{-1}$ $ZnSO_4$ 溶液；活性炭；60％乙酸（CH_3COOH）；

氯化铵（NH_4Cl）缓冲液（pH=10）：称取 20 g NH_4Cl，用水溶解，加 100 mL 浓氨水，用水稀释至 1000 mL。

$ZnSO_4$ 溶液（0.42 $mol·L^{-1}$）：称取 120g $ZnSO_4·7H_2O$，用水溶解，并稀释至 1000 mL。

对氨基苯磺酸溶液：称取 10 g 对氨基苯磺酸，溶于 700 mL 水和 300 mL 冰醋酸中，置棕色瓶中摇匀，室温保存。

N-1-萘基乙二胺溶液（1 $g·L^{-1}$）：称取 0.1 g N-1-萘基乙二胺，加 60％ CH_3COOH 溶解并稀释至 100 mL，混匀后，置棕色瓶中，在冰箱内保存，一周内稳定。

显色剂：临用前将 N-1-萘基乙二胺溶液（1 $g·L^{-1}$）和对氨基苯磺酸溶液等体积混合。

$NaNO_2$ 标准储备液（500 $μg·L^{-1}$）：准确称取 250 mg 于硅胶干燥器中干燥 24 h 的 $NaNO_2$，

加蒸馏水溶解，移入 500 mL 容量瓶中，加 100 mL NH_4Cl 缓冲液，用蒸馏水稀释至刻度，摇匀，在 4℃ 避光保存。

$NaNO_2$ 标准应用液（$5.0\ \mu g \cdot L^{-1}$）：临用前，吸取 $NaNO_2$ 标准储备液 1.00 mL，置于 100 mL 容量瓶中，加蒸馏水稀释至刻度❶❷。

所用试剂均为分析纯（AR）。

9.5.5 实验操作

（1）样品处理❸❹❺

① 熟肉制品：称取约 10 g 经粉碎混匀的样品，置于匀浆机中，加 150 mL 水和 25 mL 氢氧化钠溶液（$0.5\ mol \cdot L^{-1}$），开动匀浆机制备熟肉均浆，用盐酸（$0.5\ mol \cdot L^{-1}$）或 NaOH 溶液（$0.5\ mol \cdot L^{-1}$）调试该匀浆溶液的酸度至 pH=8，然后定量转移至 500 mL 容量瓶中，用水多次冲洗匀浆机，冲洗液合并转移到该容量瓶中。在容量瓶中加 10 mL $ZnSO_4$ 溶液，摇匀，此时应产生白色沉淀。将容量瓶置于 60℃ 水浴中加热 10 min，取出后冷却至室温，加蒸馏水稀释至刻度，摇匀。放置 0.5 h 备用，测量时取上层清液。

② 粮食（面粉、大米等）：将混匀样品用小型粉碎机粉碎，准确称取 5.0 g，按照上述方法进行样品处理。

③ 蔬菜：将蔬菜洗净，晾干表面水分，取可食部分，剪碎，用粉碎机粉碎匀浆，准确称取匀浆样 25 g，按照上述方法进行样品处理。为除去色素，在加入 $ZnSO_4$ 溶液后，加 2 g 活性炭粉❻。

（2）测定

① 标准曲线的绘制：准确吸取 0.00 mL、0.50 mL、1.00 mL、1.50 mL、2.00 mL、2.50 mL、3.00 mL $NaNO_2$ 标准应用液，分别置于 25 mL 比色管中，各加入 4.5 mL NH_4Cl 缓冲液、2.5 mL 60% CH_3COOH 后，立即加入 5.0 mL 显色剂，加蒸馏水稀释至刻度，混匀。在暗处静置 15 min，用 1 cm 比色皿，于波长 550 nm 处，以试剂空白调吸光度为零，测定吸光度。以吸光度为纵坐标，$NaNO_2$ 的质量浓度为横坐标，绘制标准曲线，得到回归方程和相关系数。

② 样品测定：准确吸取 10.00 mL 制得样品的上层清液于 25 mL 比色管中，加入 4.5 mL NH_4Cl 缓冲液、2.5 mL 60% CH_3COOH 后，立即加入 5.0 mL 显色剂，加蒸馏水稀释至刻度，混匀。在暗处静置 15 min，用 1 cm 比色皿，于波长 550 nm 处，以试剂空白调吸光度为零，测定样品溶液的吸光度。

以质量浓度为横坐标，吸光度为纵坐标，绘制标准曲线，根据样品溶液的吸光度，由回归方程计算该样品溶液中 $NaNO_2$ 的质量浓度 ρ_{NaNO_2}（$\mu g \cdot mL^{-1}$），并按下式计算原样品中亚硝酸盐的含量（以 $NaNO_2$ 计）：

$$w_{NaNO_2} = \frac{25\rho_{NaNO_2}}{m_s} \times \frac{500.00}{10.00}$$

式中，w_{NaNO_2} 为样品中亚硝酸盐含量；m_s 为样品质量；ρ_{NaNO_2} 为测定用样品溶液中 $NaNO_2$ 的质量浓度；500.00 为样品处理液的总体积；10.00 为测定用样品处理液的体积。

9.5.6 注释

❶ $NaNO_2$ 吸湿性强，在空气中易被氧化成硝酸钠，因此 $NaNO_2$ 应在硅胶干燥器中干燥 24 h

或经（115±5）℃真空干燥至恒重。标准液配制过程中适当加入 NH_4Cl 缓冲液，保持弱碱性环境，以免形成 $NaNO_2$ 挥发。

❷ 配好的标准液置于 4℃ 冰箱中密闭保存。

❸ 采集的样品最好当天及时测定，如果不能及时测定，必须密闭、避光和低温保存。

❹ 试样制备尽量在避光条件下迅速操作。

❺ 样品处理时加热是为了进一步除去脂肪、沉淀蛋白质。若加热时间过短，蛋白质沉淀剂不能充分与样品反应，过长又易使亚硝酸盐分解生成氧化氮和硝酸，使测得结果偏低。所以，应按照实验步骤严格控制加热时间。

❻ 处理蔬菜样品时，滤液中的色素应用活性炭或 $Al(OH)_3$ 乳液脱色。

9.5.7 思考题

（1）为什么要及时测定试样中亚硝酸盐含量？如不能及时测定，为什么必须密闭、避光和低温保存？

（2）配制亚硝酸盐标准溶液应注意什么问题？

（3）本实验测定时为什么用试剂空白调吸光度为零？

9.6 Al^{3+}-CAS-TPB 三元配合物吸光光度法测定 Al^{3+} 的含量

9.6.1 应用背景

铝（Al）主要存在于水、土壤和动植物组织中，是地壳中含量最丰富的金属元素。水中铝进入人体后会被胃酸酸化为自由 Al^{3+}，小部分会富集在组织和器官中，当达到一定浓度时，将会使人体产生病变。有研究表明：过量铝存在于人体脑细胞中不仅会使人记忆力下降，引发脑炎，甚至会造成人的神经麻痹；当肾脏中铝含量过高时会引发人的肾衰竭及尿毒症；骨骼中铝过多可引起骨质软化疏松。铝对人体健康产生的危害是长期、缓慢、不易被察觉的。为了保障人体健康及饮用水、食品安全，对水中、食品中 Al^{3+} 的含量进行准确灵敏的测定具有十分重要的意义。

9.6.2 实验目的和要求

（1）了解三元配合物光吸收性质。

（2）掌握利用三元配合物比色法测定 Al^{3+} 含量的原理和方法。

9.6.3 实验原理

吸光光度法测定微量铝常用的显色剂有铬天青 S、铬天青 R、氯代磺酚 S、硝代磺酚 M 及铝试剂灯，其中铬天青 S（简称 CAS）最佳。铬天青 S 吸光光度法测定铝，灵敏度高、重现性好，是测定微量铝的常用方法，但它存在着选择性较差的主要缺点。

铝天青 S 为一种棕色粉末状的酸性染料，易溶于水，其结构式为：

市售的铬天青 S 产品通常为三钠盐。它在水溶液中的存在形式与溶液的 pH 有关，并呈现不同的颜色：

项目	H_5CAS^+	H_4CAS	H_3CAS^-	H_2CAS^{2-}	$HCAS^{3-}$	CAS^{4-}
λ_{max}/nm	540	542	462	492	427	598
颜色	粉红	粉红	橙红	红	黄	蓝

在微酸性溶液中，铝与 CAS 生成红色的二元配合物，其组成随着显色剂的浓度、溶液酸度的不同而有所不同，在 pH=5 时，配位比为 2。Fe^{3+}、Ti^{4+}、Cu^{2+}、Cr^{3+} 等离子干扰测定，干扰离子量较多时，可用铜铁试剂等沉淀分离，一般情况下，铁可加入抗坏血酸或盐酸羟胺掩蔽，钛可用甘露醇掩蔽，铜可用硫脲掩蔽。在测定时，还应注意试剂的加入顺序、缓冲剂的性质及加入量对测定的影响，本实验采用二乙烯三胺–盐酸缓冲溶液。

本实验室在金属–有机试剂显色体系中添加阳离子表面活性剂，利用阳离子表面活性剂具有胶束增溶作用，形成阳离子表面活性剂-显色剂-金属离子的三元胶束配合物。三元配合物与二元配合物相比，具有灵敏度高、选择性好、对光吸收强、水溶性小和可萃取性强等更为优越的分析特性，因此，发展新的三元或多元配合物体系，是化学分析的发展方向之一，近年来利用三元配合物进行吸光光度法测定已得到了迅速发展。

常用的表面活性剂如氯化十六烷基三甲铵（CTMAC）、溴化十四烷基吡啶（TPB）、氯化十六烷基吡啶（CPC）、溴化十六烷基吡啶（CPB）等都是长碳链季铵盐或长碳链吡啶。在铝与 CAS 生成二元配合物之后加入上述表面活性剂，生成三元胶束，此时配合物的最大吸收峰一般是向长波方向移动，称为"红移"，溶液的颜色也随之发生变化，使测定的灵敏度显著提高，摩尔吸收系数 ε 可提高到 10^5 $L\cdot mol^{-1}\cdot cm^{-1}$，影响三元胶束配合物 ε 的因素有表面活性剂的种类、溶液的酸度、缓冲溶液的性质、显色剂的浓度与质量、分光光度计的灵敏度等。

本实验选用溴化十四烷基吡啶为表面活性剂，生成紫色红色的三元配合物，其摩尔吸收系数为 $\varepsilon=1.13\times10^5$ $L\cdot mol^{-1}\cdot cm^{-1}$，最大吸收波长为 615 nm。

为了获得重现性好的吸光度值，比色时所加入的各种试剂都要准确计量，还要同时做空白实验。

9.6.4　实验仪器、材料与试剂

（1）实验仪器与材料[1]
722S 型分光光度计；容量瓶；移液管；吸量管；比色皿。

（2）试剂
铬天青 S 溶液［10^{-3} $mol\cdot L^{-1}$ 的乙醇（1:1）溶液］；溴化十四烷基吡啶（10^{-2} $mol\cdot L^{-1}$ 水溶液）；二乙烯三胺–盐酸缓冲溶液（1 $mol\cdot L^{-1}$ 二乙烯三胺溶液与 1 $mol\cdot L^{-1}$ HCl 溶液等体积混匀，在酸度计上调至 pH=6.3）；百里酚蓝指示剂［0.1 % 的乙醇（1:1）溶液］；氨水（0.1 $mol\cdot L^{-1}$）；

HCl 溶液（0.1 mol·L^{-1}）。

铝标准溶液（0.1 mg·mL^{-1}）：准确称取硫酸铝钾［KAl(SO$_4$)$_2$·12H$_2$O］1.758 g，溶于水后，加入 2 mL 6 mol·L^{-1} HCl 溶液，以水稀释至 1 L。

9.6.5 实验操作

（1）铝标准溶液（2 μg·mL^{-1}）的配制

准确移取 10.0 mL 铝标准溶液于 500 mL 容量瓶中，用水稀释至标线，摇匀。

（2）铝三元配合物标准系列的配制

于 50 mL 容量瓶中，分别加入 0.0 mL、2.0 mL、4.0 mL、6.0 mL、8.0 mL、10.0 mL 2 μg·mL^{-1} 铝标准溶液，加水稀释至 30 mL，然后再加入 2 滴百里酚蓝指示剂，以氨水或 HCl 溶液调溶液颜色为橙红，用移液管准确加入 1 mL CAS 溶液、10 mL TPB 溶液和 5 mL 二乙烯三胺-盐酸缓冲溶液❷❸，用水稀释至标准线，摇匀。

（3）铝三元配合物标准曲线的测绘

将配制好的铝三元配合物标准系列静置 5 min，在 722S 型分光光度计上，以试剂空白为参比，使用 1 cm 比色皿，在 615 nm 处测定溶液的吸光度。以吸光度值为纵坐标，以铝含量（μg·mL^{-1}）为横坐标，绘制标准曲线。

（4）CAS 试样的测定❹❺

移取含铝试样 5 mL 于 50 mL 容量瓶中，以下操作同标准系列配制的步骤，测定出吸光度值。根据标准曲线，求出试样溶液中铝的含量，以 μg·mL^{-1} 表示。

9.6.6 注释

❶ 本实验对玻璃器皿的洁净要求特别高，测定前应认真洗涤玻璃器皿。测定过程中，在加入试剂时，尽量勿使试剂沾在管口附近，每加一次试剂都应摇动。加入溴化十四烷基吡啶时，应使溶液沿器壁流下并轻摇，以免产生过多气泡，影响以后操作。

❷ 实验中加入的缓冲溶液的性质影响测定。使用二乙烯三胺-盐酸缓冲体系，测定的灵敏度高；使用六亚甲基四胺缓冲溶液灵敏度稍逊，显色液的稳定性不理想；使用乙酸-乙酸盐缓冲体系，由于乙酸根能与铝配位，使测定的灵敏度有所降低。

❸ 二乙烯三胺-盐酸缓冲溶液放置后逐渐变黄，但仍可继续使用。CAS 试剂的质量对测定的灵敏度有影响，最好选用分析纯（AR）试剂。指示剂级的 CAS 一般也可使用。如果试剂纯度太低影响测定，可以将 CAS 加以纯化。

❹ 如果待测试样中含有较低量的铁，因 Fe^{3+} 与 CAS 形成蓝色配合物干扰铝的测定，故应用抗坏血酸将 Fe^{3+} 还原为 Fe^{2+}，然后再加入邻二氮菲掩蔽剂。

❺ 因市售氨水含有杂质铝，所以试剂空白与配制标准系列时氨水的用量应一致。

9.6.7 思考题

（1）试述酸度对铝三元配合物测定的影响（铝离子的存在形式、显色剂在溶液中的平衡、配合物的生成等）。

（2）求出铝三元配合物的摩尔吸收系数。

第 10 章

综合性实验

10.1 硅酸盐水泥中 SiO₂、Fe₂O₃、Al₂O₃、CaO 和 MgO 含量的测定

10.1.1 应用背景

水泥主要由硅酸盐组成，分成硅酸盐水泥（熟料水泥）、普通硅酸盐水泥（普通水泥）、矿渣硅酸盐水泥（矿渣水泥）、火山灰质硅酸盐水泥（火山灰水泥）、粉煤灰硅酸盐水泥（煤灰水泥）等。水泥熟料是由水泥生料经 1400℃以上高温煅烧而成。硅酸盐水泥由水泥熟料加入适量石膏而成，其成分与水泥熟料相似，可按水泥熟料化学分析法进行测定。

水泥熟料、未掺混合材料的硅酸盐水泥、碱性矿渣水泥等可采用酸分解。不溶物含量较高的水泥熟料、酸性矿渣水泥、火山灰质水泥等酸性氧化物较高的物质可采用碱熔融。通过实验学生可以了解学习复杂物质分析的方法，掌握尿素均匀沉淀法的分离技术。

10.1.2 实验目的和要求

（1）掌握重量法测定 SiO₂ 的原理和方法。

（2）进一步掌握配位滴定原理，特别是通过控制试液酸度的方法进行分别滴定。

（3）掌握水浴加热、沉淀、过滤、洗涤、灰化、灼烧等操作技术。

（4）熟练掌握返滴定的操作。

10.1.3 实验原理

本实验采用的硅酸盐水泥，易于被酸所分解。

SiO_2 可采用容量法或重量法测定，生产上 SiO_2 的快速分析常采用氟硅酸钾容量法。因使硅酸凝聚所用物质的不同，重量法又分为盐酸干涸法、动物胶法、氯化铵法等，本实验采用氯化铵法。将试样与 7~8 倍固体 NH_4Cl 混匀后，用 HCl 溶液分解试样，再加 HNO_3 溶液将 Fe^{2+} 氧化为 Fe^{3+}。经过滤洗涤得到的 $SiO_2 \cdot nH_2O$ 沉淀在瓷坩埚中于 950℃灼烧至恒重。本法测定结果较标准法偏高 0.2 %。若改用铂坩埚在 1100℃灼烧恒重、经氢氟酸处理后，测定结果与标准法的误差小于 0.1 %。

如果不测定 SiO_2，则试样经 HCl 溶液分解、HNO_3 溶液氧化后，用均匀沉淀法使 $Fe(OH)_3$、$Al(OH)_3$ 与 Ca^{2+}、Mg^{2+} 分离。以磺基水杨酸为指示剂，用 EDTA 配位滴定 Fe^{3+}；以 1-(2-吡啶偶氮)-2-萘酚（PAN）为指示剂，用 $CuSO_4$ 标准溶液返滴定法测定 Al^{3+}。含量较高的 Fe^{3+}、Al^{3+} 对 Ca^{2+}、Mg^{2+} 测定有干扰，可用尿素分离 Fe^{3+}、Al^{3+} 后，以乙二醛双缩（2-羟基苯胺）（GBHA）或铬黑 T 为指示剂，用 EDTA 配位滴定法测定 Ca^{2+}、Mg^{2+}。若试样中含有 Ti^{4+} 时，用 $CuSO_4$ 回滴法测得的实际上是 Al^{3+}、Ti^{4+} 总量。若要测定 TiO_2 的含量，可加入苦杏仁酸解蔽剂将 TiY 解蔽成为 Ti^{4+}，再用标准 $CuSO_4$ 溶液滴定释放的 EDTA。如 Ti^{4+} 含量较低时可用比色法测定。

10.1.4 实验仪器、材料与试剂

（1）实验仪器与材料
马弗炉；瓷坩埚；干燥器；长短坩埚钳等。

（2）试剂
试样；NH_4Cl（s）；氨水（7 mol·L^{-1}）；NaOH 溶液（200 g·L^{-1}）；HCl 溶液（12 mol·L^{-1}、6 mol·L^{-1}、2 mol·L^{-1}）；尿素（500 g·L^{-1}）；浓 HNO_3 溶液；$AgNO_3$ 溶液（0.1 mol·L^{-1}）；NH_4NO_3 溶液（10 g·L^{-1}）；溴甲酚绿（1 g·L^{-1}，20 %乙醇溶液）；磺基水杨酸钠（100 g·L^{-1}）；PAN（3 g·L^{-1}，乙醇溶液）；GBHA（0.4 g·L^{-1}，乙醇溶液）。

EDTA 溶液（0.02 mol·L^{-1}）：在台秤上称取 4 g EDTA，加 100 mL 蒸馏水溶解后，稀释至 500 mL，待标定。

铜标准溶液（0.02 mol·L^{-1}）：称取 0.3 g 纯铜，加入 3 mL 6 mol·L^{-1} HCl 溶液，滴加 2~3 mL H_2O_2，盖上表面皿，微沸溶解后，继续加热赶出 H_2O_2（小泡冒完为止），冷却后转入 250 mL 容量瓶中，用蒸馏水定容。

铬黑 T（1 g·L^{-1}）：称取 0.1 g 铬黑 T 溶于 75 mL 三乙醇胺和 25 mL 乙醇中。

氯乙酸-醋酸铵缓冲溶液（pH=2）：850 mL 0.1 mol·L^{-1} 氯乙酸与 85 mL 0.1 mol·L^{-1} NH_4Ac 混匀。

氯乙酸-醋酸钠缓冲溶液（pH=3.5）：250 mL 2 mol·L^{-1} 氯乙酸与 500 mL 1 mol·L^{-1} NaAc 混匀。

NaOH 强碱缓冲溶液（pH=12.6）：10 g NaOH 与 10 g $Na_2B_4O_7 \cdot 10H_2O$（硼砂）溶于适量蒸馏水后，稀释至 1 L。

氨水-NH_4Cl 缓冲溶液（pH=10）：称取 67 g NH_4Cl 固体溶于适量蒸馏水中，加入 520 mL 浓氨水，用蒸馏水稀释至 1 L。

10.1.5 实验操作

（1）EDTA 溶液的标定
移取 10.00 mL 0.02 mol·L^{-1} 铜标准溶液于 250 mL 锥形瓶中，加入 5 mL pH=3.5 的缓冲溶

液和 35 mL 蒸馏水，加热至 80℃后，加入 4 滴 PAN 指示剂，趁热用待标定的 EDTA 溶液滴定至溶液由红色变为绿色，即为终点，记下消耗 EDTA 溶液的体积。平行滴定三次，计算 EDTA 的准确浓度。

（2）SiO₂ 的测定

准确称取 0.4 g 试样，置于干燥的 50 mL 烧杯中，加入 2.5～3 g NH₄Cl 固体，用玻璃棒混匀，滴加浓 HCl 溶液（一般约需 2 mL），并滴加 2～3 滴浓 HNO₃ 溶液，搅匀。小心压碎块状物，盖上表面皿，置于沸水浴上，加热 10 min，加热蒸馏水约 40 mL，搅动溶解可溶性盐类。过滤，用热蒸馏水洗涤烧杯和沉淀，直至滤液中无 Cl⁻ 反应为止（用 AgNO₃ 检验），弃去滤液。

将沉淀连同滤纸放入已恒重的瓷坩埚中，低温干燥、炭化并灰化后，于 950℃灼烧 30 min 取下，置于干燥器中冷却至室温，称量。再灼烧、称量，直至恒重。计算试样的质量分数。

（3）Fe₂O₃、Al₂O₃、CaO 和 MgO 的测定

① 试样处理：准确称取约 2 g 水泥试样于 250 mL 烧杯中，加入 8 g NH₄Cl，用一端平头的玻璃棒压碎块状物，仔细搅拌 20 min❶加入 12 mL 浓 HCl 溶液，使试样全部润湿，再滴加 4～8 滴浓 HNO₃，搅匀，盖上表面皿，置于已预热的沙浴上加热 20～30 min，直至无黑色或灰色的小颗粒为止。取下烧杯，稍冷后加热蒸馏水约 40 mL，搅拌使盐类溶解。冷却后，连同沉淀一起转移到 500 mL 容量瓶中，用蒸馏水稀释至刻度，摇匀后放置 1～2 h，使其澄清。然后用洁净干燥的虹吸管吸取溶液于洁净干燥的 400 mL 烧杯中保存，作为测定 Fe、Al、Ca、Mg 等元素之用。

② Fe₂O₃ 和 Al₂O₃ 含量的测定：准确移取 25 mL 试液于 250 mL 锥形瓶中，加入 10 滴 100 g·L⁻¹磺基水杨酸钠、10 mL pH=2 的缓冲溶液，将溶液加热至 70℃，用 EDTA 标准溶液缓慢地滴定至由酒红色变为无色❷（终点时溶液温度应在 60℃左右），记下消耗 EDTA 溶液的体积。平行滴定三次，计算 Fe₂O₃ 含量：

$$w_{Fe_2O_3} = \frac{0.5 c_{EDTA} V_{EDTA} M_{Fe_2O_3}}{m_s} \times 100\%$$

式中，m_s 为实际滴定的每份试样质量。

滴定铁后的溶液中加入 1 滴 1 g·L⁻¹溴甲酚绿，用 7 mol·L⁻¹氨水调至黄绿色，然后加入 15.00 mL 过量的 EDTA 标准溶液，加热煮沸 1 min，加入 10 mL pH=3.5 的缓冲溶液，4 滴 3 g·L⁻¹ PAN 试剂，用铜标准溶液滴至茶红色即为终点❸。记下消耗的铜标准溶液的体积。平行滴定三份。计算 Al₂O₃ 含量。

$$w_{Al_2O_3} = \frac{0.5 (c_{EDTA} V_{EDTA} - c_{Cu^{2+}} V_{Cu^{2+}}) M_{Al_2O_3}}{m_s}$$

③ CaO 和 MgO 含量的测定：由于 Fe³⁺、Al³⁺ 干扰 Ca²⁺、Mg²⁺ 的测定，须将它们预先分离。为此，取试液 100 mL 于 200 mL 烧杯中，滴入 7 mol·L⁻¹氨水至红棕色沉淀生成时，再滴入 2 mol·L⁻¹ HCl 溶液使沉淀刚好溶解。然后加入 25 mL 500 g·L⁻¹尿素溶液，加热约 20 min，不断搅拌，使 Fe³⁺、Al³⁺ 完全沉淀❹。趁热过滤，滤液用 250 mL 烧杯承接，用 10 g·L⁻¹热 NH₄NO₃ 溶液洗涤沉淀至无 Cl⁻ 为止（用 AgNO₃ 检验），滤液冷却后转移至 250 mL 容量瓶中，稀释至刻度，摇匀。滤液用于测定 Ca²⁺、Mg²⁺。

准确移取 25.00 mL 试液于 250 mL 锥形瓶中，加入 2 滴 0.4 g·L⁻¹ GBHA 指示剂，滴加 200 g·L⁻¹ NaOH 使溶液变为微红色后，加入 10 mL pH=12.6 的缓冲溶液和 20 mL 蒸馏水，用 EDTA 标准溶液滴至由红色变为亮黄色即为终点，记下消耗 EDTA 溶液的体积。平行滴定三次，计算 CaO 含量。

在测定 CaO 后的溶液中，滴加 2 mol·L^{-1} HCl 溶液至溶液黄色褪去，加入 15 mL pH 值为 10 的缓冲溶液，2 滴 1 g·L^{-1} 铬黑 T 指示剂，用 EDTA 标准溶液滴至由红色变为纯蓝色即为终点，记下消耗 EDTA 溶液的体积。平行滴定三次，计算 MgO 含量。

10.1.6　注释

❶ 试样溶解完全与否，与此步仔细搅拌、混匀密切相关。

❷ 终点颜色与试样成分和 Fe 含量相关，终点一般为无色或是淡黄色。

❸ 随着 Cu^{2+} 的滴入，配合物 Cu-EDTA 的蓝色和 PAN 的黄色混合呈绿色，终点时生成 Cu-PAN 红色配合物，使终点呈茶红色。

❹ 称为尿素均匀沉淀法，也可用氨水法直接沉淀，但这时 Fe(OH)$_3$ 对 Ca^{2+} 和 Mg^{2+} 吸附较为严重。

10.1.7　思考题

（1）Ca^{2+} 和 Mg^{2+} 共存时，能否用 EDTA 标准溶液控制酸度法滴定 Fe^{3+}? 滴定 Fe^{3+} 的介质酸度范围为多大？

（2）EDTA 滴定 Al^{3+} 时，为什么采用返滴定法？

（3）EDTA 滴定 Ca^{2+} 和 Mg^{2+} 时，怎样消除 Fe^{3+} 和 Al^{3+} 的干扰？

（4）EDTA 滴定 Ca^{2+} 和 Mg^{2+} 时，怎样用 GBHA 指示剂的性质调节溶液 pH？

10.2　室内空气中甲醛含量的测定

10.2.1　应用背景

甲醛（HCHO 或 CH$_2$O），无色气体，有刺激性气味。甲醛被世界卫生组织认定为一类致癌物，长期接触有致癌作用。中华人民共和国国家标准《居室空气中甲醛的卫生标准》规定居室空气中甲醛的最高容许浓度为 0.08mg/m^3。甲醛具有强还原作用，特别是在碱性溶液中。甲醛能燃烧，其蒸气与空气形成爆炸性混合物，爆炸极限为 7 %～73 %（体积），着火温度约为 300℃。通过本实验，学生能够掌握空气中甲醛的采集方法，掌握分光光度法及碘量法的原理，为室内空气检测甲醛提供较好的方法。

10.2.2　实验目的和要求

（1）熟悉室内空气中甲醛含量测定的方法和原理。

（2）掌握室内空气中污染气体的采集方法。

10.2.3　实验原理

甲醛与酚试剂反应生成嗪，在高铁离子存在下，嗪与酚试剂的氧化产物反应生成蓝绿色化合物。根据生成物溶液的颜色深浅，可用分光光度法测定。反应方程式如下：

本方法的检出限为 0.02 $\mu g \cdot mL^{-1}$（按与吸光度 0.02 相对应的甲醛含量计），当采样体积为 10 L 时，最低检出浓度为 0.01 $mg \cdot m^{-3}$。

10.2.4　实验仪器、材料与试剂

（1）实验仪器与材料

大气采样器；气泡吸收管；紫外可见分光光度计等。

（2）试剂

NaOH 溶液（300 $g \cdot L^{-1}$）；HCl 溶液（2 $mol \cdot L^{-1}$，6 $mol \cdot L^{-1}$）；KI（200 $g \cdot L^{-1}$）；$K_2Cr_2O_7$ 标准溶液（0.01667 $mol \cdot L^{-1}$）。

硫酸铁铵溶液（10 $g \cdot L^{-1}$）：称取 1.0 g 硫酸铁铵，用 0.1 $mol \cdot L^{-1}$ HCl 溶液溶解，并稀释至 100 mL。

甲醛储备液：取 5.0 mL 含量为 36 %～38 % 的市售甲醛，用蒸馏水稀释至 500 mL，待标定。

$Na_2S_2O_3$ 溶液（0.1 $mol \cdot L^{-1}$）：称取 25 g $Na_2S_2O_3 \cdot H_2O$ 于烧杯中，加入 300～500 mL 新煮沸经冷却的蒸馏水，溶解后，加入约 0.1 g Na_2CO_3，用新煮沸且冷却的蒸馏水稀释至 1 L，储存于棕色试剂瓶中，在暗处放置 3～5 d 后标定。

淀粉指示剂（5 $g \cdot L^{-1}$）：称取 0.5 g 可溶性淀粉，用少量蒸馏水搅匀；加入 100 mL 沸蒸馏水，搅匀。

I_2 溶液（0.050 $mol \cdot L^{-1}$）：称取 3.3 g I_2 和 5 g KI，置于研钵中（通风橱中操作），加入少量蒸馏水研磨，待 I_2 全部溶解后，将溶液转移至棕色试剂瓶中。加蒸馏水稀释至 250 mL，充分摇匀，放暗处保存。

10.2.5　实验操作

（1）$Na_2S_2O_3$ 溶液的标定

准确移取 25.00 mL 0.01667 $mol \cdot L^{-1}$ $K_2Cr_2O_7$ 标准溶液于碘量瓶中，加入 5 mL 6 $mol \cdot L^{-1}$ HCl 溶液，5 mL 200 $g \cdot L^{-1}$ KI 溶液，盖上塞子并水封，摇匀后放在暗处 5 min。待反应完全后，加入 100 mL 蒸馏水，用待标定的 $Na_2S_2O_3$ 溶液滴定至淡黄色，然后加入 1 mL 5 $g \cdot L^{-1}$ 淀粉指示剂，继续滴定至溶液呈现无色或浅绿色即为终点，平行测定三次，计算 $Na_2S_2O_3$ 的浓度。

（2）甲醛溶液的标定

采用碘量法标定甲醛溶液浓度。准确移取 5.00 mL 甲醛储备液于 250 mL 碘量瓶中，加入 25.00 mL 0.050 $mol \cdot L^{-1}$ I_2 溶液，立即逐滴加入 300 $g \cdot L^{-1}$ NaOH 溶液，颜色褪至淡黄色为止❶，放置 10 min。用 3.0 mL 2 $mol \cdot L^{-1}$ HCl 溶液酸化（空白滴定时需多加 2 mL）。暗处放置 10 min，待反应完全后，加入 100 mL 蒸馏水，用 0.1 $mol \cdot L^{-1}$ $Na_2S_2O_3$ 溶液滴定至淡黄色，加 1.0 mL 5 $g \cdot L^{-1}$ 淀粉指示剂，继续滴定至蓝色刚刚褪去即为终点，平行测定三次。

另取 5.0 mL 蒸馏水，同上法进行空白滴定。

按下式计算甲醛储备液的质量浓度（$mg \cdot mL^{-1}$）：

$$\rho = \frac{(V_0 - V)c_{Na_2S_2O_3}M_{HCHO}}{5.00}$$

其中，V_0、V 分别为滴定空白溶液、甲醛储备液消耗硫代硫酸钠溶液的体积（mL）。

（3）试样采集❷

采用大气采样器采样，用一个内装 5.0 mL 吸收液的气泡吸收管，以 0.5 $L \cdot min^{-1}$ 流量采集 15 L 室内空气，平行采样两次。

（4）甲醛含量的测定

① 标准曲线的制作。取适量已标定的甲醛储备液用蒸馏水稀释至 10.0 $\mu g \cdot mL^{-1}$，然后立即吸取 10.00 mL 此稀释溶液于 100 mL 容量瓶中，加 5.0 mL 吸收原液，再用蒸馏水定容，放置 30 min 后，为实验配制标准系列所用甲醛标准溶液。此甲醛标准溶液浓度为 1.0 $\mu g \cdot mL^{-1}$，可稳定 24 h。

在 8 支 10 mL 比色管中，用吸量管分别加入 0 mL、0.1 mL、0.2 mL、0.3 mL、0.4 mL、0.5 mL、0.7 mL、1.0 mL 1.0 $\mu g \cdot mL^{-1}$ 甲醛标准溶液，用吸收液稀释至 5 mL，摇匀。均加入 0.4 mL 硫酸铁铵溶液，在室温下（8～35℃）显色 20 min。于波长 630 nm 处，用 1 cm 比色皿，测定吸光度。以吸光度对甲醛含量（$\mu g \cdot mL^{-1}$）绘制标准曲线。

② 试样测定。采样后，将试样溶液移入比色管中，用少量吸收液洗涤吸收管，洗涤液并入比色管，加入 0.4 mL 10 $g \cdot L^{-1}$ 硫酸铁铵溶液，用吸收液稀释至 10 mL，摇匀。室温下（8～35℃）放置 80 min 后，测量吸光度❸。从标准曲线上查出和计算空气中甲醛的含量（单位为 $mg \cdot m^{-3}$）。

10.2.6 注释

❶ 应逐滴加入 300 $g \cdot L^{-1}$ NaOH 溶液至溶液颜色明显褪去，再摇动片刻，待溶液褪成淡黄色，放置 5 min 后褪至无色。若碱量加入过多，则 3 mL 2.0 $mol \cdot L^{-1}$ HCl 溶液不足以使溶液酸化，将影响滴定结果。

❷ 当二氧化硫含量过高时，测定结果偏低。可以采样时，使气体先通过装有硫酸锰滤纸的过滤器，排除二氧化硫干扰。

❸ 绘制标准曲线与试样测定的温差不超过 2℃。

10.2.7 思考题

（1）分光光度法选择测量波长的原则是什么？
（2）试推导甲醛含量的计算公式。
（3）试述碘量法滴定甲醛的基本原理。

10.3 二氯化一氯五氨合钴（Ⅲ）的制备及其组成分析

10.3.1 应用背景

氯化钴（Ⅲ）的氨合物包括三氯化六氨合钴（Ⅲ）（$[Co(NH_3)_6]Cl_3$，橙黄色晶体），三氯化一水五氨合钴（Ⅲ）（[Co(NH₃)₅(H₂O)]Cl₃，砖红色晶体），二氯化一氯五氨合钴（Ⅲ）（[Co(NH₃)₅Cl]Cl₂，紫红色晶体）等。它们的制备条件各不相同，在没有活性炭存在时，由氯化亚钴与过量氨、氯化铵反应的主要产物是二氯化一氯五氨合钴（Ⅲ），有活性炭存在时的主要产物是三氯化六氨合钴（Ⅲ）。二氯化一氯五氨合钴（Ⅲ）相对密度 1.819（25℃），受热时分解。不溶于乙醇，难溶于水，溶于浓硫酸。通过实验，学生可以掌握配合物的制备方法，运用碘量法、电位滴定法或沉淀滴定法测定其组成，培养学生综合运用所学理论解决实际问题的能力。

10.3.2 实验目的和要求

（1）掌握二氯化一氯五氨合钴（Ⅲ）的制备及其组成分析的方法。
（2）熟悉测定摩尔电导率确定二氯化一氯五氨合钴（Ⅲ）实验式的方法。
（3）了解蒸馏法测定氨的技术。

10.3.3 实验原理

本实验在没有活性炭存在时，用过氧化氢作氧化剂，在氨和氯化铵存在下氧化氯化亚钴（Ⅱ）溶液制备二氯化一氯五氨合钴（Ⅲ）。其总反应式如下：

$$2CoCl_2 + 8NH_3 + 2NH_4Cl + H_2O_2 \Longrightarrow 2[Co(NH_3)_5Cl]Cl_2 + 2H_2O$$

配合物中 Co^{3+} 可通过碘量法测定。在配合物中加入强碱，并加热破坏配合物，挥发出来的氨用标准酸吸收，再用标准碱滴定剩余的酸，即可测定氨含量。氯含量可用电位滴定法测定（或用莫尔法测定，但终点难判断）。

根据测定的 NH_3、Co 和 Cl 含量并计算出其整数比，可以确定配合物的实验式。然后通过摩尔电导法进一步验证所得实验结果是否正确。

由于配合物在溶液中的解离行为服从于一般强电解质的所有规律，因此，其解离类型和摩尔电导率之间在数值上存在着比较简单的关系。如果配制一种在 1000 L 溶液中含有 1 mol 盐的溶液，在 25℃时，若每一个分子解离出 2 个离子，其电导值在 100 S 左右，若每一个分子解离出 3 个离子，其电导值在 250 S 左右，若解离出 4 个离子，其电导值在 400 S 左右，若解离出 5 个离子，其电导值在 500 S 左右。

利用上述关系可由配合物的摩尔电导率求出其配合物所解离出的离子数目，从而确定其解离类型，验证化学方法所得的结论是否正确。

10.3.4 实验仪器、材料与试剂

（1）实验仪器与材料

电位滴定仪；电导率仪；分析天平；电子秤；测定氨蒸馏装置；真空水泵等。

（2）试剂

试样；$Na_2S_2O_3$ 标准溶液（0.1 mol·L⁻¹）；$AgNO_3$ 标准溶液（0.1 mol·L⁻¹）；HCl 标准溶液（0.5 mol·L⁻¹）；NaOH 标准溶液（0.5 mol·L⁻¹）；淀粉指示剂（5 g·L⁻¹）；甲基红（1 g·L⁻¹，60%乙醇溶液）；$CoCl_2·6H_2O$（s）；NH_4Cl（s）；HCl 溶液（浓，3∶50）；H_2O_2 溶液（30%）；NaOH 溶液（200 g·L⁻¹）；氨水（浓）；KI（s）；EDTA。

10.3.5 实验操作

（1）二氯化一氯五氨合钴（Ⅲ）的制备

在 100 mL 锥形瓶中加入 4 g 氯化铵和 25 mL 浓氨水，搅拌下缓慢加入 8 g 研细的氯化亚钴，生成黄红色的沉淀。一边搅拌一边缓慢加入 13 mL 30 %的 H_2O_2 溶液和 50 mL 浓 HCl 溶液，水浴加热至 60℃左右并恒温 15 min（适当摇动锥形瓶）。取出，先用自来水冷却，后用冰水冷却。抽滤，然后将沉淀溶解于 60 mL 沸稀 HCl 溶液（3∶50）中（若不溶解可适量多加稀 HCl 溶液），趁热过滤。在滤液中慢慢加入 10 mL 浓 HCl 溶液，冰水冷却，即有晶体析出。过滤，洗涤，抽干，在真空干燥器中干燥或在 105℃以下烘干，称量。

（2）二氯化一氯五氨合钴（Ⅲ）的组成测定

① NH_3 的测定。称取 0.3 g 二氯化一氯五氨合钴（Ⅲ）试样（准确至 0.1 mg），放入 250 mL 锥形瓶中，加入 40 mL 蒸馏水溶解，再加入 20 mL 200 $g·L^{-1}$ NaOH 溶液（此时要防止 NH_3 逸出）。在另一锥形瓶中，准确加入 30 mL 0.5 $mol·L^{-1}$ HCl 标准溶液，放入冰浴中冷却。

按图 10-1 所示装配好仪器，从安全漏斗中加 5 mL 200 $g·L^{-1}$ NaOH 溶液于小试管中，漏斗下端插入液面下 2~3 cm，整个操作过程中漏斗下端的出口不能露在液面之上。小试管口的胶塞要切一个缺口，使试管内与锥形瓶相通。加热试样，先用大火加热，当溶液接近沸腾时，改用小火，保持微沸状态，蒸馏 1 h 左右，即可将氨全部蒸出。蒸馏完毕后，取出插入 HCl 溶液中的导管，用蒸馏水冲洗导管内外，洗涤液收集在氨吸收瓶

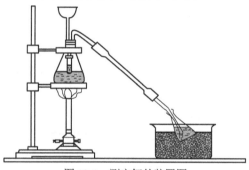

图 10-1　测定氨的装置图

中。从冰浴中取出吸收瓶，加 2 滴 1 $g·L^{-1}$ 甲基红指示剂，用 0.5 $mol·L^{-1}$ NaOH 标准溶液滴定剩余的 HCl 溶液，蒸馏瓶内残渣留待测钴用。按下式计算 NH_3 含量：

$$w_{NH_3} = \frac{(c_1 V_1 - c_2 V_2) M_{NH_3}}{m_s}$$

式中，c_1、V_1 分别为 HCl 标准溶液的浓度和体积；c_2、V_2 分别为 NaOH 标准溶液的浓度和体积；m_s 为试样质量；M_{NH_3} 为 17.04 $g·mol^{-1}$。

② 钴的测定。将上述蒸馏瓶内的残渣用蒸馏水溶解，冷却后转移到碘量瓶中，加入 1 g KI 固体，立即盖上瓶盖振荡 1 min，然后加入 15 mL 浓 HCl 溶液，水封，在暗处放置 15 min。加入 100 mL 蒸馏水，用 0.1 $mol·L^{-1}$ $Na_2S_2O_3$ 标准溶液滴定至溶液呈淡黄色，加入 1 mL 5 $g·L^{-1}$ 淀粉指示剂，继续滴定至终点，平行测定三次。按下式计算 Co 含量：

$$w_{Co} = \frac{c_{Na_2S_2O_3} V_{Na_2S_2O_3} M_{Co}}{m_s}$$

式中，m_s 为试样质量；M_{Co} 为 58.93 $g·mol^{-1}$。

③ 氯的测定。由于 $[Co(NH_3)_5Cl]Cl_2$ 本身带有颜色，用一般化学分析方法很难判断滴定终点，因此，本实验采用电位滴定法测定氯离子的含量。

a. 外界氯的测定。准确称取 0.2 g 干燥过的试样于 100 mL 烧杯中，加少量去离子水溶解，用 0.1 $mol·L^{-1}$ $AgNO_3$ 标准溶液滴定❶。记录不同 $AgNO_3$ 体积 V_{AgNO_3}（mL）及其相应的电位值

（mV），以 V_{AgNO_3} 为横坐标，电位值为纵坐标作图。在滴定曲线上作两条与滴定曲线相切的平行线，两平行线的等分点与曲线的交点为曲线的拐点，对应的体积即为滴定至终点时所需的 $AgNO_3$ 滴定体积。平行测定三次，计算配合物中的外界氯含量。

b. 配位氯的测定。准确称取 0.2 g 干燥过的试样于 100 mL 烧杯中，加少量去离子水溶解，加入等物质的量的 EDTA 固体，小火加热。用 0.1 mol·L^{-1} AgNO$_3$ 标准溶液滴定。记录不同 AgNO$_3$ 体积 V_{AgNO_3}（mL）及其相应的电位值（mV）。同上法计算终点时所需的 AgNO$_3$ 滴定体积。计算配合物中的总氯量。平行测定三次，扣除外界氯含量，即为配合物中配位氯的含量。

④ 化学式的确定。根据组成分析的实验结果，分别计算所测配合物试样中 NH$_3$、Co、Cl 的含量，确定配合物的实验式。

⑤ 摩尔电导率测定。分别在 100 mL 容量瓶中配制稀释度❷为 128 L·mol^{-1}、256 L·mol^{-1}、512 L·mol^{-1}、1024 L·mol^{-1} 的 4 份溶液，测定其电导率。将测定得到的电导率代入公式 $Λ=k(1000/c)$❸，计算溶液的摩尔电导率 $Λ$ 值，确定配合物实验式中所含离子数及其配离子构型。

10.3.6 注释

❶ 滴定时，每滴一定体积的 AgNO$_3$ 标准溶液后，搅拌约 1 min，然后按下 pH 计的读数开关，读取相对应的电位值（mV）。开始滴定时可取点疏一些，每隔 2 mL 或 1 mL 取一个点；接近等当点（电位值有较大的突变）时，应取点密一些，每隔 0.2 mL 或 0.1 mL 取一个点；过了等当点以后（电位值变化不大了）取点又可疏一些。

❷ 稀释度是物质的量浓度的倒数。

❸ 其中，$Λ$ 为摩尔电导率（S·cm^2·mol^{-1}），k 为电导率（S·cm^{-1}），c 为溶液浓度（mol·L^{-1}）；用电导率仪测定出电导率单位为 μS·cm^{-1}，应将其换算成 S·cm^{-1}（10^{-6} 倍）代入公式计算。

10.3.7 思考题

（1）制备二氯化一氯五氨合钴过程中，水浴加热 60℃ 并恒温 15 min 的目的是什么？能否加热至沸？为什么要趁热过滤？为什么在滤液中要加入 10 mL 浓 HCl 溶液？

（2）制备二氯化一氯五氨合钴过程中加 H$_2$O$_2$、浓 HCl 溶液各起什么作用？

（3）能否用热的稀 HCl 溶液洗涤产品？为什么？

10.4 工业硫酸铜的提纯及其分析

10.4.1 应用背景

硫酸铜（CuSO$_4$·5H$_2$O）为天蓝色晶体，水溶液呈弱酸性，俗名胆矾或蓝矾。硫酸铜是制备其他铜化合物的重要原料。同石灰乳混合可得波尔多液，用作杀菌剂。硫酸铜也是电解精炼铜时的电解液。通过实验，学生可以掌握加热、溶解、过滤、蒸发、结晶等基本操作以及分光光度计的使用方法，能够运用碘量法和分光光度法测定样品中的铜和微量铁的含量，全面培养学生的实验技能、分析问题和解决问题的能力。

10.4.2 实验目的和要求

（1）了解粗硫酸铜提纯及产品纯度检验的原理和方法。

（2）学会722S分光光度计的正确使用。

（3）学习如何选择吸光光度分析的实验条件，掌握光度法测定铁的原理。

（4）掌握间接碘量法测定铜的原理。

10.4.3 实验原理

粗硫酸铜中含有不溶性杂质和可溶性杂质 Fe^{2+}、Fe^{3+} 等。不溶性杂质可用过滤法除去，可溶性杂质离子 Fe^{2+} 可用氧化剂 H_2O_2 氧化成 Fe^{3+}，然后调节溶液的 pH 值近似为 4，使 Fe^{3+} 成为 $Fe(OH)_3$ 沉淀而除去。反应如下：

$$2Fe^{2+} + H_2O_2 + 2H^+ === 2Fe^{3+} + 2H_2O$$

$$Fe^{3+} + 3H_2O === Fe(OH)_3 + 3H^+$$

除去 Fe^{3+} 后的滤液经蒸发、浓缩，即可制得 $CuSO_4·5H_2O$。其他微量杂质在硫酸铜结晶析出时留在母液中，经过滤即可与硫酸铜分离。提纯后的 $CuSO_4·5H_2O$ 中仍含有微量铁离子，其测定可通过光度分析来完成。

测定微量铁时首先用盐酸羟胺将 Fe^{3+} 还原为 Fe^{2+}。还原反应如下：

$$2Fe^{3+} + 2NH_2OH·HCl === 2Fe^{2+} + 4H^+ + 2H_2O + 2Cl^- + N_2$$

选择邻二氮菲试剂作为显色剂，此试剂与 Fe^{2+} 生成稳定的红色配合物，其 $lgK_{稳}=21.3$，摩尔吸光系数 $\varepsilon = 1.1 \times 10^4$ $L·mol^{-1}·cm^{-1}$。显色反应为：

$$Fe^{2+} + 3(phen) === [Fe(phen)_3]^{2+}$$

显色反应的适宜条件是：适宜酸度 pH 值约为在 2～9 的溶液中，最大吸收波长为 510 nm，测定过程中 Cu^{2+}、Co^{2+}、Ni^{3+}、Cd^{2+}、Hg^{2+}、Mn^{2+}、Zn^{2+} 等离子也能与邻二氮菲形成稳定配合物，在量少时均不干扰测定，量大时可用 EDTA 掩蔽或预先分离。

提纯后 $CuSO_4$ 中 Cu 含量的测定，一般采用碘量法。在弱酸溶液中，Cu^{2+} 与过量的 KI 作用，生成 CuI 沉淀，同时析出 I_2，反应式如下：

$$2Cu^{2+} + 4I^- === 2CuI + I_2$$

析出的 I_2 以淀粉为指示剂，用 $Na_2S_2O_3$ 标准溶液滴定：

$$I_2 + 2S_2O_3^{2-} === 2I^- + S_4O_6^{2-}$$

Cu^{2+} 与 I^- 之间的反应是可逆的，任何引起 Cu^{2+} 浓度减小（如形成配合物等）或引起 CuI 溶解度增加的因素均使反应不完全。加入过量 KI，可使 CuI 的还原趋于完全，但是，CuI 沉淀强烈吸附 I_2 又会使结果偏低。通常的办法是近终点时加入硫氰酸盐，将 CuI（$K_{sp}=1.1 \times 10^{-12}$）转化为溶解度更小的 CuSCN 沉淀（$K_{sp}=4.8 \times 10^{-15}$），把吸附的碘释放出来，使反应更为完全。即：

$$CuI + SCN^- === CuSCN + I^-$$

KSCN 应在接近终点时加入，否则 SCN^- 会还原大量存在的 I_2，致使测定结果偏低。溶液的 pH 值一般应控制在 3.0～4.0 之间。酸度过低，Cu^{2+} 易水解，使反应不完全，结果偏低，而且反应速率慢，终点拖长；酸度过高，则 I^- 被空气中的氧氧化为 I_2（Cu^{2+} 催化此反应），使结果偏高。Fe^{3+} 能氧化 I^-，对测定有干扰，但可加入 NH_4HF_2 掩蔽。NH_4HF_2 是一种很好的缓冲溶液，因 HF 的 $K_a=6.6 \times 10^{-4}$，故能使溶液的 pH 值控制在 3.0～4.0 之间。

10.4.4 实验仪器、材料与试剂

（1）实验仪器与材料

台秤；漏斗；漏斗架；布氏漏斗；吸滤瓶；蒸发皿；真空泵；比色管；滤纸；分光光度计；分析天平；碱式滴定管；移液管；锥形瓶；烧杯；量筒；容量瓶。

（2）试剂

粗 $CuSO_4$；NaOH（0.5 $mol \cdot L^{-1}$）；$NH_3 \cdot H_2O$（6 $mol \cdot L^{-1}$）；H_2SO_4（1 $mol \cdot L^{-1}$）；HCl（2 $mol \cdot L^{-1}$、6 $mol \cdot L^{-1}$）；H_2O_2（30 $g \cdot L^{-1}$）；phen（1.5 $g \cdot L^{-1}$）；盐酸羟胺（100 $g \cdot L^{-1}$，用时配制）；NaAc（1 $mol \cdot L^{-1}$）；KI（100 $g \cdot L^{-1}$）；$Na_2S_2O_3$（0.1 $mol \cdot L^{-1}$）；淀粉指示剂（5 $g \cdot L^{-1}$）；NH_4SCN（100 $g \cdot L^{-1}$）；KIO_3 基准物质。

铁标准溶液（含铁 100 $\mu g \cdot mL^{-1}$）：准确称取 0.8634 g 的 $NH_4Fe(SO_4)_2 \cdot 12H_2O$，置于烧杯中，加入 20 mL 1:1 HCl 和少量水，溶解后，定量地转移至 1 L 容量瓶中，用水稀释至刻度，摇匀。

10.4.5 实验操作

（1）粗硫酸铜的提纯

① 溶解。称取已研细的粗硫酸铜 10 g 放入 100 mL 小烧杯中，加入 20 mL 去离子水，搅拌、加热，使其溶解。

② 氧化及水解。在溶液中滴加 4 mL 30 $g \cdot L^{-1}$ H_2O_2（操作时应将小烧杯从火焰上拿下来，为什么？），不断搅拌。继续加热，逐滴加入 0.5 $mol \cdot L^{-1}$ NaOH 溶液并不断搅拌，直至 pH≈4。再加热片刻，静置，使 $Fe(OH)_3$ 沉降[注意沉淀的颜色，若有 $Cu(OH)_2$ 的浅蓝色出现时，表明 pH 值过高]。

③ 常压过滤。用倾析法进行过滤，将滤液接收在蒸发皿中。

④ 蒸发、结晶、抽滤。在滤液中滴加 1 $mol \cdot L^{-1}$ H_2SO_4 溶液，搅拌，至 pH 值为 1~2。加热蒸发到溶液表面出现极薄一层结晶膜时，停止加热。冷却至室温，然后抽滤。用滤纸将硫酸铜晶体表面的水分吸干，称量并计算产率（实验完毕后将产品交给老师进行考核）。

（2）提纯后 $CuSO_4$ 中微量 Fe 的测定

① 预处理

a. 将 Fe^{2+} 氧化成 Fe^{3+}。称取产品 0.5 g，加入 3 mL 去离子水溶解，加入 0.3 mL 1 $mol \cdot L^{-1}$ H_2SO_4 酸化，再加入数滴 30 $g \cdot L^{-1}$ H_2O_2，加热煮沸，将 Fe^{2+} 氧化成 Fe^{3+}，冷却。

b. 除 $Fe(OH)_3$。在溶液中加入 6 $mol \cdot L^{-1}$ 的 $NH_3 \cdot H_2O$ 并不断搅拌，至碱式硫酸铜全部转化成铜氨配离子，主要反应如下：

$$Fe^{3+} + 3NH_3 \cdot H_2O = Fe(OH)_3 + 3NH_4^+$$
$$2Cu^{2+} + SO_4^{2-} + 2NH_3 \cdot H_2O = Cu_2(OH)_2SO_4 + 2NH_4^+$$
$$Cu_2(OH)_2SO_4 + 2NH_4^+ + 6NH_3 \cdot H_2O = 2[Cu(NH_3)_4]^{2+} + SO_4^{2-} + 8H_2O$$

常压过滤后，用 6 $mol \cdot L^{-1}$ $NH_3 \cdot H_2O$ 洗涤滤纸至蓝色消失。滤纸上留下黄色的 $Fe(OH)_3$。

c. 溶解 $Fe(OH)_3$ 沉淀。将 1.5 mL 2 $mol \cdot L^{-1}$ 的 HCl 溶液逐滴滴在滤纸上（滤液接收在比色管中），至 $Fe(OH)_3$ 全部溶解，若不能全部溶解，可将滤液再滴在滤纸上，反复操作至 $Fe(OH)_3$ 全部溶解为止。加去离子水将滤液冲稀至 5.0 mL。

② 铁含量的测定

a. 标准曲线的制作。

用移液管吸取 10 mL 100 $\mu g \cdot mL^{-1}$ 铁标准溶液于 100 mL 容量瓶中，加入 2 mL 6 $mol \cdot L^{-1}$ HCl

溶液，用水稀释至刻度，摇匀。此溶液 Fe^{3+} 的浓度为 $10\ \mu g \cdot mL^{-1}$。

在 6 个 50 mL 容量瓶（或比色管）中，用吸量管分别加入 0 mL、2 mL、4 mL、6 mL、8 mL、10 mL $10\ \mu g \cdot mL^{-1}$ 铁标准溶液，均加入 1 mL 盐酸羟胺，摇匀。再加入 2 mL phen，5 mL NaAc 溶液，摇匀。用水稀释至刻度，摇匀后放置 10 min。用 1 cm 比色皿，以试剂空白（即 0 mL 铁标准溶液）为参比溶液，在所选择的波长下，测量各溶液的吸光度。以含铁量为横坐标，吸光度 A 为纵坐标，绘制标准曲线。

b. 试样中铁含量的测定。准确吸取适量待测试液于 50 mL 容量瓶（或比色管）中，按标准曲线的制作步骤，加入各种试剂，测量吸光度❶。从标准曲线上查出和计算试液中铁的含量（单位为 $\mu g \cdot mL^{-1}$）。

（3）提纯后 $CuSO_4$ 中铜含量的测定

① $Na_2S_2O_3$ 的标定。准确称取 0.8917 g KIO_3 于烧杯中，加水溶解后，定量转入 250 mL 容量瓶中，加水稀释至刻度，充分摇匀。吸取 25.00 mL KIO_3 标准溶液 3 份，分别置于 250 mL 锥形瓶中，加入 20 mL 100 $g \cdot L^{-1}$ KI 溶液，5 mL 1 $mol \cdot L^{-1}$ H_2SO_4，加水稀释至约 200 mL，立即用待标定的 $Na_2S_2O_3$ 滴定至浅黄色，加入 5 mL 淀粉指示剂❷，继续滴定至蓝色消失即为终点。

② 铜含量的测定。准确称取提纯后硫酸铜试样 2～3 g 于烧杯中，先加 30 mL 1 $mol \cdot L^{-1}$ H_2SO_4，再加水溶解后定量转入 250 mL 容量瓶中。加水稀释至刻度，充分摇匀。吸取 25.00 mL 上述稀释后溶液置于 250 mL 锥形瓶中，加 10 mL KI 溶液，用 0.1 $mol \cdot L^{-1}$ $Na_2S_2O_3$ 溶液滴定至浅黄色。再加入 3 mL 5 $g \cdot L^{-1}$ 淀粉指示剂，滴定至浅蓝色，最后加入 5 mL NH_4SCN 溶液❸，继续滴定至米色。根据滴定时所消耗的 $Na_2S_2O_3$ 的体积计算 Cu 的含量。

10.4.6 注释

❶ 测量时从浅色向深色测定，可以不用蒸馏水洗比色皿。

❷ 加淀粉不能太早，因滴定反应中产生大量 CuI 沉淀，若淀粉与 I_2 过早形成蓝色配合物，大量 I_2 被 CuI 沉淀吸附，终点呈较深的灰色，不好观察。

❸ 加入 NH_4SCN 不能过早，而且加入后要剧烈摇动，有利于沉淀的转化和释放出吸附的 I_2。

10.4.7 思考题

（1）粗硫酸铜中的可溶性和不溶性杂质如何除去？

（2）为什么要将粗硫酸铜中的杂质 Fe^{2+} 氧化成 Fe^{3+} 后再除去？

（3）$KMnO_4$、$K_2Cr_2O_7$、H_2O_2 等都可将 Fe^{2+} 氧化为 Fe^{3+}，你认为选用哪一种氧化剂较为合适？

（4）精制后的硫酸铜溶液为什么要加几滴稀 H_2SO_4 溶液调节 pH 值至 1～2，然后再加热蒸发？

（5）抽滤时蒸发皿中的少量晶体，怎样转移到漏斗中？能否用去离子水冲洗？

（6）产品纯度检验时应分别采用何种量器？为什么？

（7）试对所做条件试验进行讨论并选择适宜的测量条件。

（8）碘量法测定铜时，为什么常要加入 NF_4HF_2？为什么临近终点时加入 NH_4SCN（或 KSCN）？

（9）已知 $E^{\ominus}_{Cu^{2+}/Cu} = 0.159V$，$E^{\ominus}_{I_2/I^-} = 0.545V$，为何本实验中 Cu^{2+} 却能使 I^- 氧化为 I_2？

（10）碘量法测定铜为什么要在弱酸性介质中进行？

（11）标定 $Na_2S_2O_3$ 溶液的基准物质有哪些？以 $K_2Cr_2O_7$ 标定 $Na_2S_2O_3$ 时，终点的亮绿色是什么物质的颜色？

10.5 硫酸亚铁铵的制备及产品中 Fe^{2+} 含量的测定

10.5.1 应用背景

硫酸亚铁铵［$(NH_4)_2SO_4 \cdot FeSO_4 \cdot 6H_2O$］，商品名为莫尔盐，为浅蓝绿色单斜晶体。一般亚铁盐在空气中易被氧化，而硫酸亚铁铵在空气中比一般亚铁盐要稳定，不易被氧化，并且价格低，制造工艺简单，容易得到较纯净的晶体，在定量分析中常用来配制亚铁离子标准溶液。对光敏感。硫酸亚铁铵在空气中逐渐风化及氧化。溶于水，几乎不溶于乙醇。低毒，有刺激性。硫酸亚铁铵是一种重要的化工原料，用途十分广泛。它可以作净水剂，用作印染工业的媒染剂，制革工业中用于鞣革，木材工业中用作防腐剂，医药中用于治疗缺铁性贫血，农业中施用于缺铁性土壤，畜牧业中用作饲料添加剂等，还可以与鞣酸、没食子酸等混合后配制蓝黑墨水。通过本实验学生能够学习复盐的制备和 $KMnO_4$ 法的应用。

10.5.2 实验目的和要求

（1）掌握水浴加热、减压过滤、蒸发结晶等基本操作。
（2）学会检验产品质量的方法、掌握 $KMnO_4$ 溶液的配制和标定。
（3）掌握 $KMnO_4$ 法测定 Fe^{2+} 的原理与方法。
（4）了解自身指示剂在 $KMnO_4$ 法中的应用，对自动催化反应有所了解。

10.5.3 实验原理

和其他复盐一样，$(NH_4)_2SO_4 \cdot FeSO_4 \cdot 6H_2O$ 在水中的溶解度比组成它的每一组分 $FeSO_4$ 或 $(NH_4)_2SO_4$ 的溶解度都要小。利用这一特点，可通过蒸发浓缩 $FeSO_4$ 与 $(NH_4)_2SO_4$ 溶于水所制得的浓混合溶液制取硫酸亚铁铵晶体。三种盐的溶解度数据列于表10-1。

表 10-1 三种盐的溶解度

单位：g/100gH₂O

温度/℃	$FeSO_4$	$(NH_4)_2SO_4$	$(NH_4)_2SO_4 \cdot FeSO_4 \cdot 6H_2O$
10	20.0	73.0	17.2
20	26.5	75.4	21.6
30	32.9	78	28.1

本实验先将铁屑溶于稀硫酸制成硫酸亚铁溶液：

$$Fe + H_2SO_4 = FeSO_4 + H_2$$

硫酸亚铁铵中 Fe^{2+} 含量的测定可采用氧化还原滴定中的 $KMnO_4$ 法。

$$5Fe^{2+} + MnO_4^- + 8H^+ = 5Fe^{3+} + Mn^{2+} + 4H_2O$$

再往硫酸亚铁溶液中加入硫酸铵并使其全部溶解，加热浓缩制得的混合溶液，再冷却即可得到溶解度较小的硫酸亚铁铵晶体。

$$FeSO_4 + (NH_4)_2SO_4 + 6H_2O \longrightarrow (NH_4)_2SO_4 \cdot FeSO_4 \cdot 6H_2O$$

在稀硫酸溶液中，高锰酸钾能定量地把亚铁氧化成三价铁，因此可以用 $KMnO_4$ 法测定上述制备所得硫酸亚铁铵中 Fe^{2+} 的含量。滴定反应式为：

$$5Fe^{2+} + MnO_4^- + 8H^+ \Longrightarrow 5Fe^{3+} + Mn^{2+} + 4H_2O$$

市售的高锰酸钾常含有少量杂质，如硫酸盐、氯化物及硝酸盐等，因此不能用直接法配制准确浓度的标准溶液。$KMnO_4$ 氧化能力强，还能自行分解，因此 $KMnO_4$ 溶液的浓度容易改变。为了配制较稳定的 $KMnO_4$ 溶液可称取稍多于理论量的 $KMnO_4$ 固体，溶于一定体积的蒸馏水中，加热煮沸，冷却后储于棕色瓶中，于暗处放置数天，使溶液中可能存在的还原性物质完全氧化，然后过滤除去析出的 MnO_2 沉淀，再进行标定。使用经久放置后的 $KMnO_4$ 溶液时应重新标定其浓度。

$KMnO_4$ 溶液可用还原剂作基准物质来标定。$H_2C_2O_4·2H_2O$ 和 $Na_2C_2O_4$ 是较易纯化的还原剂，也是标定 $KMnO_4$ 常用的基准物质。其反应如下：

$$5C_2O_4^{2-} + 2MnO_4^- + 16H^+ \Longrightarrow 10CO_2 + 2Mn^{2+} + 8H_2O$$

反应要在酸性、较高温度和有 Mn^{2+} 作催化剂的条件下进行。$KMnO_4$ 氧化性强，在强酸性溶液中可直接滴定一些还原性物质，如 Fe^{2+}、AsO_3^{3-}、NO_2^-、Sb^{3+}、H_2O_2、$C_2O_4^{2-}$、甲醛、葡萄糖和水杨酸等。因为 $KMnO_4$ 溶液本身具有特殊的紫红色，因此可利用 $KMnO_4$ 本身的颜色指示滴定终点。

10.5.4 实验仪器、材料与试剂

（1）实验仪器与材料

台秤；漏斗；漏斗架；布氏漏斗；吸滤瓶；蒸发皿；点滴板；真空泵；酸式滴定管（50 mL）1 支；移液管（25 mL）1 支；锥形瓶（250 mL）3 个；烧杯（100 mL）1 个；量筒（10 mL）1 个；容量瓶（250 mL）1 个。

（2）试剂

HCl（1∶1，6 mol·L^{-1}）；H_2SO_4（1∶5，3 mol·L^{-1}）；固体$(NH_4)_2SO_4$；10%Na_2CO_3；铁屑；95%乙醇；pH 试纸；$BaCl_2$（1 mol·L^{-1}）；$K_3[Fe(CN)_6]$（0.1 mol·L^{-1}）；$KMnO_4$ 标准溶液（0.01 mol·L^{-1}）；NaOH（1 mol·L^{-1}）。

10.5.5 实验步骤

（1）铁屑的净化

用台秤称取 2.0 g 铁屑，放入锥形瓶中，加入 15 mL 10% Na_2CO_3 溶液，小火加热煮沸约 10 min 以除去铁屑上油污，倾去 Na_2CO_3 碱液，用自来水冲洗后，再用去离子水把铁屑冲洗干净。

（2）$FeSO_4$ 的制备

往盛有铁屑的锥形瓶中加入 15 mL 3 mol·L^{-1} H_2SO_4，水浴加热至不再有气泡放出，趁热减压过滤，用少量热水洗涤锥形瓶及漏斗上的残渣，抽干。将滤液转移至洁净的蒸发皿中，将留在锥形瓶内和滤纸上的残渣收集在一起用滤纸片吸干后称重，由已作用的铁屑质量计算出溶液中生成 $FeSO_4$ 的量。

（3）$(NH_4)_2SO_4·FeSO_4·6H_2O$ 的制备

根据上面计算出来硫酸亚铁的理论产量，大约按照 $FeSO_4$ 与$(NH_4)_2SO_4$ 的质量比为 1∶0.75，称取所需$(NH_4)_2SO_4$ 固体，溶于装有 10 mL 微热蒸馏水的小烧杯中，再将此溶液转移至蒸发皿中。用 H_2SO_4 溶液（1∶5）调节至 pH 值为 1～2，继续在水浴上[1]蒸发、浓缩至表面出现结晶薄膜为止（蒸发过程不宜搅动溶液）。静置，使之缓慢冷却，$(NH_4)_2SO_4·FeSO_4·6H_2O$ 晶

体析出，减压过滤除去母液❷，并用少量 95 %乙醇洗涤晶体，抽干。将晶体取出，摊在两张吸水纸之间，轻压吸干。

观察晶体的颜色和形状。称重，计算产率。

$$m_{(NH_4)_2SO_4} = \frac{m_{Fe}M_{(NH_4)_2SO_4}}{M_{Fe}}$$

数据处理：

$$m_{实际} = m_{样品+表面皿} - m_{表面皿}$$

$$产率 = \frac{实际产量（g）}{理论产量（g）} \times 100\%$$

$$m_{理论} = \frac{M_{(NH_4)_2SO_4 \cdot FeSO_4 \cdot 6H_2O}}{M_{(NH_4)_2SO_4}} \times m_{(NH_4)_2SO_4}$$

（4）产品定性检验

取少量产品溶于水，配成溶液用于定性检验 NH_4^+、Fe^{2+} 和 SO_4^{2-}。

① NH_4^+。取 10 滴试液于试管中，加入 1 mol·L^{-1} NaOH 溶液碱化，微热，并用润湿的红色石蕊试纸（或用 pH 试纸）检验逸出的气体，如试纸显蓝色，表示有 NH_4^+ 存在。

② Fe^{2+}。取 1 滴试液于点滴板上，加 1 滴 1∶1 HCl 溶液酸化，加 1 滴 0.1 mol·L^{-1} $K_3[Fe(CN)_6]$ 溶液，如出现蓝色沉淀，表示有 Fe^{2+} 存在。

③ SO_4^{2-}。取 5 滴试液于试管中，加 6 mol·L^{-1} HCl 溶液至无气泡产生，再多加 1~2 滴。加入 1~2 滴 1 mol·L^{-1} BaCl$_2$ 溶液，若生成白色沉淀，表示有 SO_4^{2-} 存在。

（5）$(NH_4)_2SO_4 \cdot FeSO_4 \cdot 6H_2O$ 中 Fe^{2+} 含量的测定（高锰酸钾法）

① $(NH_4)_2SO_4 \cdot FeSO_4 \cdot 6H_2O$ 的干燥。将步骤（3）中所制得的晶体在 100℃左右干燥 2~3 h，脱去结晶水。冷却至室温后，将晶体装在干燥的称量瓶中。

② 0.01 mol·L^{-1} KMnO$_4$ 标准溶液的配制和标定。称取 0.8 g 左右 KMnO$_4$ 放于烧杯中，加水 500 mL，使其溶解后盖上表面皿，加热煮沸并保持微沸状态 1 h，冷却后于室温下放置 2~3 天后，用玻璃砂芯漏斗过滤，滤液储于清洁带塞棕色瓶里。

准确称取 Na$_2$C$_2$O$_4$ 0.08~0.1 g 3 份，分别置于 250 mL 锥形瓶中，各加蒸馏水 40 mL 和 10 mL 3 mol·L^{-1} H$_2$SO$_4$ 溶液，水浴加热至 75~85℃，趁热用 KMnO$_4$ 溶液滴定❸。开始时，滴定速度宜慢，在第一滴 KMnO$_4$ 溶液滴入后，不断摇动溶液，当紫红色褪去后再滴入第二滴。溶液中有 Mn^{2+} 产生后，滴定速度可适当加快，近终点时紫红色褪去很慢，应减慢滴定速度，同时充分摇动溶液。当溶液呈现微红色并在 30 s 不褪色即为终点。计算 KMnO$_4$ 溶液的浓度。

③ 测定。将制得的 $(NH_4)_2SO_4 \cdot FeSO_4 \cdot 6H_2O$ 称重后置于烧杯中，加入 10 mL H$_2$SO$_4$（1∶5）溶解后，加水定容至 250 mL 容量瓶中、摇匀。用 25 mL 移液管分取 3 份上述溶液，分别置于 250 mL 锥形瓶中，以 KMnO$_4$ 溶液滴定至溶液呈现微红色在 30 s 内不褪即为终点。计算硫酸亚铁铵中铁的含量。

$$w_{Fe} = \frac{5c_{KMnO_4}V_{KMnO_4}M_{Fe} \times 10^{-3}}{m_s \times \dfrac{25.00}{250.0}} \times 100\%$$

10.5.6 注释

❶ 硫酸亚铁铵的制备：加入硫酸铵后，应搅拌使其溶解后再往下进行。在水浴上加热，

防止失去结晶水。

❷ 最后一次抽滤时，注意将滤饼压实，不能用蒸馏水或母液洗晶体。

❸ 标定 $KMnO_4$ 时要保持温度不低于 60℃。

10.5.7 思考题

（1）为什么硫酸亚铁铵在定量分析中可以用来配制亚铁离子的标准溶液？

（2）本实验利用什么原理来制备硫酸亚铁铵？

（3）如何利用目视法来判断产品中所含杂质 Fe^{3+} 的量？

（4）铁屑中加入 H_2SO_4 水浴加热至不再有气泡放出时，为什么要趁热减压过滤？

（5）$FeSO_4$ 溶液中加入 $(NH_4)_2SO_4$ 全部溶解后，为什么要调节至 pH 值为 1～2？

（6）蒸发浓缩至表面出现结晶薄膜后，为什么要缓慢冷却后再减压抽滤？

（7）洗涤晶体时为什么用 95 %乙醇而不用水洗涤晶体？

10.6 钴和镍的离子交换法分离与含量的测定

10.6.1 应用背景

离子交换分离法不仅能用于带相反电荷的离子之间的分离，还可以用于带相同电荷或性质相近的离子之间的分离。同时还广泛应用于大量干扰元素的去除、微量组分的富集、高纯物质的制备、水及化学试剂的纯化等。通过实验学生可以掌握离子交换分离技术的原理和实验方法，利用返滴定的方式测定金属离子的含量。

10.6.2 实验目的和要求

（1）学习离子交换分离的操作技术。

（2）了解离子交换分离在定量分析中的应用。

（3）理解配位滴定法测定钴和镍的方法和原理。

（4）练习并掌握配位滴定法返滴定的操作技术。

10.6.3 实验原理

某些金属离子（如 Mn^{2+}、Co^{2+}、Cu^{2+}、Fe^{3+}、Zn^{2+}）在浓 HCl 溶液中能与氯离子形成配位阴离子，而 Ni^{2+} 则不能与氯离子形成配位阴离子。由于各种金属配位阴离子稳定性不同，生成配位阴离子所需的氯离子浓度也就不同，因而把它们放到阴离子交换柱后，可通过控制不同盐酸浓度的洗脱液淋洗而进行分离。本实验只进行钴、镍分离。当试液为 9 mol·L^{-1} HCl 溶液时，Ni^{2+} 仍带正电荷，不被交换吸附，而 Co^{2+} 形成 $CoCl_4^{2-}$，被交换吸附：

$$2R_4N^+Cl^- + CoCl_4^{2-} \longrightarrow (R_4N^+)_2CoCl_4^{2-} + 2Cl^-$$

柱上显蓝色带，9 mol·L^{-1} HCl 溶液洗脱，Ni^{2+} 首先流出柱，流出液呈淡黄色。接着用 3 mol·L^{-1} HCl 溶液洗脱，$CoCl_4^{2-}$ 成为 Co^{2+} 被洗出（因试液中只有钴、镍，故用 0.01 mol·L^{-1} HCl

溶液更容易洗脱钴），然后分别用配位滴定法返滴定 Co^{2+} 和 Ni^{2+}。

10.6.4 实验仪器、材料与试剂

（1）实验仪器与材料

离子交换柱（可用 25 mL 酸式滴定管代替）；强碱性阴离子交换树脂（国产 717、新商品牌号为 201×7、氯型、晒干后 30 号筛过筛、取过筛部分）等。

（2）试剂

二甲基酚橙溶液（2 g·L^{-1}）；六亚甲基四胺溶液（200 g·L^{-1}）；HCl 溶液（9 mol·L^{-1}、6 mol·L^{-1}、2 mol·L^{-1}、0.01 mol·L^{-1}）；NaOH 溶液（6 mol·L^{-1}、2 mol·L^{-1}）；酚酞（2 g·L^{-1} 乙醇溶液）。

Ni^{2+} 标准溶液（10 mg·mL^{-1}）：准确称取 4.048 g $NiCl_2·6H_2O$ 试剂（AR），用 30 mL 2 mol·L^{-1} HCl 溶液溶解，转移入 100 mL 容量瓶并用 2 mol·L^{-1} HCl 溶液稀释至刻度。

Co^{2+} 标准溶液（10 mg·mL^{-1}）：准确称取 4.036 g $CoCl_2·6H_2O$ 试剂（AR），用 30 mL 2 mol·L^{-1} HCl 溶液溶解，转移入 100 mL 容量瓶并用 2 mol·L^{-1} HCl 溶液稀释至刻度。

钴镍混合试液：取钴镍标准溶液等体积混合。

Zn^{2+} 标准溶液（0.02 mol·L^{-1}）：称取 0.35～0.45 g ZnO 两份于 100 mL 小烧杯中，用 4 mL 6 mol·L^{-1} HCl 溶液溶解后定容于 250 mL 容量瓶中。

EDTA 标准溶液（0.025 mol·L^{-1}）：称取 4 g 乙二胺四乙酸二钠（$Na_2H_2Y·2H_2O$）于 250 mL 烧杯中，加水约 200 mL 加热使其完全溶解，再加约 0.1 g $MgCl_2·6H_2O$，溶解后转入 500 mL 塑料瓶中，加温水稀释至 500 mL。贴上标签，备用。

六亚甲基四胺水溶液（0.2 g·L^{-1}，用 2 mol·L^{-1} HCl 调至 pH=5.8）。

定性鉴定用试剂：丁二酮肟乙醇溶液（10 g·L^{-1}）；饱和 NH_4SCN 溶液；浓氨水。

10.6.5 实验操作

（1）EDTA 标准溶液的标定

用移液管移取 25 mL Zn^{2+} 标准溶液于锥形瓶中，加入 1～2 滴 2 g·L^{-1} 二甲基酚橙溶液，逐滴加 200 g·L^{-1} 六亚甲基四胺溶液至溶液呈稳定的紫红色，再多加 5 mL。用 EDTA 滴定至溶液由紫红色变为亮黄色，即为终点。平行做 3 份，计算 EDTA 溶液的准确浓度。

（2）交换柱的准备

强碱性阴离子交换树脂先用 2 mol·L^{-1} HCl 溶液浸泡 24 h，取出树脂，用水洗净。继续用 2 mol·L^{-1} NaOH 溶液浸泡 2 h，然后用去离子水洗净至中性，再用 2 mol·L^{-1} HCl 溶液浸泡 24 h，备用。

取一只 1 cm×20 cm 的玻璃交换柱（或 25 mL 酸式滴定管），底部塞少许玻璃棉❶，将树脂和水缓慢倒入柱中❷，树脂柱高约 15 cm，再铺上一层玻璃棉。调节流量约为 1 mL·min^{-1}，待水面下降近树脂层的上端时（切勿使树脂干涸），分次加入 20 mL 9 mol·L^{-1} HCl 溶液，并以相同流量通过交换柱，使树脂与 9 mol·L^{-1} HCl 溶液达到平衡。

（3）试液的准备

取钴镍混合试液 2.00 mL 于 50 mL 小烧杯中，加入 6 mL 浓 HCl，使试液中 HCl 溶液浓度约为 9 mol·L^{-1}。

（4）分离

将试液小心移入交换柱中进行交换❸，用 250 mL 锥形瓶收集流出液，流量 0.5 mL·min^{-1}❹。

当液面达到树脂相时（注意色带的颜色），用 20 mL 9 mol·L^{-1} HCl 溶液洗脱 Ni^{2+}，开始时用少量 9 mol·L^{-1} HCl 溶液洗涤烧杯，每次 2～3 mL，洗 3～4 次，洗涤液均倒入柱中，以保证试液全部转移入交换柱。然后将其余 9 mol·L^{-1} HCl 溶液分次倒入交换柱。收集流出液以测定 Ni^{2+}。待洗脱近结束时，取 2 滴流出液，用浓氨水碱化，再加 2 滴 10 g·L^{-1} 丁二酮肟，以检验 Ni^{2+} 是否洗脱完全。

继续用 25 mL 0.01 mol·L^{-1} HCl 溶液分 5 次洗脱 Co^{2+}，流量为 1 mL·min^{-1}，收集流出液于另一锥形瓶中，用 NH$_4$SCN 法检验 Co^{2+} 是否洗脱完全，流出液留作测定 Co^{2+}。

（5）Ni^{2+} 和 Co^{2+} 的测定

将含 Ni^{2+} 的洗脱液用 6 mol·L^{-1} NaOH 溶液中和至酚酞变红，继续用 6 mol·L^{-1} HCl 溶液调至红色褪去，再过量 2 滴，此时由于中和放热使液体升温，可将锥形瓶置于冷水中冷却。用移液管加入 10.00 mL EDTA 溶液，加 5 mL 0.2 g·L^{-1} 的六亚甲基四胺水溶液，控制溶液的 pH 值在 5.5 左右。加 2 滴二甲基酚橙，溶液应为黄色（若成紫红或橙红，说明 pH 值过高，用 2 mol·L^{-1} HCl 溶液调至刚变黄色），用 Zn^{2+} 标准溶液返滴定过量的 EDTA，终点由黄绿色变为紫红色。记录数据。

同样按照上述测定 Ni^{2+} 的方法测定 Co^{2+} 的含量。根据滴定的结果计算钴镍混合试液中各组分的浓度，以 mg·mL^{-1} 表示。

（6）树脂的处理

用 20～30 mL 2 mol·L^{-1} HCl 溶液处理交换柱使之再生，或将使用过的树脂回收在一烧杯中，统一进行再生处理（取出玻璃棉，洗净交换柱）。

10.6.6　注释

❶ 底部的玻璃棉不能塞太紧，也不能太松，否则会造成流速太慢或树脂颗粒堵塞管尖。

❷ 向交换柱加入溶液要慢，尽量不要将树脂冲起。

❸ 液面不能低于树脂最上端，否则会产生气泡影响交换效果。

❹ 要注意控制流速，否则会影响分离效果。

10.6.7　思考题

（1）在离子交换分离中，为什么要控制流出液的流量？淋洗液为什么要分几次加入？

（2）本实验若是微量 Co^{2+} 与大量 Ni^{2+} 的分离，其测定方法应有何不同？

10.7　萃取光度法测定树叶上的铅

10.7.1　应用背景

航空和汽车使用的燃料汽油中加入四乙基铅 Pb(CH$_2$CH$_3$)$_4$，以减少汽油燃烧时发生的爆震现象。汽油燃烧后含铅化合物随尾气排出，造成大气污染，例如马路附近树叶表面的含铅量远高于离马路远的树叶。由此可比较大气污染的程度。

萃取分离法设备简单，分离效果好，操作简单，应用范围广。不仅适用于常量组分的分离，也适用于微量组分的分离富集；不仅适用于实验室少量试样的分离，而且适用于工业生产中大量物质的分离和纯化。萃取光度法具有较高的灵敏度和选择性。在萃取分离过程中采用的有机溶剂往往是易挥发、易燃烧和有一定毒性的物质。通过本实验学生可以掌握萃取分离的操作技术，了解分光光度法在环境分析中的应用。

10.7.2　实验目的和要求

（1）了解萃取分离法在分析化学中的应用。
（2）理解萃取光度法测定铅含量的原理和方法。
（3）练习并熟练掌握分光光度法的实验操作技术。

10.7.3　实验原理

将树叶在硝酸溶液中摇动，使附着于表面的铅溶解。在 pH 值约为 9 的条件下，铅与双硫腙形成红色配合物，被萃取进入二氯甲烷中（也可用三氯甲烷），测定该配合物的吸光度。用铅标准溶液与双硫腙显色，并用二氯甲烷萃取，测定其吸光度，绘制铅的标准曲线。根据试样溶液的吸光度 A，在标准曲线上找出试液中的含铅量，然后计算出树叶表面上的铅量。显色反应如下：

$$Pb^{2+}+2S=C \quad \longrightarrow \quad S=C \qquad Pb \qquad C=S+2H^+$$

铜、锌、镍、钴等金属离子的干扰可用氰化钠掩蔽，Fe^{3+} 的影响可用还原剂亚硫酸盐消除。

10.7.4　实验仪器、材料与试剂

（1）实验仪器与材料

722S 型分光光度计；分液漏斗；移液管；吸量管；量筒等。

（2）试剂

HNO_3（0.1 mol·L^{-1}）；$NH_3·H_2O$（2 mol·L^{-1}）；百里酚蓝指示剂（1 g·L^{-1} 水溶液）。

氨-氰化物-亚硫酸盐溶液：350 mL 浓氨水、30 mL 100 g·L^{-1} NaCN 和 1.5 g Na_2SO_3 混合，加水稀释至 1 L。

Pb^{2+} 储备液（1 g·L^{-1}）：溶解 1.60 g $Pb(NO_3)_2$，定容于 1000 mL 容量瓶中。

Pb^{2+} 标准溶液（10 mg·L^{-1}）：将 1 mL 1 g·L^{-1} Pb^{2+} 储备液，在 100 mL 容量瓶中稀释至刻度。

双硫腙溶液：7.5 g 双硫腙溶解于 300 mL 二氯甲烷中，此溶液于实验当天配制使用。

10.7.5　实验操作

（1）试样采集

为了进行比较，采集一些临近马路的树叶和一些远离马路的树叶。应采集大片的且无斑渍或其他明显污染的树叶，每棵树上至少采集两大片树叶，放在一个干净的塑料袋中，并密封起来，贴上标签，注明采集地点和日期。

（2）标准曲线的绘制

用吸量管分别吸取 10 mg·L^{-1} Pb^{2+}标准溶液 0.00 mL、2.00 mL、4.00 mL、6.00 mL、8.00 mL 于分液漏斗中，加适量水，使体积约为 20 mL。用量筒加入约 60 mL 氨-氰化物-亚硫酸盐溶液。用移液管加入 25 mL 双硫腙溶液。塞住塞子，振荡 2 min，静置分层。向分液漏斗的玻璃管内塞入少许脱脂棉，过滤，将起初的少量滤液弃去，然后用 1 cm 的吸收池承接滤液。以试剂空白作参比，在 510 nm 处测吸光度。以吸光度 A 为纵坐标，Pb^{2+}的浓度为横坐标作图，即得标准曲线。

（3）树叶上铅的测定

在每一个装有树叶的塑料袋中加入 20 mL 0.1 mol·L^{-1}约 70℃的 HNO$_3$，封闭，摇动 2 min，使铅溶解，然后分别注入分液漏斗中。加 1 滴百里酚蓝指示剂，逐滴加入 2 mol·L^{-1} NH$_3$·H$_2$O 溶液，直到指示剂的颜色完全变蓝，再多加几滴。再加入 60 mL 氨-氰化物-亚硫酸盐溶液，准确加入 25 mL 双硫腙溶液。

按操作（2）中相同的方法，振荡 2 min 进行萃取，静置分层，过滤，将滤液盛于 1 cm 吸收池中，以试剂空白作参比溶液，于 510 nm 处测定试液的吸光度。在标准曲线上查出对应的铅的浓度❶。

（4）计算

吸干每片树叶，放在纸片上，描出树叶轮廓，剪下叶子轮廓，在分析天平上称量质量，由同一张纸上剪下 10 cm×10 cm 的纸，称量质量。根据两张纸的质量比求出树叶的面积（以 cm^2 为单位）。报告树叶上铅的含量，以 μg Pb^{2+}/100 cm^2 叶子表示。

10.7.6　注释

❶ 要对本实验中产生的废液进行回收处理，因废液中含有剧毒性的氰化物。应倒入装有 FeSO$_4$ 溶液的收集瓶中，使 CN$^-$与 Fe^{2+}结合生成[Fe(CN)$_6$]$^{4-}$。

10.7.7　思考题

（1）在用双硫腙显色剂测定树叶上的铅时，为什么要加氨-氰化物-亚硫酸盐溶液？各种成分分别起什么作用？

（2）能否用三氯甲烷萃取铅与双硫腙所形成的红色配合物？

10.8　甲基橙的合成、pH 变色域的确定及离解常数的测定

10.8.1　应用背景

甲基橙（C$_{14}$H$_{14}$N$_3$SO$_3$Na），又名金莲橙 D。甲基橙由对氨基苯磺酸经重氮化后与 N，N-二甲基苯胺偶合而成，是常用的酸碱指示剂。在中性或碱性溶液中是以磺酸钠盐的形式存在，在酸性溶液中转化为磺酸，这样酸性的磺酸基就与分子内的碱性二甲氨基形成对二甲氨基苯基偶氮苯磺酸的内盐型式（成对醌结构），成为一个含有对位醌式结构的共轭体系，所以颜色随之改变。通过本实验，学生能够掌握利用偶氮化反应合成甲基橙的方法，学会测定甲基橙的变色范围以及甲基橙的离解平衡常数。

10.8.2　实验目的和要求

（1）掌握偶氮化反应的实验条件。

（2）掌握重结晶的方法。

（3）通过对酸碱指示剂 pH 变色域的测定以及对指示剂在整个变色区域内颜色变化过程的观察，使学生在酸碱滴定实验中对如何判断终点颜色有一个准确的认识。

（4）了解常用缓冲溶液的制备方法。

（5）通过测量甲基橙在不同酸度条件下的吸光度，求出甲基橙的离解常数。

（6）了解光度法在研究离解平衡中的应用。

（7）掌握光度法测定原理，学会分光光度计的操作。

10.8.3　实验原理

低温时：先将对氨基苯磺酸钠在酸性条件下制成重氮盐，然后在乙酸介质中与 N,N-二甲基苯偶合，最后在碱性条件下制成钠盐[1]。重结晶后，得纯净的甲基橙。反应式如下：

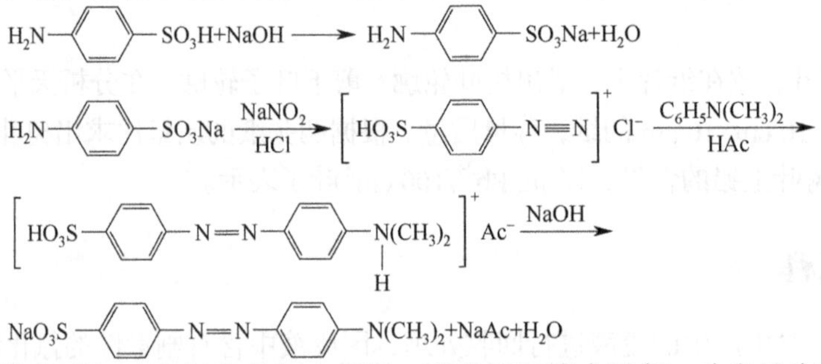

常温时：传统的逆加法重氮化必须在低温、强酸性环境中进行；改良法突破了低温反应条件的限制，充分利用对氨基苯磺酸本身的酸性来完成重氮化，反应式如下：

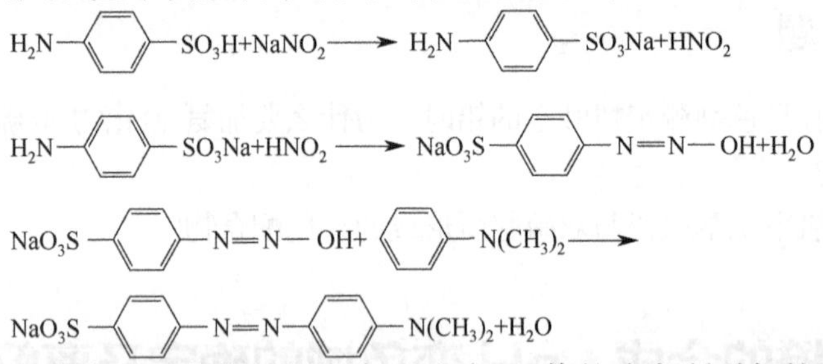

酸碱指示剂的 pH 变色域是指指示剂颜色因溶液 pH 值的改变所引起的有明显变化的范围。指示剂颜色在 pH 变色域内是逐渐变化的，呈混合色。pH 变色域有两个端点变色点，其中一个变色点称酸式色，另一个变色点称碱式色，这两个端点，均为颜色不变点。在酸碱滴定中，我们目视的终点通常是变色域的一个端点或中间点。

本实验是根据酸碱指示剂在不同 pH 值的缓冲溶液中颜色变化的特性确定不同酸碱指示剂的 pH 变色域。

甲基橙的酸式和碱式具有不同的吸收光谱，甲基橙溶液的颜色取决于其酸式和碱式的比例，可选择两者有最大吸收差值的波长（520 nm）进行测量。

甲基橙在 pH>4.4 呈黄色，pH<3.1 呈红色。当甲基橙溶液 pH 值在 3.1～4.4 之间，有下列平衡关系式：

$$HIn + H_2O \rightleftharpoons \overset{+}{H}_3O^+ + In^-$$

酸式（红色）　　　　碱式（黄色）

$$K = \frac{[H_3O^+][In^-]}{[HIn]}$$

实验时，配制甲基橙浓度相同，但 pH 值不同的三种溶液。在 pH>4.4 的溶液中，主要以其碱式 In^- 形式存在，设在波长 520 nm 处的吸光度为 A_1；在 pH<3.1 的溶液中，主要以其酸式 HIn 形式存在，设在波长 520 nm 处的吸光度为 A_2；在已精确测知 pH 值（在 pH=3.1～4.4 之间）的缓冲溶液中，甲基橙以 HIn、In^- 形式共存，设在波长 520 nm 处的吸光度为 A_3；缓冲溶液的水合氢离子浓度为 $[H_3O^+]$；以 HIn 形式存在的百分比为 x；以 In^- 形式存在的百分比为 $1-x$。则：

$$A_3 = xA_2 + (1-x)A_1$$

$$K_{HIn} = \frac{[H_3O^+](1-x)}{x}$$

$$x = \frac{A_3 - A_1}{A_2 - A_1}, 1-x = \frac{A_2 - A_3}{A_2 - A_1}$$

$$K_{HIn} = \frac{[H_3O^+](A_2 - A_3)}{A_3 - A_1}$$

在测量时，如以指示剂的碱式(In^-)溶液作参比溶液，则 $A_1=0$。则：

$$K_{HIn} = \frac{[H_3O^+](A_2 - A_3)}{A_3}$$

由测定的吸光度值，可求得离解常数。

10.8.4　实验仪器、材料与试剂

（1）实验仪器与材料

三口烧瓶；分液漏斗；回流冷凝管；比色管；分光光度计；pHS-3C 型酸度计；磁力搅拌器；循环水泵；淀粉-碘化钾试纸等。

（2）试剂

对氨基苯磺酸；$NaNO_2$；N,N-二甲苯胺；HCl 溶液；冰醋酸；NaOH 溶液；乙醇。

甲基橙（0.1 % 水溶液）：称取 0.10 g 甲基橙，加水溶解并稀释至 100 mL。

10.8.5　实验操作

10.8.5.1　甲基橙的合成

（1）常规低温制备甲基橙的方法

① 重氮盐的制备。在 100 mL 烧杯中放置 10 mL 5 % NaOH 溶液及 2.1 g 对氨基苯磺酸晶体，温热使之溶解。再溶解 0.8 g $NaNO_2$ 于 6 mL 水中，加入上述烧杯内，用冰盐浴冷却至 0～5℃。在不断搅拌下，将 3 mL 浓 HCl 与 10 mL 水配成的溶液缓缓滴加到上述混合溶液中，并控制温度在 5℃以下。滴加完后用淀粉-碘化钾试纸检验❷。然后在冰盐浴中放置 15 min，以保证反应完全❸。

② 偶合。在试管内混合 1.2 g N,N-二甲苯胺和 1 mL 冰醋酸，在不断搅拌下，将此溶液慢慢滴加到上述冷却的重氮盐溶液中，加完后，继续搅拌 10 min，然后慢慢加入 25 mL 5 % NaOH 溶液，直至反应液变为橙色，这时反应液呈碱性，粗制的甲基橙呈细粒状沉淀析出。将

反应液在沸水浴上加热 5 min，冷却至室温后，再在冰水浴中冷却，使甲基橙晶体析出完全。抽滤，收集结晶，依次用少量水、乙醇洗涤，晾干❹。

若要得到较纯的产品，可用溶有少量 NaOH（约 0.1～0.2 g）的沸水（每克粗产品约需 25 mL）进行重结晶❺。待结晶析出完全后，抽滤，沉淀用少量乙醇洗涤，得到橙色的小叶片状甲基橙结晶，称重，计算收率。

溶解少许甲基橙于水中，加几滴稀 HCl 溶液，接着用稀 NaOH 溶液中和观察颜色变化。

（2）常温下一步制备甲基橙的方法

在 100 mL 三口烧瓶中加入 2.1 g 对氨基苯磺酸、0.8 g $NaNO_2$ 和 30 mL 水，三口烧瓶的中间口装电动搅拌器，两侧口装分液漏斗和回流冷凝管，开动搅拌至固体完全溶解。用量筒量取 1.3 mL N, N-二甲基苯胺，并用两倍体积乙醇洗涤量筒后一并加入滴液漏斗。边搅拌边慢慢滴加 N, N-二甲基苯胺。滴加完毕，继续搅拌 20 min，再滴入 3 mL 1.0 mol·L^{-1} NaOH 溶液，搅拌 5 min 得到混合物。将该混合物加热溶解，静置冷却，待生成片状晶体后抽滤得粗产物。粗产物用水重结晶后抽滤，并用 10 mL 乙醇洗涤，以促其快干，得橙红色片状晶体。干燥，称重，计算目标产物的收率。

在常温条件下，二甲基苯胺以游离形式存在，由于—$N(CH_3)_2^+$ 的强供电子共轭效应，使二甲基苯胺中苯环上的电子云密度增加，有利于重氮离子对其进行亲电取代反应。因此，重氮离子一旦生成，就立即与二甲基苯胺发生偶联而生成产物。

（3）常温下两步制备甲基橙的方法

① 对氨基苯磺酸的重氮化反应。在 100 mL 烧杯中加入 25 mL 蒸馏水（或 25 mL 95 %乙醇）、2.0 g 对氨基苯磺酸和 0.8 g $NaNO_2$，室温下迅速搅拌 5 min，固体全部溶解，溶液由黄色转变成橙红色（pH=5.6）。

② 偶合生成甲基橙。在上述溶液中迅速加入 1.3 mL 新蒸馏过的 N, N-二甲基苯胺，将烧杯置于磁力搅拌器平台上搅拌 20 min，反应液逐渐黏稠并呈红褐色，继续搅拌至反应液黏度下降，静置至反应液中有大量亮橙色晶体析出。

10.8.5.2　甲基橙变色域的测定

甲基橙 pH 变色域的测定：按表 10-2，在 6 支比色管中加入各种试剂，配成 pH=2.8～4.6 的缓冲溶液，然后各加入 0.10 mL 甲基橙溶液，用水稀释至 25 mL 标线，摇匀。进行目视比色，确定两端变色点和中间变色点。

表 10-2　pH=2.8～4.6 的缓冲溶液配制方案❻

项目	不同 pH 值的配制方案								
	2.8	3.0	3.2	3.6	3.8	4.0	4.2	4.4	4.6
HCl/mL	7.23	5.58	3.93	1.60	0.73	0.02			
NaOH/mL							0.75	1.65	2.78
$C_8H_5O_4K$/mL	6.25	6.25	6.25	6.25	6.25	6.25	6.25	6.25	6.25

10.8.5.3　光度法测定甲基橙的离解常数

取三支比色管按下列方法配制溶液：

① 10.00 mL 甲基橙水溶液；

② 10.00 mL 甲基橙水溶液和 1.00 mL HCl 溶液；

③ 10.00 mL 甲基橙水溶液和 10.00 mL pH≈4 标准缓冲溶液❼❽。

将以上各溶液用水稀释到刻度，摇匀。以比色管（1）中的溶液为参比溶液，用 1 cm 液槽，在波长 520 nm 处，测量上述各溶液的吸光度❾，分别测得 A_2、A_3。

10.8.6 注释

❶ 对氨基苯磺酸是两性化合物，酸性比碱性强，以酸性内盐的形式存在，所以它能与碱作用成盐而不能与酸作用成盐。

❷ 若淀粉-碘化钾试纸不显蓝色，尚需补充 $NaNO_2$ 溶液。

❸ 实验过程中往往析出对氨基苯磺酸的重氮盐。这是因为重氮盐在水中可以解离，形成中性内盐（$^-O_3S-\langle\bigcirc\rangle-\overset{+}{N}\equiv N$），低温时该中性内盐难溶于水而形成细小晶体析出。

❹ 若反应物中含有未反应的 N,N-二甲基苯胺磺酸盐，加入 NaOH 后，就会有难溶于水的 N,N-二甲基苯胺析出，影响产物的纯度，湿的甲基橙在空气中受光照射后，颜色很快变深，所以一般得到紫红色粗产物。

❺ 重结晶操作应迅速，否则由于产物呈碱性，温度高时产物易变质，颜色变深。用乙醇、乙醚洗涤的目的是使其迅速干燥。

❻ 表中体积是按照 $0.1\ mol \cdot L^{-1}$ HCl 溶液和 $0.1\ mol \cdot L^{-1}$ NaOH 溶液计算而得，所以要么先配制 $0.100\ mol \cdot L^{-1}$ HCl 溶液和 NaOH 溶液，要么先配制 $0.1\ mol \cdot L^{-1}$ HCl 溶液和 NaOH 溶液再根据具体的浓度值进行换算。比如实测 $0.1\ mol \cdot L^{-1}$ HCl 浓度为 $0.0958\ mol \cdot L^{-1}$，故 pH=2.8 时，应加的 HCl 体积为 7.55 mL，而不是 7.23 mL。如此类推。

❼ 甲基橙的 pH 值变色范围在 3.1～4.4 之间，故配制标准溶液时需控制 pH 值为 3.6～4.0，以减小测定误差。

❽ 要准确配制 pH≈4 标准缓冲溶液，其准确与否直接影响测定结果。

❾ 测试前，分光光度计预热并调试好。

10.8.7 思考题

（1）什么叫偶联反应？试结合本实验讨论一下偶联反应的条件。

（2）在本实验中，制备重氮盐时为什么要把对氨基苯磺酸变成钠盐？

（3）实验中为什么要用不含 CO_2 的水？

（4）酸碱指示剂的变色机理是什么？

（5）改变甲基橙浓度对测定结果有何影响？

（6）温度对测定离解常数有影响吗？

（7）改变缓冲溶液的总浓度对测定结果有影响吗？

10.9 乙二胺四乙酸铁钠的制备及组成测定

10.9.1 应用背景

乙二胺四乙酸铁钠（NaFeEDTA）是一种新的补铁剂，相比硫酸亚铁而言，它的性质稳定对胃肠无刺激，在人体内吸收率高，还可促进内源性铁的吸收并具有排毒作用，因而受到广泛关注。通过本实验学生能够掌握沉淀、过滤、洗涤、减压浓缩等操作，学会用重铬酸钾（$K_2Cr_2O_7$）法测定铁、挥发法测定结晶水的方法。

10.9.2　实验目的和要求

（1）掌握乙二胺四乙酸铁钠的制备方法。

（2）了解乙二胺四乙酸铁钠组成测定的方法。

10.9.3　实验原理

本实验采用两步法制备乙二胺四乙酸铁钠。第一步，制备氢氧化铁[$Fe(OH)_3$]；第二步，采用 EDTA 二钠盐和新鲜制备的 $Fe(OH)_3$ 来制备目标产物。然后利用重铬酸钾法测定铁，利用 EDTA 滴定法测定 EDTA，利用挥发法测定结晶水含量，最后利用差减法算出钠的含量。由此，可测出乙二胺四乙酸铁钠的组成。本实验也可采用 EDTA 二钠盐和 $FeCl_3$ 直接制备乙二胺四乙酸铁钠。反应如下：

$$Fe^{3+}+Na_2H_2EDTA \longrightarrow NaFeEDTA+Na^++2H^+$$

10.9.4　实验仪器、材料与试剂

（1）实验仪器与材料

烧杯；容量瓶；锥形瓶；滴定管；阳离子交换树脂；电热干燥箱；分析天平（0.1 mg）；磁力加热搅拌器；真空泵；圆底烧瓶；电加热板等。

（2）试剂

$FeCl_3·6H_2O$（s）；乙二胺四乙酸（H_4EDTA）；乙二胺四乙酸二钠（$Na_2H_2EDTA·2H_2O$）；$NaHCO_3$（AR）；NaOH（s，AR）；HCl（6 $mol·L^{-1}$，1∶1）；HNO_3（7 $mol·L^{-1}$）；无水乙醇；六亚甲基四胺（20%水溶液）；二甲酚橙（0.2%水溶液）；铅标准溶液（0.02000 $mol·L^{-1}$）；二苯胺磺酸钠指示剂（0.5%水溶液）。

$K_2Cr_2O_7$ 标准溶液：准确称取在 150～180℃烘干 2 h 的 $K_2Cr_2O_7$ 0.7～0.8 g，置于 100 mL 烧杯中，加 50 mL 水搅拌至完全溶解，然后定量转移至 250 mL 容量瓶中，用水稀释至刻度，摇匀。

氯化亚锡溶液（15%和2%的 6 $mol·L^{-1}$ HCl 溶液）：在天平上称取 15 g $SnCl_2·2H_2O$ 于 250 mL 经干燥的烧杯内，加入浓盐酸 50 mL，加热溶解后，边搅拌边慢慢加入水，稀释成质量分数为 15%的溶液，并放入锡粒，这样可保存几天，2%的溶液则在用前把 15%的溶液用 1∶1 HCl 溶液稀释制成。

硅钼黄指示剂：称取硅酸钠（$Na_2SO_3·9H_2O$）1.35 g 溶于 10 mL 水中，加 5 mL HCl 混匀后，加入 5%钼酸铵溶液 25 mL，用水稀释至 100 mL，放置 3 天后使用。

硫磷混酸：将 150 mL 浓硫酸加入至 700 mL 水中，冷却后，再加入 150 mL 磷酸，混匀。

10.9.5　实验操作

（1）NaFeEDTA·3H₂O 的合成

① 以乙二胺四乙酸为原料。将 2.92 g H_4EDTA 与 2.70 g $FeCl_3·6H_2O$ 溶于 20 mL 水中，加

热下搅拌得黄色澄清溶液，然后将 1.92 g NaHCO₃ 分步加入黄色溶液中，颜色由黄色变为橙色，继续加热搅拌，至溶液变浑浊。停止加热搅拌，静置，过滤，乙醇洗涤，水洗沉淀，直到无氯离子为止（用硝酸银溶液加硝酸检验）。50℃干燥 24 h 后得粉晶产物，计算产率。将上述得到的粉末溶于适量水中，加热使其沸腾，然后向沸腾液中不断滴加乙醇，当溶液变浑浊后，继续滴加，直到浑浊不再消失为止，加热近沸（或再加入少量水使其溶解，澄清），静置，自然析出红褐色晶体。

② 以乙二胺四乙酸二钠为原料。将 3.72 g Na₂H₂EDTA·2H₂O 和 2.70 g FeCl₃·6H₂O 溶于 20 mL 水中，然后用碳酸氢钠调节 pH=5，反应 30 min。静置，抽滤，干燥后得到 NaFeEDTA·3H₂O 粉晶，产率 73.4 %❶。

③ 两步法合成

a. 氢氧化铁的制备。将称取的 4.8 g 氢氧化钠溶于 100 mL 去离子水中，再称取 10.8 g 三氯化铁溶于适量的去离子水后加入上述氢氧化钠溶液中，充分搅拌，待反应完全后，过滤，得氢氧化铁沉淀。再将此沉淀水洗三次，最后制得氢氧化铁纯品。

b. NaFeEDTA 的制备。先将 16.4 g 乙二胺四乙酸二钠溶于 200 mL 60～70℃的去离子水中使成乙二胺四乙酸二钠溶液。将上述乙二胺四乙酸二钠溶液倒入 500 mL 圆底烧瓶中，在不断搅拌下分次加入上述制得的 4.28 g 氢氧化铁。调溶液的 pH 值至 8，在 100℃水浴下恒温加热 2 h，趁热过滤。将滤液减压浓缩至黏稠状（密度为 1.3～1.5 g·L⁻¹），冷却后加入 95 %（体积分数）的乙醇，搅拌至变成固体状（醇洗三次）。烘干，机械搅拌至呈细粒状，再烘干，得黄棕色粉末状产品。

（2）NaFeEDTA·3H₂O 组成测定

① 铁含量测定。产物经盐酸溶解后，采用重铬酸钾法测定。

准确称取 0.50～0.65 g 干燥的产物 3 份，分别置于 250 mL 锥形瓶中，加少量水使试样湿润，然后加入 20 mL 1：1 HCl 溶液，于电热板上温热至试样分解完全❷。若溶样过程中盐酸蒸发过多，应适当补加，用水吹洗瓶壁，此时溶液的体积应保持在 25～50 mL 之间，将溶液加热至近沸，趁热滴加 15 %氯化亚锡溶液至溶液由棕红色变为浅黄色，加入 3 滴硅钼黄指示剂，这时溶液应呈黄绿色，滴加 2 %氯化亚锡溶液至溶液由蓝绿色变为纯蓝色❸，立即加入 100 mL 蒸馏水，置锥形瓶于冷水中迅速冷却至室温；然后加入 15 mL 磷硫混酸、4 滴 0.5 %二苯胺磺酸钠指示剂，立即用 K₂Cr₂O₇ 标准溶液滴定至溶液呈亮绿色❹，再慢慢滴加 K₂Cr₂O₇ 标准溶液至溶液呈紫红色❺，即为终点。计算产物铁的质量分数。

② EDTA 含量测定。准确称取 0.7～0.8 g 产物，经盐酸溶解后，经过阳离子交换树脂，得到不含铁离子的溶液，然后经调 pH 后，稀释至 100 mL 容量瓶中备用。

准确移取 25.00 mL 试样 3 份分别置于 250 mL 锥形瓶中，加入二甲酚橙 1 滴，摇匀，加入六亚甲基四胺 5 mL，再用 7 mol·L⁻¹ HNO₃ 调至溶液刚变亮黄色，用铅标准溶液滴定至呈红紫色即为终点。计算试样中 EDTA 的质量分数。

③ 结晶水含量测定。利用挥发法测定产物中结晶水含量，由此可确定结晶水数目。

④ 钠含量测定。铁、EDTA、结晶水含量确定后，钠含量即可知。

10.9.6 注释

❶ 合成时，建议优先使用该种方法。

❷ 试样若不能被盐酸分解完全，则可用硫磷混酸分解，溶解试样时需加热至水分完全蒸发，

出现三氧化硫白烟，白烟脱离液面3~4 cm。但应注意加热时间不能过长，以防止生成焦磷酸盐。

❸ 以硅钼黄作指示剂，用氯化亚锡还原三价铁时，氯化亚锡要一滴一滴地加入，并充分摇动，以防止氯化亚锡过量，否则会使结果偏高。如氯化亚锡已过量，可滴加2％ $KMnO_4$ 溶液至溶液再呈亮绿色，继续用氯化亚锡溶液调节之。

❹ 铁还原完全后，溶液要立即冷却，及时滴定，久置会使 Fe^{2+} 被空气中的氧氧化。

❺ 滴定接近终点时，$K_2Cr_2O_7$ 要慢慢地加入，过量的 $K_2Cr_2O_7$ 会使指示剂的氧化型破坏。

10.9.7　思考题

（1）本实验中，你认为可以有其他方法测定 EDTA 含量吗？

（2）本实验是否可以采用分光光度法测定铁含量？

（3）你能说出常量分析测定钠含量的方法吗？

10.10　洗衣粉中聚磷酸盐含量的测定

10.10.1　应用背景

洗涤剂是具有去污性能的产品。洗涤剂种类繁多，用途各异，其主要由表面活性剂和洗涤助剂两部分构成。表面活性剂直接用来作为洗涤剂使用的去污效果并不十分理想，而且成本高。因此，配制洗衣粉时还要加入一些助剂和辅助剂，使洗衣粉的性能更加完善，储存和使用更加方便。洗衣粉通用的助剂分为无机盐和有机盐两大类，按洗衣粉是否含有磷盐，又分为含磷洗衣粉和无磷洗衣粉。含磷洗衣粉中应用较为普遍的是三聚磷酸钠，三聚磷酸钠中阴离子具有较强的螯合能力，并对污渍具有分散、乳化、胶溶作用；可以防止金属离子破坏表面活性剂，避免污渍再沉淀，大大提高了洗衣粉的洗净作用；此外还可以提供一定的碱性，维持洗涤液适宜的 pH，减少对皮肤刺激；另外还可吸收水分防止洗衣粉结块，保持干爽粒状。但三聚磷酸钠排入河流会造成水质富营养化，因而必须严格限制使用。通过本实验学生可以了解洗衣粉的作用原理，掌握一种快速测定洗衣粉中聚磷酸钠含量的方法，为以后从事分析检测工作打下基础。

10.10.2　实验目的和要求

（1）了解洗衣粉的去污原理。

（2）了解洗衣粉中聚磷酸盐作用及聚磷酸盐含量测定的原理。

（3）掌握标准酸碱溶液的配制及标定原理。

（4）熟悉酸碱指示剂的应用及其具体操作。

10.10.3　实验原理

洗衣粉是由多种化学成分组成的混合物，起主要作用的是表面活性剂：烷基苯磺酸钠、脂肪醇硫酸钠、脂肪醇聚氯乙烯醚、环氯丙烷等，这些表面活性剂可直接用来作为洗涤剂使用。洗涤的基本过程如图 10-2 所示。

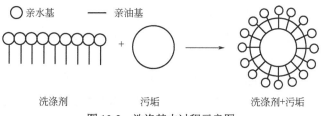

图 10-2　洗涤基本过程示意图

助洗剂三聚磷酸钠在强酸性介质中被酸解成正磷酸,用碱和酸溶液调节溶液 pH 值至 3～4 之间,使正磷酸以磷酸二氢根形式存在于溶液中:

$$Na_5P_3O_{10}+5HNO_3+2H_2O \Longrightarrow 5NaNO_3+3H_3PO_4$$
$$H_3PO_4+NaOH \Longrightarrow NaH_2PO_4+H_2O$$

然后用碱标准溶液滴定该溶液 pH 值至 8～10,此时磷酸二氢根转变成磷酸一氢根,利用消耗的碱标准溶液可间接测定洗衣粉中三聚磷酸钠的含量。其反应方程式如下:

$$NaH_2PO_4+NaOH \Longrightarrow Na_2HPO_4+H_2O$$

10.10.4　实验仪器、材料与试剂

(1)实验仪器与材料

碱式滴定管;酸式滴定管;锥形瓶;容量瓶;移液管;量筒;酒精灯;三脚架;石棉网;0.1 mg 分析天平;洗耳球等。

(2)试剂

NaOH 溶液(0.1 mol·L^{-1},50%);HCl 溶液(0.5 mol·L^{-1});酚酞指示剂(0.2%,0.5%);甲基橙指示剂(0.2%);HNO$_3$ 溶液(1.0 mol·L^{-1});洗衣粉;蒸馏水。

10.10.5　实验操作

(1)0.1 mol·L^{-1} NaOH 标准溶液的配制和标定

① 0.1 mol·L^{-1} NaOH 标准溶液的配制

根据 0.1 mol·L^{-1} NaOH 需要用量计算所需要的 NaOH 的质量,以蒸馏水溶解、稀释,选择适当玻璃仪器进行配制。

② 0.1 mol·L^{-1} NaOH 溶液的标定

用减量法称量 0.4～0.5 g 已烘干的邻苯二甲酸氢钾基准物质至洁净的锥形瓶中,加 25 mL 蒸馏水溶解,同时加 1 滴 0.2%酚酞指示剂,用预标定的 NaOH 溶液滴定至粉红色且半分钟内不褪色即为终点,记录滴定时消耗的 NaOH 体积,平行测定三次,要求三次测定结果相对平均偏差在±0.2%之间,否则应重做。

(2)洗衣粉中聚磷酸盐含量的测定

① 准确称取待测洗衣粉 5～6 g 于 250 mL 锥形瓶中,加入 50 mL 水和 50 mL 1.0 mol·L^{-1} 的 HNO$_3$,摇匀,加入 3～4 颗沸石。

② 锥形瓶置于三脚架的石棉网上小心加热,25 min 后取下,冷却至室温(过程中注意控制温度,防止溶液中泡沫溢出)。

③ 将锥形瓶中剩余溶液倾入 100 mL 容量瓶中,用蒸馏水将锥形瓶洗涤 3～4 次,洗涤液都注入容量瓶中,小心加水至标线处。

④ 用移液管从容量瓶准确移取 25 mL 待测液至 250 mL 锥形瓶中，加入 1 滴 0.2 % 甲基橙指示剂，溶液呈红色。再逐滴加入 50 % NaOH 溶液，并不断摇动至浅黄色为止。再用 0.5 mol·L^{-1} HCl 中和过量的 NaOH 溶液，使溶液调至橙色为止。在锥形瓶中加入 2 滴 0.5 % 酚酞指示剂，最后用 0.1 mol·L^{-1} NaOH 标准溶液滴定至橙色（与调整 pH 时的颜色相近），并且保持半分钟不褪色，记录滴定前后滴定管中 NaOH 标准溶液的体积初始读数及终了读数，平行测定三次，按下式计算洗衣粉中聚磷酸盐的百分含量：

$$A = \frac{c_{NaOH} V_{NaOH} M_{Na_5P_3O_{10}} \times 4}{m_s \times 3 \times 1000} \times 100\%$$

式中，A 为聚磷酸盐的含量，%；c_{NaOH} 为 NaOH 标准溶液的浓度，mol·L^{-1}；V_{NaOH} 为 NaOH 标准溶液消耗体积，mL；$M_{Na_5P_3O_{10}}$ 为聚磷酸盐的摩尔质量，g·mol^{-1}；m_s 为待测洗衣粉的质量，g。

10.10.6　思考题

（1）是否每种洗衣粉都可以用此方法测定聚磷酸盐的含量？为什么？
（2）为什么必须使终点颜色与 pH 调整时的颜色相近？

10.11　铝合金中铝含量的测定

10.11.1　应用背景

不同铝含量的铝合金，用途也不尽相同。铝合金可以用于制造化工设备和高强度的零部件、热交换器等。通过本实验学生能够掌握配位滴定法测定铝合金中铝的方法，了解采用返滴定和置换滴定的方法对未知样品进行测定。

10.11.2　实验目的和要求

（1）掌握返滴定的方法。
（2）掌握置换滴定的方法。

10.11.3　实验原理

铝合金中除含有 Al 外，还含有 Si、Mg、Cu、Mn、Fe、Zn，个别还含有 Ti、Ni 等。采用返滴定法测定铝含量时，所有能与 EDTA 形成稳定配合物的离子都产生干扰，缺乏选择性。对于复杂物质中的铝，一般都采用置换滴定法。

先调节溶液 pH 值为 3~4，加入过量 EDTA 标准溶液，煮沸，使 Al^{3+} 与 EDTA 配位，冷却后，再调节溶液的 pH 值为 5~6，以二甲酚橙为指示剂，用 Zn^{2+} 标准溶液滴定过量的 EDTA（不计体积）。然后加入过量 NH$_4$F，加热至沸，使 AlY$^-$ 与 F$^-$ 之间发生置换反应，并释放出与 Al^{3+} 等物质的量的 EDTA：

$$AlY^- + 6F^- + 2H^+ \rightleftharpoons AlF_6^{3-} + H_2Y^{2-}$$

释放出来的 EDTA，再用 Zn^{2+} 标准溶液滴定至紫红色，即为终点。

铝合金中杂质元素较多，通常可用 NaOH 分解法或 HNO$_3$、HCl 混合溶液进行溶样。

10.11.4　实验仪器、材料与试剂

（1）实验仪器与材料

分析天平；称量瓶；烧杯；锥形瓶；酸碱滴定管各 1 支；容量瓶；移液管；试剂瓶；药匙；表面皿等。

（2）试剂

乙二胺四乙酸二钠（EDTA，s，AR）；二甲酚橙（XO）水溶液（0.2 %）；HCl 溶液（1∶1，2 mol·L^{-1}）；六亚甲基四胺溶液（20 %）；$ZnSO_4·7H_2O$；H_2O_2（36 %）；百里酚蓝指示剂（0.1 %）；铝合金试样；NaF（s）。

10.11.5　实验操作

（1）试样的制备

准确称取 0.05～0.1 g 铝合金试样于 100 mL 烧杯中，盖上表面皿，沿烧杯嘴慢慢加入 10 mL 1∶1 HCl，10 min 左右待铝溶解后，加入 2～3 滴 36 % H_2O_2，盖上表面皿，煮沸 1～2 min，冷却后，如有残渣需过滤，滤液倒入 250 mL 容量瓶中，并用盐酸溶液（2 mL 2 mol·L^{-1} HCl 用水稀释至 20 mL）少量多次淋洗烧杯，洗涤液也倒入容量瓶中，以水稀释至刻度，摇匀备用。

（2）0.02 mol·L^{-1} 锌标准溶液的配制

准确称取 1.2～1.5 g $ZnSO_4·7H_2O$ 于 250 mL 烧杯中，加入适量水溶解，全部转移至 250 mL 容量瓶中，加入蒸馏水稀释至刻度，摇匀，计算 Zn^{2+} 标准溶液的准确浓度。

（3）0.02 mol·L^{-1} EDTA 溶液的配制

在台秤上称取 7.6 g EDTA，溶解于 300～400 mL 温水中，稀释至 1 L，如浑浊，应过滤。转移至 1000 mL 细口瓶中，备用。

（4）0.02 mol·L^{-1} EDTA 标准溶液的标定

用移液管移取 25.00 mL 锌标准溶液于 250 mL 锥形瓶中，加入 2 mL 1∶1 HCl 溶液，加入 10 mL 20 % 六亚甲基四胺溶液，再加入 1～2 滴 0.2 % 二甲酚橙指示剂，溶液会变为紫红色，用 0.02 mol·L^{-1} EDTA 标准溶液滴定溶液由紫红色变为亮黄色为终点，记下终点读数 V，平行滴定三次，计算 EDTA 标准溶液的准确浓度。

（5）铝含量的测定

移取铝合金试液 10.00 mL 于 250 mL 锥形瓶中，准确加入 0.02 mol·L^{-1} EDTA 溶液 20 mL，加入 2 滴 0.1 % 百里酚蓝指示剂，用 20 % 六亚甲基四胺溶液调至黄色，加热煮沸 2 min，冷却至室温，再加 10 mL 20 % 六亚甲基四胺溶液，加入 2 滴 0.2 % 二甲酚橙，用 0.02 mol·L^{-1} 锌标准溶液滴定至溶液呈橙红色（不计滴定的体积），加入 1 g 氟化钠固体，溶解后，加热煮沸 2 min，流水冷却至室温。再补加 0.2 % 二甲酚橙指示剂 1 滴，重新调整锌标准溶液液面至零刻度附近，用 0.02 mol·L^{-1} 锌标准溶液滴定至溶液由黄色变为橙红色，即为终点。根据消耗的 0.02 mol·L^{-1} 锌标准溶液体积，计算铝的含量。

10.11.6　思考题

（1）用锌标准溶液滴定多余的 EDTA，为什么不计滴定体积？能否不用锌标准溶液，而用没有准确浓度的 Zn^{2+} 溶液滴定？

（2）本实验中采用置换法测定 Al 含量，使用的 EDTA 需不需要标定？

（3）能否采用 EDTA 直接滴定方法测定铝？比较返滴定法与置换滴定法的误差来源。

10.12　亚甲基蓝分光光度法测定废水中硫化物

10.12.1　应用背景

废水中硫化物通常是指水溶性无机硫化物和酸溶性金属硫化物，包括溶解性的 H_2S、HS^-、S^{2-} 和存在于悬浮物中的可溶性硫化物以及酸溶性金属硫化物。通常所测定的硫化物是指溶解性的和酸溶性的硫化物。硫化氢有强烈的臭鸡蛋味，水中只要含有零点零几毫克/升的硫化氢，就会引起不愉快；硫化氢的毒性也很大，可危害细胞色素、氧化酶，造成细胞组织缺氧，甚至危及生命；另外，硫化氢在细菌作用下会氧化生成硫酸，从而腐蚀金属设备和管道，因此，硫化物是水体污染的重要指标。通过本实验培养学生对实际样品进行处理的能力，为从事与环境检测相关的工作打下基础。

10.12.2　实验目的和要求

（1）学习亚甲基蓝分光光度法测定 S^{2-} 的基本原理。

（2）学习废水试样的预处理。

（3）进一步掌握分光光度计的使用，掌握吸收曲线和标准曲线的绘制方法。

10.12.3　实验原理

用亚甲基蓝分光光度法测定废水中硫化物时，由于废水中的还原性物质、带色物和悬浮物对测定有干扰，故测定前需使用适当的预处理方法将硫化物与干扰物质分离。对无色透明、不含悬浮物的水样，可采用沉淀分离法进行预处理；对含悬浮物、浑浊度高、不透明的水样，多采用酸化吹气-吸收法进行预处理，实验装置如图 10-3 所示。

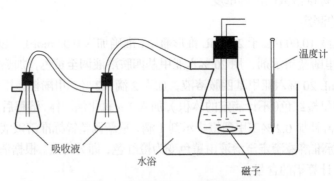

温度计

吸收液　　水浴　　磁子

图 10-3　废水试样预处理装置示意图

吸收 H_2S 气体的吸收液主要有醋酸锌、硫酸镉和氢氧化钠三大类，结合实验条件，考虑到准确、稳定可靠及简易可行等因素，可选用 NaOH（0.1 $mol·L^{-1}$）：EDTA（0.01$mol·L^{-1}$）：H_2O=1：1：40（体积比）为吸收液，NaOH 为 H_2S 的吸收及保存提供了碱性环境，EDTA 有效地掩蔽了现场采样环境中能与 S^{2-} 形成沉淀的金属离子，克服了其他吸收液的不足，可取得较好的吸收效果。

亚甲基蓝分光光度法测定硫化物的基本原理是利用含 S^{2-} 溶液与对氨基二甲基苯胺溶液在酸性条件下经 Fe^{3+} 催化反应生成亚甲基蓝，其最大吸收波长为 665 nm。此法灵敏度高、选择性好，化学反应方程式如下：

10.12.4　实验仪器、材料与试剂

（1）实验仪器与材料

烧杯；玻璃棒；分析天平（0.1 mg）；台秤；量筒；吸量管；洗耳球；滴定管；容量瓶；锥形瓶；碘量瓶；废水试样预处理装置；分光光度计；比色皿（1 cm）等。

（2）试剂

$Na_2S \cdot 9H_2O$（s）；$Na_2S_2O_3 \cdot 5H_2O$（s）；Na_2CO_3（s）；I_2（s）；KIO_3（s）；KI(s)；冰醋酸；对氨基二甲基苯胺溶液（0.2 %）❶；硫酸铁铵溶液（5 %）❷；淀粉溶液（0.5 %）；H_2SO_4 溶液（1 mol·L^{-1}）；KI 溶液（10%）。

10.12.5　实验操作

（1）0.01 mol·L^{-1} $Na_2S_2O_3$ 溶液的配制及标定

称取 2.5 g $Na_2S_2O_3 \cdot 5H_2O$ 于 500 mL 烧杯中，加入 300～500 mL 新煮沸已冷却的蒸馏水，待完全溶解后，加入 0.1 g Na_2CO_3，然后用新煮沸已冷却的蒸馏水稀释至 1 L，储于棕色瓶中，在暗处放置 7～14 天后标定。

准确称取 0.1 g KIO_3 于 50 mL 小烧杯中，加水溶解，转移至 250 mL 的容量瓶中，定容备用。

准确移取 25.00 mL KIO_3 溶液于 250 mL 锥形瓶中，加入 20 mL 10 %的 KI 溶液，加入 5 mL 1 mol·L^{-1} H_2SO_4 溶液，放置 5 min，加水稀释至 60 mL，立即用 $Na_2S_2O_3$ 溶液滴定至浅黄色，加入 5 mL 淀粉溶液（蓝色），继续用 $Na_2S_2O_3$ 溶液滴定至无色，记 $Na_2S_2O_3$ 溶液消耗的体积，平行三份，计算出 $Na_2S_2O_3$ 标准溶液的浓度。

（2）0.01 mol·L^{-1} I_2 溶液的配制

准确称取 1.2690 g I_2，加入 5 g KI，溶解后转移至 500 mL 棕色容量瓶，定容。

（3）1 mg·mL^{-1} Na_2S 储备液的配制与标定

称取 0.3 g $Na_2S \cdot 9H_2O$，用新煮沸冷却的蒸馏水溶解，并稀释至 100 mL，即为 1 mg·mL^{-1} Na_2S 储备液。

取 25.00 mL 0.01 mol·L^{-1} 的 I_2 溶液置于 250 mL 碘量瓶中，准确加入 10.00 mL 1 mg·mL^{-1} Na_2S 储备液，再加新煮沸冷却的蒸馏水 80 mL，立即加入 5 mL 冰醋酸，混匀后在暗处放置 2～3 min；用已标定的 0.01 mol·L^{-1} $Na_2S_2O_3$ 标准溶液滴定至淡黄色，加入 1 mL 新配制的 0.5 %淀粉溶液后，溶液呈蓝色，用少量水冲洗碘量瓶内壁，再继续滴定至蓝色刚好消失即为终点❸。记录所用 $Na_2S_2O_3$ 标准溶液的体积 V（mL），进行三次平行实验。同时，另取 25.00 mL 0.01 mol·L^{-1} 的 I_2 溶液置于 250 mL 碘量瓶中，不加 Na_2S 储备液，做空白滴定，其操作步骤同上。

记录空白滴定所用 $Na_2S_2O_3$ 标准溶液的体积 V_0（mL），进行三次平行实验。

按下式计算 Na_2S 的浓度：

$$c_{Na_2S} = (V_0 - V)c_0 / V_{Na_2S}$$

式中，c_{Na_2S} 为 Na_2S 的浓度，$mol \cdot L^{-1}$；V_0 为滴定空白时 $Na_2S_2O_3$ 消耗的体积，mL；V 为滴定 Na_2S 储备液时，$Na_2S_2O_3$ 消耗的体积，mL；c_0 为 $Na_2S_2O_3$ 的准确浓度，$mol \cdot L^{-1}$；V_{Na_2S} 为 Na_2S 储备液的体积，10.00 mL。

$$\rho_{Na_2S} = c_{Na_2S} M_{Na_2S}$$

式中，ρ_{Na_2S} 为 Na_2S 的质量浓度，$mg \cdot mL^{-1}$；M_{Na_2S} 为 Na_2S 的摩尔质量，78.04 $g \cdot mol^{-1}$。

（4）10 $\mu g \cdot mL^{-1}$ Na_2S 标准溶液的配制

吸取上述已标定的 1 $mg \cdot mL^{-1}$ Na_2S 储备液 10.00 mL，稀释至 100 mL，此时溶液的浓度为 100 $\mu g \cdot mL^{-1}$；再吸取 10.00 mL 100 $\mu g \cdot mL^{-1}$ Na_2S 溶液，稀释至 100 mL，即得 10 $\mu g \cdot mL^{-1}$ 的 Na_2S 标准溶液。

（5）空白、S^{2-} 系列标准溶液的配制

取 10 只 50 mL 容量瓶并编号。分别准确移取 10 $\mu g \cdot mL^{-1}$ 的 Na_2S 标准溶液 0 mL、1 mL、2 mL、3 mL、4 mL、5 mL、6 mL、7 mL、8 mL、9 mL 于 50 mL 容量瓶中，用 20～30 mL 新煮沸冷却的蒸馏水稀释，加入 10 mL 0.2 % 对氨基二甲基苯胺溶液，摇匀。2 min 后加入 1 mL 5 % 硫酸铁铵溶液，用蒸馏水稀释至刻度，摇匀，放置 10 min 后测定。

（6）亚甲基蓝吸收曲线的绘制（最大吸收波长的选择）

以 1 号溶液为参比溶液，用分光光度计在 550～780 nm 每隔 10 nm 测定 6 号溶液吸光度 A[❹]，并记录实验数据。分别以波长为横坐标，吸光度为纵坐标，绘制吸收曲线，确定最大吸收波长 λ_{max}。

（7）标准曲线的绘制

在选定的最大吸收波长处，以 1 号溶液为参比溶液，用分光光度计分别测定 2～10 号溶液的吸光度，并记录之。以吸光度对浓度作图，绘制标准曲线，并拟合标准曲线对应的线性方程。

（8）废水中硫化物的测定

吸取一定量的废水试样，对待测试样溶液进行预处理，将硫化氢吸收液置于 50 mL 容量瓶中，然后按照绘制标准曲线的操作，依次加入各种试剂使之显色，用蒸馏水稀释至刻度，摇匀。以 1 号溶液为参比溶液，在分光光度计上用 1 cm 比色皿，在最大吸收波长下，测定吸光度 A_x，由 A_x 在标准曲线或根据标准曲线拟合的方程计算待测试样中硫化物的含量。

10.12.6 注释

❶ 0.2 % 对氨基二甲基苯胺溶液：将 0.2 g 对氨基二甲基苯胺溶于 20 mL 蒸馏水中，充分溶解后在该溶液中缓缓加 20 mL 浓硫酸，待冷却后用蒸馏水稀释至 100 mL。

❷ 5 % 硫酸铁铵溶液：在 60～70 mL 蒸馏水中缓慢加 1 mL 浓 H_2SO_4，待冷却后加 5 g 硫酸铁铵，完全溶解后用蒸馏水稀释至 100 mL。

❸ 此时有硫生成，使溶液微浑浊，要特别注意终点颜色的突变。

❹ 在 665 nm 附近每间隔 5 nm 测定吸光度，注意每改变一次波长，均需重新调零和用参比溶液调 100 % 透光率。

10.12.7 思考题

（1）Na_2S 有什么性质？在配制 Na_2S 储备液时需要注意哪些因素？

（2）标定 Na_2S 储备液时需要考虑哪些因素？哪些条件会影响到标定的准确度？

（3）绘制吸收曲线和标准工作曲线时，操作上有什么不同？为什么？

10.13 谷物及谷物制品中钙的测定

10.13.1 应用背景

钙离子是维持机体细胞正常功能的非常重要的离子，能保证肌肉的收缩与舒张功能正常。心血管系统疾病还有充血性心力衰竭、心律失常等，病因均与钙离子关系密切。钙离子对骨骼的生长发育有着重要的作用。谷物中钙含量的多少会直接影响到人们的健康。通过本实验学生能够掌握用灰化的方法处理样品的操作技术，用 $KMnO_4$ 法对样品进行测定。

10.13.2 实验目的和要求

（1）练习用灰化法分解样品的操作技术。

（2）培养分析实际样品的能力。

10.13.3 实验原理

样品经灰化后，以酸性溶液中钙与草酸生成草酸钙，经硫酸溶解后，用高锰酸钾标准溶液滴定，计算钙的含量。

10.13.4 实验仪器、材料与试剂

（1）实验仪器与材料

石英或瓷制坩埚，直径约 60 mm，体积不小于 35 mL，如果选用瓷制坩埚，则要求无裂釉、瓷面光滑、完全无裂纹；马弗炉；多孔玻璃滤器 G4 型；抽滤瓶；滴定管。

（2）试剂

$KMnO_4$（s，AR）；HNO_3（GR）；HCl（6 $mol·L^{-1}$，0.5 $mol·L^{-1}$）；H_2SO_4（3 $mol·L^{-1}$，1 $mol·L^{-1}$）；草酸溶液（3%，0.08 $g·L^{-1}$）；$BaCl_2$ 溶液（10%）；草酸钠（$Na_2C_2O_4$，s）。

乙酸钠溶液（300 $g·L^{-1}$）：称取乙酸钠 30 g 溶于 100 mL 水中。

溴甲酚绿指示剂（10 $g·L^{-1}$）：称取溴甲酚绿 1.0 g 溶于 2～3 mL 100 $g·L^{-1}$ NaOH 溶液中，加水至 100 mL。

10.13.5 实验操作

（1）0.01 $mol·L^{-1}$ $KMnO_4$ 标准溶液的配制和标定

称取 1.6 g 左右 $KMnO_4$ 放于烧杯中，加水 1000 mL，使其溶解后盖上表面皿，加热煮沸并保持微沸状态 1 h，冷却后于室温下放置 2～3 天后，用玻璃砂芯漏斗过滤，滤液储存于清洁带

塞棕色瓶里。

准确称取 $Na_2C_2O_4$ 0.08~0.1 g 3 份，分别置于 250 mL 锥形瓶中，各加蒸馏水 40 mL 和 10 mL 3 mol·L^{-1} H_2SO_4 溶液，水浴加热至 75~85℃，趁热用 $KMnO_4$ 溶液滴定。开始时，滴定速度宜慢，在第一滴 $KMnO_4$ 溶液滴入后，不断摇动溶液，当紫红色褪去后再滴入第二滴。溶液中有 Mn^{2+} 产生后，滴定速度可适当加快，近终点时紫红色褪去很慢，应减慢滴定速度，同时充分摇动溶液。当溶液呈现微红色并在 30 s 不褪色即为终点。平行测定三次，根据每份滴定中 $Na_2C_2O_4$ 的质量和所消耗的 $KMnO_4$ 的体积，计算 $KMnO_4$ 溶液的浓度，计算公式为：

$$c_{KMnO_4} = \frac{2 \times 1000 m_{Na_2C_2O_4}}{5 M_{Na_2C_2O_4} V_{KMnO_4}}$$

式中，$m_{Na_2C_2O_4}$ 为基准物质 $Na_2C_2O_4$ 的质量，g；$M_{Na_2C_2O_4}$ 为基准物质 $Na_2C_2O_4$ 的摩尔质量，g·mol^{-1}；V_{KMnO_4} 为滴定 $Na_2C_2O_4$ 所消耗 $KMnO_4$ 溶液的体积，mL。

（2）样品制备

① 取样。均匀选取待测样品，粉碎至全部通过 40 目筛，根据分析要求至少准备 50 g 样品。

② 灰化。在坩埚中精密称取样品 3~10 g（称样量应根据样品钙的实际含量确定），置电热板上炭化至无烟后移至已预热的马弗炉中，550℃下灰化至实际不含炭粒为止（约 5~6h）。为了缩短灰化时间或处理难以灼烧至不含炭粒的样品，可采用优级纯 HNO_3 作为灰化助剂。

③ 浸取。取出已灰化好的样品（为了防止坩埚因骤冷而破裂可将马弗炉断电后过夜），加入 5 mL 6 mol·L^{-1} HCl 从坩埚的上部冲洗四周壁，然后置于蒸汽浴或电热板上蒸发至近干。向坩埚中加入 2 mL 0.5 mol·L^{-1} HCl 溶解残留物，加盖表面皿，置于蒸汽浴或电热板上加热 5 min。用水冲洗表面皿，然后将坩埚中溶解物定量地过滤于 400 mL 烧杯中，稀释至约 150 mL。

④ 沉淀。滴加溴甲酚绿指示剂 8~10 滴和足量的 300 g·L^{-1} 乙酸钠，使溶液呈蓝色（pH 值为 4.8~5.0）。加盖表面皿于蒸汽浴或电热板上加热至沸腾。用滴管缓缓滴入 3% $H_2C_2O_4$ 溶液呈绿色（pH 值为 4.4~4.6）。如呈黄绿色或蓝色将不利于草酸钙沉淀，而使结果偏低。煮沸上述溶液，静置澄清 4 h 以上。静置时间过短不利于草酸钙结晶的形成，会使测定结果偏低。

⑤ 过滤、洗涤。先将上层清液倾入漏斗中，让沉淀尽可能地留在烧杯内，以免沉淀堵塞滤纸小孔。清液倾注完毕后进行沉淀的洗涤。洗涤时，将烧杯中的沉淀先用 0.08 g·L^{-1} $H_2C_2O_4$ 溶液洗涤三次（每次用洗涤剂 10~15 mL，用玻璃棒在烧杯中充分搅动沉淀，放置澄清，再倾析过滤），再用微热的蒸馏水洗至无 $C_2O_4^{2-}$（用 10% $BaCl_2$ 溶液检查滤液）为止。

⑥ 沉淀溶解。将带有沉淀的滤纸铺在原烧杯的内壁上，用 50 mL 1 mol·L^{-1} H_2SO_4 把沉淀由滤纸洗入烧杯中，再用蒸馏水洗 2 次，加入蒸馏水使总体积约 100 mL，加热至 70~80℃，用 $KMnO_4$ 标准溶液滴定至溶液呈淡红色，再将滤纸搅入溶液中，若溶液褪色，则继续滴定，直至出现的淡红色 30 s 内不消失即为终点。记录消耗 $KMnO_4$ 的体积 V。

（3）滴定

用 0.01 mol·L^{-1}（或其他适宜浓度）的 $KMnO_4$ 标准溶液滴定至已预先加热至 70~90℃的滤液呈淡粉色并维持 30 s 不褪色。

（4）结果计算

样品钙含量用 mg·g^{-1} 表示。

两次平行测定结果允许差不超过：样品钙含量大于 1 mg·g^{-1} 时为 0.15 mg（绝对差）；样品钙含量小于 1 mg·g^{-1} 时为 0.10 mg（绝对差）。如果平行测定结果符合允许差要求，取其平均值作为结果，保留两位小数。

本方法适用于钙含量不低于 $1\ \mathrm{mg\cdot g^{-1}}$ 的样品。

10.13.6　思考题

（1）样品灰化时应注意什么？

（2）溶解草酸钙需用 H_2SO_4，可以用 HCl 替换吗？

10.14　草酸根合铁（Ⅲ）酸钾的制备及其组成的确定

10.14.1　应用背景

草酸根合铁（Ⅲ）酸钾（$K_3[Fe(C_2O_4)_3]\cdot3H_2O$）为草绿色晶体。溶于水，难溶于乙醇。110℃下失去结晶水，230℃分解。通过蒸发浓缩（或加入无水乙醇）冷却结晶得到晶体（溶解度 0℃ 4.7 g，100℃ 117.7 g）。110℃失去结晶水。该物质是制备负载型活性炭催化剂的主要原料，也是有机反应的催化剂，具有工业生产价值。通过本实验学生可以掌握 $K_3[Fe(C_2O_4)_3]\cdot3H_2O$ 的合成方法，利用重量法和高锰酸钾法测定 $K_3[Fe(C_2O_4)_3]\cdot3H_2O$ 的组成及其感光性能。

10.14.2　实验目的和要求

（1）掌握合成 $K_3[Fe(C_2O_4)_3]\cdot3H_2O$ 的基本原理和操作技术。

（2）掌握测定 $K_3[Fe(C_2O_4)_3]\cdot3H_2O$ 组成的分析原理和操作方法。

（3）了解 $K_3[Fe(C_2O_4)_3]\cdot3H_2O$ 的光学性质及用途。

10.14.3　实验原理

$K_3[Fe(C_2O_4)_3]\cdot3H_2O$ 有多种合成方法，本实验以硫酸亚铁铵[$(NH_4)_2Fe(SO_4)_2\cdot6H_2O$]为原料，与草酸（$H_2C_2O_4$）在酸性溶液中先制得草酸亚铁（$FeC_2O_4\cdot2H_2O$）沉淀，然后再用 $FeC_2O_4\cdot2H_2O$ 在草酸钾（$K_2C_2O_4$）和 $H_2C_2O_4$ 的存在下，以过氧化氢（H_2O_2）为氧化剂，得到草酸铁（Ⅲ）配合物。

主要反应为：

$$(NH_4)_2Fe(SO_4)_2 + H_2C_2O_4 + 2H_2O = FeC_2O_4\cdot2H_2O + (NH_4)_2SO_4 + H_2SO_4$$

$$6(FeC_2O_4\cdot2H_2O) + 6K_2C_2O_4 + 3H_2O_2 = 4\{K_3[Fe(C_2O_4)_3]\cdot3H_2O\} + 2Fe(OH)_3$$

$$2Fe(OH)_3 + 3H_2C_2O_4 + 3K_2C_2O_4 = 2\{K_3[Fe(C_2O_4)_3]\cdot3H_2O\}$$

总反应式为：

$$2(FeC_2O_4\cdot2H_2O) + H_2O_2 + 3K_2C_2O_4 + H_2C_2O_4 = 2\{K_3[Fe(C_2O_4)_3]\cdot3H_2O\}$$

该配合物是光敏物质，可以作为化学光量计。在日光直照或强光下变为黄色，分解成 $FeC_2O_4\cdot2H_2O$，遇铁氰化钾则反应生成滕氏蓝。在实验室中可用 $K_3[Fe(C_2O_4)_3]\cdot3H_2O$ 作为感光纸，进行感光实验。

$$2K_3[Fe(C_2O_4)_3] = 2FeC_2O_4 + 3K_2C_2O_4 + 2CO_2$$

$$3FeC_2O_4 + 2K_3[Fe(CN)_6] = Fe_3[Fe(CN)_6]_2 + 3K_2C_2O_4$$

通过化学分析法（重量法和滴定分析法）确定配离子的组成：

① 用重量法测定结晶水含量:将一定量产物在110℃下干燥,根据失重可以计算结晶水含量。

② 用高锰酸钾法测定草酸根($C_2O_4^{2-}$)含量:样品用稀 H_2SO_4 溶解,用 $KMnO_4$ 标准溶液滴定试样中的 $C_2O_4^{2-}$,此时 Fe^{3+} 不干扰测定。

$$5C_2O_4^{2-} + 2MnO_4^- + 16H^+ = 2Mn^{2+} + 10CO_2 + 8H_2O$$

③ 用高锰酸钾法测定铁含量:Zn 粉还原 Fe^{3+} 为 Fe^{2+},过滤除去过量的锌粉,然后用 $KMnO_4$ 标准溶液滴定 Fe^{2+}。

$$MnO_4^- + 5Fe^{2+} + 8H^+ = 5Fe^{3+} + Mn^{2+} + 4H_2O$$

④ 确定钾含量:根据配合物中结晶水、$C_2O_4^{2-}$、Fe^{3+} 的含量即可计算出 K^+ 含量。

10.14.4 实验仪器、材料与试剂

(1) 实验仪器与材料

托盘天平;电子天平;减压过滤装置;烘箱;烧杯;电炉;移液管;容量瓶;锥形瓶;滴定管等。

(2) 试剂

$(NH_4)_2Fe(SO_4)_2 \cdot 6H_2O$;$H_2SO_4$(3 mol·L^{-1},1 mol·L^{-1},0.2 mol·L^{-1});$H_2C_2O_4$(饱和);$K_2C_2O_4$(饱和); KNO_3(300 g·L^{-1});乙醇(95%);$K_3[Fe(CN)_6]$(5%);H_2O_2(3%);$KMnO_4$ 标准溶液(0.02 mol·L^{-1});锌粉(AR)。

10.14.5 实验步骤

(1) $K_3[Fe(C_2O_4)_3] \cdot 3H_2O$ 的制备

① $FeC_2O_4 \cdot 2H_2O$ 的制备。称取 5 g $(NH_4)_2Fe(SO_4)_2 \cdot 6H_2O$ 固体于 100 mL 烧杯中,加入 15 mL 蒸馏水和 5~6 滴 1 mol·L^{-1} H_2SO_4,加热溶解后,再加入 25 mL 饱和 $H_2C_2O_4$ 溶液,加热搅拌至沸,同时不断搅拌保持微沸 4 min 后停止加热,静置。待黄色晶体 $FeC_2O_4 \cdot 2H_2O$ 沉淀后倾析❶,弃去上层清液,用热蒸馏水少量多次地洗涤晶体,减压过滤即得黄色晶体 $FeC_2O_4 \cdot 2H_2O$。洗净的标准是洗涤液中检验不到 SO_4^{2-}。

② $K_3[Fe(C_2O_4)_3] \cdot 3H_2O$ 的制备。往已洗净的 $FeC_2O_4 \cdot 2H_2O$ 沉淀中加入饱和 $K_2C_2O_4$ 溶液 10 mL,水浴加热 40℃,恒温下用滴管缓慢滴加 20 mL 3% H_2O_2 溶液❷,边滴加边充分搅拌,沉淀转为深棕色。加完 H_2O_2 后,取 1 滴所得的悬浊液于点滴板中,加 1 滴 $K_3[Fe(CN)_6]$,溶液检验是否还有 Fe(Ⅱ)[如果出现蓝色,说明还有(为什么?),应继续加入 H_2O_2,直至检验不到 Fe(Ⅱ)为止]。

将溶液加热至沸(加热过程中应充分搅拌),然后加入 20 mL 饱和 $H_2C_2O_4$ 溶液,沉淀立即溶解,溶液转为绿色。趁热过滤,滤液转入 100 mL 烧杯中,加入 25 mL 95% 乙醇,混匀后冷却,可以看到烧杯底部有晶体析出。为了加快结晶速度,可往其中滴加 KNO_3 溶液。在暗处放置待晶体完全析出后❸,减压过滤❹。往晶体上滴少量乙醇,继续抽干,称量,计算产率。

(2) $K_3[Fe(C_2O_4)_3] \cdot 3H_2O$ 组成的测定

① 结晶水的测定。准确称取产品 0.5~0.6 g,放入已恒重的称量瓶中,置于 110℃ 的烘箱中干燥 1 h,然后在干燥器中冷却至室温后称量。重复干燥、冷却、称量至恒重,根据产品失重结果,计算结晶水的含量。

② $C_2O_4^{2-}$ 含量的测定。差减法准确称取约 1.0 g 干燥的 $K_3[Fe(C_2O_4)_3]\cdot 3H_2O$ 晶体于烧杯中，加入 25 mL 3 $mol\cdot L^{-1}$ H_2SO_4 溶解，转移至 250 mL 容量瓶中，定容，摇匀，静置。

用移液管准确移取 25 mL 试液于锥形瓶中，加入 20 mL 3 $mol\cdot L^{-1}$ H_2SO_4，放在水浴箱中加热 5 min（70～80℃，不高于 85℃），趁热用标准 $KMnO_4$ 标准溶液滴定到溶液呈浅粉色，开始反应很慢，滴下一滴后应等待红色褪去再滴第二滴，直至溶液呈粉红色并保持 30 s 不褪色即为终点，记下读数，根据消耗 $KMnO_4$ 标准溶液的体积，计算 $K_3[Fe(C_2O_4)_3]\cdot 3H_2O$ 中 $C_2O_4^{2-}$ 含量。滴定后的溶液保留待用。平行测定三次。

③ 铁含量的测定。往滴完 $C_2O_4^{2-}$ 的锥形瓶中加入过量的锌粉（约 1 g），加热至近沸，使 Fe^{3+} 完全转变为 Fe^{2+}，待黄色消失后，趁热过滤除去过量的锌粉，滤液用另一干净的锥形瓶承接。用约 40 mL 0.2 $mol\cdot L^{-1}$ H_2SO_4 溶液洗涤原锥形瓶和锌粉，将洗涤液全部转移至承接滤液的锥形瓶中。用 $KMnO_4$ 标准溶液滴定到溶液呈浅粉色，30 s 不褪色即为终点，记下读数，计算结果。平行测定三次。

④ 钾含量的测定。根据配合物中结晶水、$C_2O_4^{2-}$、Fe^{3+} 的含量即可计算出 K^+ 含量，从而确定配合物的组成及化学式。

结论：在 1 mol 产品中含结晶水（H_2O）_____ mol，$C_2O_4^{2-}$ _____ mol，Fe^{3+} _____ mol，K^+ _____ mol。该物质的化学式为_____。

（3）$K_3[Fe(C_2O_4)_3]\cdot 3H_2O$ 的光化学性质

按 0.3 g $K_3[Fe(C_2O_4)_3]\cdot 3H_2O$、0.4 g $K_3[Fe(CN)_6]$ 加水 5 mL 的比例配成溶液，涂在纸上即成感光纸，附上图案，在日光直照下数秒，即得到曝光后的图案。

10.14.6 注释

❶ 合成的 FeC_2O_4 沉淀应该充分沉降。

❷ 水浴 40℃下加热，慢慢滴加 H_2O_2，以防止 H_2O_2 分解。加 H_2O_2 完毕后，加热至 75～85℃，否则加 $H_2C_2O_4$ 时很容易分解。反应不完全，有 $Fe(OH)_3$ 沉淀，过滤掉，降低产率。

❸ 加乙醇析晶时间超过 30 min。

❹ 减压过滤要规范。尤其注意在抽滤过程中，勿用水冲洗黏附在烧杯和布氏滤斗上的少量绿色产品，否则将大大影响产量。

10.14.7 思考题

（1）本实验测定 Fe^{3+} 和 $C_2O_4^{2-}$ 的原理是什么？除本实验方法外，还可用什么方法测出两种组分的含量？

（2）最后洗涤产品时，为何要用乙醇洗涤？能否用蒸馏水洗涤？

（3）$K_3[Fe(C_2O_4)_3]\cdot 3H_2O$ 可用加热脱水法测定其结晶水含量，其结晶水测物质是否都可用这种方法进行测定？为什么？

合成产物的最后一步加入质量分数为 0.95 的乙醇，其作用是什么？能否用蒸干溶液的方法取得产物？为什么？

（4）能否用 $FeSO_4$ 代替 $(NH_4)_2Fe(SO_4)_2\cdot 6H_2O$ 来合成 $K_3[Fe(C_2O_4)_3]$？这时可用 HNO_3 代替 H_2O_2 作氧化剂，你认为用哪个作氧化剂较好？为什么？

（5）在 $K_3[Fe(C_2O_4)_3]\cdot 3H_2O$ 的制备过程中，加入 20 mL 饱和 $H_2C_2O_4$ 溶液后，溶液转为绿

色。若往此溶液中加入 25 mL 95 %乙醇或将此溶液过滤后往滤液中加入 25 mL 95 %乙醇，现象有何不同？为什么？

10.15　阳离子交换树脂交换容量的测定

10.15.1　应用背景

　　离子交换法是液相中的离子和固相中离子间所进行的一种可逆性化学反应，当液相中的某些离子较为受离子交换固体所喜好时，便会被离子交换固体吸附，为维持水溶液的电中性，离子交换固体必须释出等价离子回溶液中。在工业应用中，离子交换树脂的优点主要是处理能力大，脱色范围广，脱色容量高，能除去各种不同的离子，可以反复再生使用，工作寿命长，运行费用较低（虽然一次投入费用较大）。以离子交换树脂为基础的多种新技术，如色谱分离法、离子排斥法、电渗析法等，各具独特的功能，可以进行各种特殊的工作，是其他方法难以做到的。离子交换技术的开发和应用还在迅速发展之中。通过本实验学生可以掌握离子交换容量的测定方法，为以后从事化学工作打下基础。

10.15.2　实验目的和要求

　　（1）了解离子交换树脂交换容量的意义。
　　（2）掌握离子交换树脂交换容量的测定方法。

10.15.3　实验原理

　　离子交换树脂都是用有机合成方法制成的。常用的原料为苯乙烯或丙烯酸（酯），通过聚合反应生成具有三维空间立体网络结构的骨架，再在骨架上导入不同类型的化学活性基团（通常为酸性或碱性基团）而制成。离子交换树脂中含有一种（或几种）化学活性基团，它是交换官能团，在水溶液中能离解出某些阳离子（如 H^+ 或 Na^+）或阴离子（如 OH^- 或 Cl^-），同时吸附溶液中原来存在的其他阳离子或阴离子。即树脂中的离子与溶液中的离子互相交换，从而将溶液中的离子分离出来。

　　树脂的交换容量是树脂的重要特性之一。交换容量有总交换容量和工作交换容量之分。总交换容量是用静态法（树脂和试液在一容器中达到交换平衡的分离法）测定的树脂内所有可交换基团全部发生交换时的交换容量，又称全交换容量；工作交换容量是指在一定操作条件下，用动态法（柱上离子交换分离法）实际所测得的交换容量，它与树脂种类和总交换容量，以及具体工作条件如溶液的组成、流速、温度等因素有关。

　　离子交换树脂的交换容量用 Q 表示，它等于树脂所能交换离子的物质的量 n 除以交换树脂体积 V 或除以交换树脂质量 m：

$$Q = \frac{n}{V} \text{ 或 } Q = \frac{n}{m}$$

　　上式表明，树脂的交换容量 Q 是单位体积或单位质量干树脂所能交换的物质的量。一般常用树脂的 Q 约为 3 mmol·L^{-1} 或 3 mmol·g^{-1}。

阳离子交换树脂可简写为RH，当一定量的阳离子交换树脂与一定量过量的NaOH标准溶液混合，以静态法放置一定时间，达交换平衡时：

$$RH+NaOH \longrightarrow RNa+H_2O$$

用HCl标准溶液滴定过量的NaOH，即可求出树脂的总交换容量。

当将一定量的阳离子交换树脂装入交换柱后，用Na_2SO_4溶液以一定的流速通过该交换柱时，Na^+将与交换柱发生交换反应：

$$RH+Na^+ \longrightarrow RNa+H^+$$

交换出来的H^+，用NaOH标准溶液滴定，可求得该树脂的工作交换容量。

10.15.4　实验仪器、材料与试剂

（1）实验仪器与材料

强酸性阳离子交换树脂；离子交换柱等。

（2）试剂

HCl溶液（3 mol·L^{-1}）；Na_2SO_4溶液（0.5 mol·L^{-1}）；HCl标准溶液（0.1 mol·L^{-1}）；NaOH标准溶液（0.1 mol·L^{-1}）；酚酞指示剂（0.1 g·L^{-1}）。

10.15.5　实验操作

（1）阳离子交换树脂总交换容量的测定

① 树脂的预处理。市售的阳离子交换树脂在使用前一般须用酸处理将Na型转变为H型：

$$RNa+H^+ \longrightarrow RH+Na^+$$

称取20 g阳离子交换树脂于烧杯中，加入150 mL 3 mol·L^{-1} HCl溶液，搅拌，浸泡1～2天；倾出上层清液，换以新鲜的3 mol·L^{-1} HCl溶液，再浸泡1～2天。倾出上层清液，用蒸馏水漂洗树脂直至中性，即得阳离子交换树脂RH。

② 干燥。将预处理好的树脂用滤纸压干后，放在105℃的烘箱中干燥1 h后，冷却，称量，再将树脂放回105℃的烘箱中干燥0.5 h后，冷却，称量，直至恒重为止。

③ 静态交换平衡。准确称取干燥恒重的阳离子交换树脂1.000 g，放于250 mL干燥带塞的锥形瓶中，准确加入100 mL 0.1 mol·L^{-1} NaOH标准溶液，摇匀，盖好锥形瓶，放置24 h，使之达到交换平衡。

④ 过量NaOH溶液的滴定。准确移取25 mL交换后的NaOH溶液，加入2滴酚酞指示剂，用0.1 mol·L^{-1} HCl标准溶液滴定至红色刚好褪去，即为终点。记录HCl溶液消耗的体积，平行滴定三份。

（2）阳离子交换树脂工作交换容量的测定

① 树脂预处理同（1）。

② 装柱。将一定量的RH树脂浸泡在蒸馏水中，用玻璃棒边搅拌边倒入离子交换柱中，柱高20 cm左右。用蒸馏水将树脂洗成中性，放出多余的水，使柱的树脂上部余下1 mL左右的液面。

③ 交换。向交换柱中不断加入0.5 mol·L^{-1} Na_2SO_4溶液，用250 mL容量瓶收集流出液，调节流量为2～3 mL·min^{-1}。流出100 mL Na_2SO_4溶液后，经常检查流出液的pH，直至流出的Na_2SO_4溶液与加入的Na_2SO_4溶液pH相同时，停止加入Na_2SO_4溶液，交换完毕，将收集液稀

释至 250 mL，摇匀。

④ 工作交换容量的测定。准确移取收集稀释液 25 mL 于 250 mL 锥形瓶中，加入 2 滴酚酞指示剂，用 0.1 mol·L^{-1} NaOH 标准溶液滴定至微红色，即为终点。记录 NaOH 溶液消耗体积，平行滴定三份。

10.15.6　思考题

（1）市售树脂使用前应如何处理？
（2）交换过程中，柱中产生气泡，有何危害？

10.16　过氧化钙的制备及含量分析

10.16.1　应用背景

过氧化钙（CaO_2）是一种比较稳定的金属过氧化物，它可在室温下长期保存而不分解。它的氧化性较缓和，属于安全无毒的化学品，可应用于环保、食品及医药工业。通过本实验学生可以掌握无机化合物的制备方法，为后续课程的学习打下基础。

10.16.2　实验目的和要求

（1）综合练习无机化合物制备的操作。
（2）了解过氧化钙的制备原理及条件。
（3）了解碱金属和碱土金属过氧化物的性质。

10.16.3　实验原理

本实验以大理石为原料，大理石的主要成分是碳酸钙（$CaCO_3$），还含有其他金属离子及不溶性杂质。先将大理石溶解除去杂质，制得纯的 $CaCO_3$ 固体，再将 $CaCO_3$ 溶于适量的 HCl 中，在低温、碱性条件下与 H_2O_2 反应制得 CaO_2。水溶液中制得的 CaO_2 含有结晶水，颜色近乎白色。其结晶水的含量随制备方法及反应温度的不同而有所变化，最高可达 8 份结晶水。含结晶水的 CaO_2 在加热后逐渐脱水，100℃以上完全失水，生成米黄色的无水 CaO_2。加热至 350℃左右，CaO_2 迅速分解，生成 CaO，并放出氧气。

10.16.4　实验仪器、材料与试剂

（1）实验仪器与材料
烧杯；量筒；试管；抽滤瓶；托盘天平；分析天平；锥形瓶；KI-淀粉试纸；碱式滴定管；玻璃棒等。

（2）试剂
大理石；$(NH_4)_2CO_3$（s）；氨水（1∶1，1∶2）；HNO_3 溶液（6 mol·L^{-1}）；HCl 溶液（6 mol·L^{-1}）；H_2O_2 溶液；$Fe(NO_3)_3$ 溶液（2 mol·L^{-1}）；NaOH 溶液（2 mol·L^{-1}）；KI 溶液（100 g·L^{-1}）；$Na_2S_2O_3$

标准溶液（0.05 mol·L^{-1}）。

10.16.5　实验操作

（1）制取纯的 $CaCO_3$

称取 10 g 大理石，溶于 50 mL 浓度为 6 mol·L^{-1} HNO$_3$ 溶液中。反应完成后，将溶液加热至沸腾，然后，加 100 mL 水稀释并用 1∶1 氨水调节溶液的 pH 至呈弱碱性，再将溶液煮沸，趁热常压过滤，弃去沉淀。另取 15 g (NH$_4$)$_2$CO$_3$ 固体，溶于 70 mL 水中。在不断搅拌下，将它缓慢地加到上述热的滤液中，再加 10 mL 浓氨水。搅拌后放置片刻，减压过滤，用热水洗涤沉淀数次。最后，将沉淀抽干。

（2）CaO_2 制备

将以上制得的 CaCO$_3$ 置于烧杯中，逐滴加入浓度为 6 mol·L^{-1} HCl 溶液，直至烧杯中仅剩余极少量的 CaCO$_3$ 固体为止。将溶液加热煮沸，趁热常压过滤以除去未溶的 CaCO$_3$。另外，量取 60 mL 浓度为 60 g·L^{-1} H$_2$O$_2$ 溶液，将它加入 30 mL 1∶2 氨水中，将所得的 CaCl$_2$ 溶液和 NH$_3$·H$_2$O 溶液都置于冰水浴中冷却。

待溶液充分冷却后，在剧烈搅拌下将 CaCl$_2$ 溶液逐滴滴入 NH$_3$·H$_2$O 溶液中（滴加溶液仍置于冰水浴内）。继续在冰水浴内放置 0.5 h。然后减压过滤，用少量冰水（蒸馏水）洗涤晶体 2～3 次。晶体抽干后，取出置于烘箱内在 120℃下烘 1.5 h，最后冷却，称重，计算产率。

（3）性质试验

① CaO_2 的性质试验。在试管中放入少许 CaO$_2$ 固体，逐渐加入水，观察固体的溶解情况。取出一滴溶液，用 KI-淀粉试纸试验。在原试管中滴入少许稀 HCl，观察固体的溶解情况，从中再取出一滴溶液，用 KI-淀粉试纸试验。

② H_2O_2 的催化分解。取 3 支试管，各加入 1 mL 上述试管中的溶液。在其中一支试管内再加 1 滴浓度为 2 mol·L^{-1} 的 Fe(NO$_3$)$_3$ 溶液，在第二支试管中滴加 2 mol·L^{-1} NaOH 溶液。比较三支试管中 H$_2$O$_2$ 溶液分解放出氧气的速度。

③ CaO_2 含量分析。称取干燥产物 0.1～0.2 g，加入 100 mL 水中。取 100 g·L^{-1} KI 溶液 20 mL 与 15 mL 6 mol·L^{-1} HCl 溶液共混后加入上述水中。充分摇匀后放置 10 min 使作用完全。以淀粉溶液作指示剂，用 0.05 mol·L^{-1} Na$_2$S$_2$O$_3$ 标准溶液滴定，蓝色褪去为终点，计算产物中 CaO$_2$ 含量。

10.16.6　思考题

（1）在本实验中如何调节各反应阶段的 pH 值？

（2）如何计算生成的 CaO$_2$ 的产率？

（3）H$_2$O$_2$ 的催化分解时，比较三支试管中 H$_2$O$_2$ 分解放出氧气的速度能得出什么结论？

10.17　Fe$_3$O$_4$ 磁性材料的制备及分析

10.17.1　应用背景

磁铁矿（Fe$_3$O$_4$）是一种简单的铁氧化物，是一种非金属磁性材料，它是反尖晶石。单个晶体内含有 8 个 Fe_3O_4 分子，是一个典型的磁氧体。Fe_3O_4 纳米材料具有多种功能。在肿瘤的治疗、微波吸收材料、催化剂载体、细胞分离、磁记录材料、磁流体、医药等领域已有广泛的应用。通过本实验学生可以掌握 Fe_3O_4 纳米材料的制备和共沉淀的操作方法，用 $KMnO_4$ 法测定铁含量的分析方法，为以后从事科学研究工作打下基础。

10.17.2 实验目的和要求

（1）掌握共沉淀法制备纳米级磁性粒子的方法。
（2）了解磁性功能材料的制备和分析。

10.17.3 实验原理

共沉淀法是在包含两种或两种以上金属离子的可溶性盐溶液中，加入适当的沉淀剂，使金属离子均匀沉淀或结晶出来，再将沉淀物脱水或热分解而制得纳米微粒。共沉淀法有两种：一种是 Massart 水解法，即将一定摩尔比的三价铁盐与二价铁盐混合液直接加入到强碱性水溶液中，铁盐在强碱性水溶液中瞬间水解结晶形成磁性铁氧体纳米粒子；另一种为滴定水解法，是将稀碱溶液滴加到一定摩尔比的三价铁盐与二价铁盐混合溶液中，使混合液的 pH 值逐渐升高，当 pH 值达到 6～7 时水解生成磁性 Fe_3O_4 纳米粒子。

共沉淀法是目前普遍使用的方法，其 Fe^{2+} 和 Fe^{3+} 盐在碱性条件下，可通过共沉淀方法并控制沉淀生长过程制备纳米级 Fe_3O_4 颗粒。对颗粒表面进行适当修饰后，再分散到煤油中得到磁性液体：

$$Fe^{3+} + Fe^{2+} + OH^- \longrightarrow Fe(OH)_2 / Fe(OH)_3 \qquad （形成共沉淀）$$

$$Fe（OH）_2 + Fe（OH）_3 \longrightarrow FeOOH + Fe_3O_4 \qquad （pH<7.5）$$

$$FeOOH + Fe^{2+} \longrightarrow Fe_3O_4 + II^+ \qquad （pH>9.2）$$

10.17.4 实验仪器、材料与试剂

（1）实验仪器与材料

恒温水浴槽；真空干燥箱；离心机；环形磁铁等。

（2）试剂

$FeCl_3 \cdot 6H_2O$（s）；$FeSO_4 \cdot 7H_2O$（s）；HCl 溶液（1:1）；乙醇；氯化亚锡（15%，2%）；硅钼黄指示剂；硫磷混酸；二苯胺磺酸钠（0.5%）；$K_2Cr_2O_7$ 标准溶液；柠檬酸钠；NaOH 溶液（8 $mol \cdot L^{-1}$）；煤油；氨水（1:1）。

10.17.5 实验操作

（1）磁性颗粒制备

① 称取 5.40 g（0.020 mol）$FeCl_3 \cdot 6H_2O$，加入 200 mL 蒸馏水。待固体溶解完全后，用快速滤纸过滤，除去少量不溶物，滤液备用。

称取 2.92 g（0.0105 mol，过量 5%）$FeSO_4 \cdot 7H_2O$，加入 200 mL 蒸馏水。待固体溶解完全后，用快速滤纸过滤，除去少量不溶物，滤液备用。

② 将上述两种溶液倒入 500 mL 烧杯中，加入少量 1:1 HCl 溶液，调节溶液 pH 值为 1～2，加入 0.43 g（0.020 mol）柠檬酸钠，搅拌均匀。

③ 将上述混合液置于电热板上加热至 70～80℃，不断搅拌下缓慢滴加 1：1 氨水，此时不断有沉淀产生。继续滴加氨水直至溶液 pH=9。

④ 放置沉淀 30 min，弃去上层清液（最好将磁铁置于烧杯底部，加快磁性物质沉降），加入蒸馏水洗涤 3～4 次，加少量乙醇洗涤 2 次至溶液为中性。

⑤ 沉淀在 60～80℃下真空干燥，得到黑色 Fe_3O_4 固体粉末（此样品作为分析用铁样）。

（2）磁性液体制备

① 将上述步骤（1）中④得到的磁性颗粒液体置于 400 mL 烧杯，加入 150 mL 水，使用 pH 计测量其 pH 值，并将电极固定在烧杯中，滴加 8 mol·L^{-1} NaOH 至 pH≈10。加热溶液至 80℃ 并保持此温度，在剧烈搅拌下，一边滴加油酸（共 25 mL）❶，一边滴加 NaOH 保持 pH≈10。油酸加完后保持 pH≈10，80℃ 下继续搅拌 30 min，静置，自然冷却。

② 剧烈搅拌下，在烧杯中倾入 125 mL 1：1 盐酸，磁性物质凝聚在一起。倾倒出清液，加入去离子水洗涤 3～4 次，倾去清液。

③ 玻璃棒搅拌下，加入煤油清洗一次，2000 r/min 离心，弃去上层清液。以同样方法再用无水酒精处理一次。

④ 将得到的黏性物质放入表面皿中，置于真空干燥箱中在 60℃ 下干燥 8 h。

⑤ 烘干后的固体物质冷却，称量。加入 2 倍固体量的煤油，用研钵研磨至无明显颗粒存在。再转移至小烧杯中慢速搅拌 2 h。

⑥ 搅拌后的悬浮体系用 5000 r/min 离心 10 min，完成后取出中层液体装瓶，即为煤油基磁性液体❷。

（3）铁含量的测定

准确称取 0.11～0.13 g 干燥的产物三份（其中老师称量两份），分别置于 250 mL 锥形瓶中，加少量水使试样湿润，然后加入 20 mL 1：1 HCl，于电热板上加热至试样分解完全。若溶解试样过程中 HCl 蒸发过多，应适当补加，用水吹洗瓶壁，此时溶液的体积应保持为 25～50 mL，将溶液加热至近沸，趁热滴加 15 % 氯化亚锡至溶液由棕红色变为浅黄色，加入 3 滴硅钼黄指示剂，这时溶液应呈黄绿色，滴加 2 % 氯化亚锡至溶液由蓝绿色变为纯蓝色，立即加入 100 mL 蒸馏水，置锥形瓶于冷水中，使之迅速冷却至室温。然后加入 15 mL 硫磷混酸、4 滴 0.5 % 二苯胺磺酸钠指示剂，立即用 $K_2Cr_2O_7$ 标准溶液滴定至溶液呈亮绿色，再慢慢滴加 $K_2Cr_2O_7$ 标准溶液至溶液呈紫红色，即为终点。计算产物铁的质量分数。

10.17.6　注释

❶ 在制备磁性液体时可用一定量的油酸钠代替油酸,控制溶液 pH 值,后续步骤与前相同。

❷ 制备得到的磁性液体,加磁场时可以在显微镜下观察到明显的六角形规律结构。可以将称量纸折叠成方形,纸内放置少量浓磁性液体,将强磁铁隔纸放置在下面,肉眼可以观察到固体微粒形成磁束。

10.17.7　思考题

（1）在制备磁性颗粒时，加入柠檬酸钠和氨水的目的是什么?

（2）在制备的水溶液中加入 HCl 时，为什么磁性物质会凝聚出来?

（3）最后一次离心时，为何只取中间层液体装瓶?

10.18 阿司匹林药片中乙酰水杨酸含量的测定

10.18.1 应用背景

阿司匹林曾经是国内外广泛使用的解热镇痛药,具有良好的解热镇痛作用,用于治疗感冒、发热、头痛、牙痛、关节痛、风湿病,为抗血小板药,可抑制血小板的释放反应,抑制血小板的聚集,减少血栓的形成。通过本实验学生可以掌握用酸碱滴定的方法来测定阿司匹林药片中乙酰水杨酸含量,培养学生的实验操作技能。

10.18.2 实验目的和要求

(1)学习阿司匹林药片中乙酰水杨酸含量的测定方法。
(2)学习利用滴定法分析药品。

10.18.3 实验原理

阿司匹林的主要成分是乙酰水杨酸。乙酰水杨酸是有机弱酸($K_a = 1 \times 10^{-3}$),摩尔质量为 $180.6 \ g \cdot mol^{-1}$,微溶于水,易溶于乙醇。在弱碱性溶液中溶解并分解为水杨酸(邻羟基苯甲酸)和乙酸盐,反应式如下:

由于药片中一般都添加一定量的赋形剂如硬脂酸镁、淀粉等不溶物,不宜直接滴定,可采用返滴定法进行测定。将药片研磨成粉状后加入过量 NaOH 的标准溶液,加热一段时间使乙酰基水解完全,再用 HCl 标准溶液回滴过量的 NaOH,滴定至溶液由红色变为接近无色即为终点。在此滴定反应中,1 mol 乙酰水杨酸消耗 2 mol NaOH。

10.18.4 实验仪器、材料与试剂

(1)实验仪器与材料
碱式滴定管;移液管;烧杯;容量瓶;表面皿;电炉;研钵等。
(2)试剂
NaOH 溶液(1 mol·L^{-1});HCl 溶液(0.1 mol·L^{-1});酚酞指示剂(2 g·L^{-1}乙醇溶液);无水碳酸钠(Na_2CO_3)基准试剂;硼砂($Na_2B_4O_7 \cdot 10H_2O$)基准试剂;阿司匹林药片;甲基橙指示剂;甲基红指示剂。

10.18.5 实验操作

(1)0.1 mol·L^{-1} HCl 的标定

① 以无水 Na_2CO_3 基准物质标定。用差减法准确称取 0.15～0.20 g 无水 Na_2CO_3,置于 250 mL 锥形瓶中,加入 20～30 mL 蒸馏水使之溶解后,滴加甲基橙指示剂 1～2 滴,用待标定的 HCl 溶液滴定,溶液由黄色变为橙色即为终点。根据所消耗的 HCl 的体积,计算 HCl 溶液的

浓度 c_{HCl}。平行测定 5~7 份，各次的相对标准偏差应在±0.2 %以内。

② 以 $Na_2B_4O_7·10H_2O$ 为基准物质测定。用差减法准确称取 0.4~0.6 g $Na_2B_4O_7·10H_2O$，置于 250 mL 锥形瓶中，加入 50 mL 蒸馏水使之溶解后，滴加 2 滴甲基红指示剂，用 0.1 mol·L^{-1} HCl 溶液滴定溶液由黄色恰好变为浅红色，即为终点。计算 HCl 溶液的浓度 c_{HCl}。平行测定 5~7 份，各次的相对标准偏差应在±0.2 %以内。

（2）药片中乙酰水杨酸含量的测定

将阿司匹林药片研成粉末后，准确称取约 0.6 g 左右药粉，于干燥的 100 mL 烧杯中，用移液管准确加入 25.00 mL 1 mol·L^{-1} NaOH 标准溶液后，用量筒加水 30 mL，盖上表面皿，轻摇几下，水浴加热 15 min，迅速用流水冷却，将烧杯中的溶液定量转移至 100 mL 容量瓶中，用蒸馏水稀释至刻度线，摇匀，备用。

准确移取上述试液 10.00 mL 于 250 mL 锥形瓶中，加蒸馏水 20~30 mL，加入 2~3 滴酚酞指示剂，用 0.1 mol·L^{-1} HCl 标准溶液滴至红色刚刚消失即为终点。根据所消耗 HCl 溶液的体积计算药片中乙酰水杨酸的质量分数及每片药剂中乙酰水杨酸的质量。

（3）NaOH 标准溶液❶与 HCl 标准溶液体积比的测定

用移液管准确移取 25.00 mL 1 mol·L^{-1} NaOH 溶液于 100 mL 烧杯中，在与测定药粉相同的实验条件下进行加热，冷却后，定量转移至 100 mL 容量瓶中，用蒸馏水稀释至刻度线，摇匀。在 250 mL 锥形瓶中加入 10.00 mL 上述 NaOH 溶液，加蒸馏水 20~30 mL，加入 2~3 滴酚酞指示剂，用 0.1 mol·L^{-1} HCl 标准溶液滴至红色刚刚消失即为终点。平行测定三份，计算 V_{NaOH}/V_{HCl} 值。

10.18.6　注释

❶ 需做空白试验。由于 NaOH 溶液在加热过程中会受空气中 CO_2 的干扰，给测定造成一定程度的系统误差，而在与测定样品相同的条件下测定两种溶液的体积比就可扣除空白值。

10.18.7　思考题

（1）在测定药片的实验中，为什么 1 mol 乙酰水杨酸消耗 2 mol NaOH，而不是 3 mol NaOH？在回滴后的溶液中，水解产物的存在形式是什么？

（2）请列出计算药片中乙酰水杨酸含量的关系式。

（3）若测定的是乙酰水杨酸纯品（晶体），可否采用直接滴定法？

10.19　镀铜锡镍合金溶液中铜、锡、镍的连续测定

10.19.1　应用背景

合金电镀一直是电镀新工艺开发的重要领域。因为合金可以综合单一金属的特点，并具备单一金属所不具备的新的特性，比如硬度、耐腐蚀性、功能性等。电镀作为一种湿法冶金技术，能生产出用电、热方法做不到的新合金，特别是在多元合金，包括三元、四元合金的开发上还

有很大的空间。"镀三元合金技术"是指在材料基体或高导电性的电镀底层上，覆盖"三元合金"薄层的电镀技术。"三元合金"镀层中各金属需具备一定的比例，才能满足工业生产的实际需要。通过本实验学生可以掌握用配位滴定法和置换滴定法测定镀铜锡镍合金溶液中各组分的含量，巩固配位滴定中各种滴定方法的应用。

10.19.2　实验目的和要求

（1）掌握 EDTA 溶液标定的原理和方法。
（2）掌握置换滴定法的原理和方法。

10.19.3　实验原理

铜、锡、镍都能与 EDTA 生成稳定的配合物，它们的 $\lg K$ 值分别为：18.80、22.11、18.62。向溶液中加入过量的 EDTA，加热煮沸 2～3 min，使 Cu、Sn、Ni 与 EDTA 完全配位。然后加入硫脲使与 Cu 配位的 EDTA 全部释放出来（其中包括过量的 EDTA），此时 Sn^{2+}、Ni^{2+} 与 EDTA 的配合物完全不受影响。再用六亚甲基四胺溶液调节 pH=5～6，以二甲酚橙（XO）为指示剂，以锌标准溶液滴定全部释放出来的 EDTA，此时滴定用去锌标准溶液的体积为 V_1。然后加入 NH_4F 使与锡配位的 EDTA 释放出来，再用 Zn 标准溶液滴定 EDTA，此时，消耗的 Zn 标准溶液的体积为 V_2。

另取一份试剂，不加任何掩蔽剂和解蔽剂，调节试液 pH=5～6，以 XO 为指示剂，用 Zn 标准溶液滴定过量的 EDTA，用差减法求出 Cu、Ni 的含量。

10.19.4　实验仪器、材料与试剂

（1）实验仪器与材料
酸式滴定管；移液管；锥形瓶；聚乙烯塑料瓶；分析天平；烧杯；容量瓶；玻璃棒；表面皿；洗气瓶等。

（2）试剂
六亚甲基四胺（200 g·L^{-1}）；NH_4F 溶液（200 g·L^{-1}）；二甲酚橙溶液（2 g·L^{-1}）；HCl 溶液（2 mol·L^{-1}）；硫脲（饱和溶液）；KCl（s）。

EDTA 溶液（0.01 mol·L^{-1}）：称取 2 g EDTA 钠盐于 500 mL 的烧杯中，加水加热溶解后稀释至 500 mL，储于聚乙烯塑料瓶中。

Zn 标准溶液（0.01 mol·L^{-1}）：准确称取基准 Zn 0.17 g 于 100 mL 烧杯中，加入 5 mL 6 mol·L^{-1} HCl，立即盖上表面皿，待 Zn 完全溶解后，以少量水冲洗表面皿及烧杯壁，将溶液转入 250 mL 容量瓶中，用水稀释至刻度，摇匀。

10.19.5　实验操作

（1）EDTA 的标定
平行移取 25.00 mL 0.01 mol·L^{-1} Zn 标准溶液三份分别置于 250 mL 锥形瓶中，加入 2 滴二甲酚橙指示剂，滴加六亚甲基四胺至溶液呈现稳定的紫红色后，再过量 5 mL，用 0.01 mol·L^{-1} EDTA 滴定至溶液由紫红色变为亮黄色即为终点。根据滴定用去 EDTA 体积和金属锌的质量，计算 EDTA 的物质的量浓度。

（2）合金溶液中铜、锡、镍的连续测定

用移液管准确移取 10.00 mL 合金试液于 100 mL 容量瓶中，用蒸馏水稀释至刻度线，摇匀。准确移取上述试液 5.00 mL 两份，分别置于 250 mL 锥形瓶中，加入 0.5 g 左右 KCl 固体，10 mL 2 mol·L^{-1} HCl 溶液，加热煮沸 2～3 min，趁热加入 20.00 mL 0.01 mol·L^{-1} EDTA 标准溶液，加热至沸，保温 2～3 min，流水冷却至室温。

一份试液中滴加饱和硫脲溶液至蓝色褪尽，再过量 5～10 mL，加水 20 mL，20 mL 六亚甲基四胺，二甲酚橙指示剂 2～3 滴，用 0.01 mol·L^{-1} Zn 标准溶液滴至溶液由黄色变为红色，即为终点，记下消耗 Zn 标准溶液的毫升数 V_1。继续加 NH$_4$F 溶液 10 mL，摇匀，放置片刻，试液又变为黄色。继续用 0.01 mol·L^{-1} Zn 标准溶液滴至溶液由黄色变为红色，即为终点，记下消耗 Zn 标准溶液的毫升数 V_2（不包括 V_1）。

另取一份试液，加水 20 mL 及六亚甲基四胺 20 mL，二甲酚橙指示剂 2～3 滴，用 0.01 mol·L^{-1} Zn 标准溶液滴至溶液由草绿色变为蓝紫色即为终点，记下消耗 Zn 标准溶液的毫升数 V_3。

10.19.6 思考题

（1）本实验中测定金属离子，采用了哪几种滴定方法？
（2）加入硫脲的作用是什么？掩蔽 Cu^{2+} 的条件是什么？
（3）NH$_4$F 的作用是什么？加入 NH$_4$F 后溶液颜色为什么由红色变为黄色？

10.20　高锰酸钾间接滴定法测定补钙试剂中钙含量

10.20.1 应用背景

钙为人体的正常成分，需经常由食物补充，钙在人体中总量占人体总重量的 1.5 %，其中 99 % 存在于骨骼和牙齿中，为骨骼和牙齿的主要组成成分。钙还有节制心肌伸缩，帮助血液凝结，调节其他矿物质的平衡，以及使酶活化等功能。钙对儿童特别重要，也特别敏感，食物中钙不足，会导致软骨病、骨架畸形和牙齿不整齐等。为弥补食物中钙来源的不足，有些缺钙人群必须进行药物补钙。补钙制剂广泛应用于老年科、妇科、产科、儿科、心血管科、内分泌科和皮肤科等，临床应用十分广泛。通过本实验学生可以掌握沉淀分离的基本操作和氧化还原间接测定补钙制剂中钙含量的原理和方法，理论联系实际，培养学生实验操作技能，为后续课程学习奠定化学实验基础。

10.20.2 实验目的

（1）掌握沉淀分离的基本操作。
（2）掌握氧化还原间接测定钙含量的原理和方法。

10.20.3 实验原理

利用碱土金属 Pb^{2+}、Cd^{2+} 等与 C$_2$O$_4^{2-}$ 能形成难溶的草酸盐沉淀，可以用 KMnO$_4$ 间接滴定法测定它们的含量，以 Ca^{2+} 为例：

$$Ca^{2+} + C_2O_4^{2-} \Longrightarrow CaC_2O_4$$
$$CaC_2O_4 + H_2SO_4 \Longrightarrow CaSO_4 + H_2C_2O_4$$
$$5H_2C_2O_4 + 2MnO_4^- + 6H^+ \Longrightarrow 2Mn^{2+} + 10CO_2 + 8H_2O$$

该方法可用于测定葡萄糖酸钙、钙立得、盖天力等补钙制剂中的钙含量测定，分析结果与标示量吻合。

10.20.4 实验仪器、材料与试剂

（1）实验仪器与材料

分析天平；干燥器；称量瓶；恒温水浴锅（低温电热板）；漏斗；量杯；酸式滴定管；洗瓶等。

（2）试剂

$KMnO_4$ 标准溶液（$0.02\ mol \cdot L^{-1}$）；$(NH_4)_2C_2O_4$ 溶液（$5\ g \cdot L^{-1}$）；氨水（10%）；HCl 溶液（$1:1$，浓）；H_2SO_4 溶液（$1\ mol \cdot L^{-1}$）；甲基橙指示剂（$2\ g \cdot L^{-1}$）；$AgNO_3$ 溶液（$0.1\ mol \cdot L^{-1}$）；HNO_3。

10.20.5 实验操作

准确称取补钙试剂两份（每份含钙 0.05 g 左右），分别加入 250 mL 烧杯中，加入适量蒸馏水及 HCl 溶液，加热使其溶解。向溶液中加入 2～3 滴甲基橙指示剂，以氨水中和溶液由红色变为黄色，趁热逐滴加入 $(NH_4)_2C_2O_4$ 溶液 50 mL，在低温电热板（或水浴）上陈化 30 min〔或加入 50 mL $(NH_4)_2C_2O_4$ 溶液及尿素后加热，尿素水解产生的 NH_3 均匀地中和 H^+，可使 Ca^{2+} 均匀地沉淀为粗大的 CaC_2O_4 晶形沉淀〕。冷却后过滤，现将上层清液倾入漏斗中，继续洗涤沉淀至无 Cl^-（承接液于 HNO_3 介质中，用 $AgNO_3$ 检查），将带有沉淀的滤纸铺在原烧杯的内壁上，用 50 mL 1 $mol \cdot L^{-1} H_2SO_4$ 把沉淀由滤纸上洗至烧杯中，再用蒸馏水洗涤两次，加入蒸馏水使烧杯中溶液总体积为 100 mL 左右，加热至 70～80℃，用 $KMnO_4$ 标准溶液滴定至溶液呈淡红色，再将滤纸搅入溶液中，若溶液褪色，则继续滴定，直至溶液呈淡红色且 30 s 内不褪色为终点。

10.20.6 思考题

（1）以 $(NH_4)_2C_2O_4$ 沉淀钙时，pH 值应控制为多少？为什么？

（2）加入 $(NH_4)_2C_2O_4$ 时为什么要在热溶液中逐滴加入？

（3）洗涤 CaC_2O_4 晶形沉淀时为什么要洗至无 Cl^-？

（4）试比较用 $KMnO_4$ 法和配位滴定法测定 Ca^{2+} 的优缺点？

10.21 医用消毒剂溶液中过氧化氢含量的测定

10.21.1 应用背景

过氧化氢（H_2O_2）消毒液也叫医用双氧水，是一种用于瓜果、蔬菜等消毒的消毒剂，也可

用于化脓性的中耳炎、口腔炎、扁桃体炎等的清洁消毒。3 %～5 %的过氧化氢一般用于医用消毒，由于含有高活性的羟基自由基，主要用来消灭微生物，也可以用来处理伤口，清洗医疗设备、餐具以及其他接触的物品。通过本实验学生可以掌握 $KMnO_4$ 法测定消毒剂中 H_2O_2 含量的原理和方法，熟悉 $KMnO_4$ 自身指示剂的特点和 H_2O_2 的应用特性。

10.21.2　实验目的和要求

（1）熟悉滴定分析仪器的基本操作。
（2）掌握乙二酸钠（$Na_2C_2O_4$）作基准物质标定 $KMnO_4$ 浓度的方法。
（3）掌握高锰酸钾法测定消毒剂中 H_2O_2 含量的原理和方法。
（4）了解 $KMnO_4$ 自身指示剂的特点和 H_2O_2 的特性。

10.21.3　实验原理

市售 $KMnO_4$ 试剂常含有少量 MnO_2 和其他杂质，蒸馏水中含有的少量有机物以及光等都能使 $KMnO_4$ 自身分解，从而使 $KMnO_4$ 的浓度改变，使用其标准溶液时必须标定。

乙二酸钠易纯化，不吸湿，性质稳定，在酸性条件下常选用其作为基准物质来标定 $KMnO_4$ 溶液的浓度，滴定反应如下：

$$2MnO_4^- + 5C_2O_4^{2-} + 16H^+ =\!=\!= 2Mn^{2+} + 10CO_2 + 8H_2O$$

此反应在酸性（稀 H_2SO_4）、较高温度（70～80℃）和 Mn^{2+} 作催化剂的条件下反应速率较快。滴定开始反应很慢，$KMnO_4$ 溶液必须逐滴加入；滴定中间由于有 Mn^{2+} 存在，反应速率较快，$KMnO_4$ 溶液可加快滴加，接近终点时应滴加缓慢。

滴定时利用 $KMnO_4$ 本身的紫红色指示终点，当溶液由紫红色转变为粉红色时即达到滴定终点。

H_2O_2 是一种常用的医用消毒剂，具有杀菌和漂白作用。在稀 H_2SO_4 溶液和室温条件下能被 $KMnO_4$ 标准溶液定量氧化，其反应方程式为：

$$2MnO_4^- + 5H_2O_2 + 6H^+ =\!=\!= 2Mn^{2+} + 5O_2 + 8H_2O$$

该滴定反应属于自身催化反应，开始时反应速率较慢，随着 Mn^{2+} 的生成，由于 Mn^{2+} 具有催化作用，反应速率会逐渐加快，所以开始滴定时的速率不能太快。因为 H_2O_2 不稳定，受热易分解，故反应不能加热。随着 $KMnO_4$ 标准溶液的加入，消毒剂中的 H_2O_2 不断被氧化，当被滴定溶液呈现稳定的粉红色（微红色），即为滴定终点。因稍过量（一滴到半滴）的 $KMnO_4$ 本身有颜色，所以可用其自身指示剂来指示本溶液的滴定终点。

若 H_2O_2 试样系工业产品（非药用产品），用上述方法测定误差较大，因产品中常加入少量乙酰苯胺等有机物作稳定剂，此类有机物也能与 $KMnO_4$ 反应。遇此情况应采用碘量法测定，即利用 H_2O_2 和 KI 作用，析出单质碘，然后用 $Na_2S_2O_3$ 标准溶液滴定生成的单质碘。

10.21.4　实验仪器、材料与试剂

（1）实验仪器与材料

棕色酸式滴定管；锥形瓶；棕色容量瓶；移液管；吸量管；电子天平；水浴锅；洗耳球等。

（2）试剂

$Na_2C_2O_4$（s）；$KMnO_4$（s）；H_2SO_4 溶液（3 mol·L^{-1}）；医用 H_2O_2 消毒剂溶液。

10.21.5 实验操作

（1）0.02 mol·L^{-1} $KMnO_4$ 溶液配制

称取 1.6 g $KMnO_4$ 固体溶于 500 mL 蒸馏水中，盖上表面皿，缓慢加热煮沸，保持微沸状态约 30 min，在暗处冷却后，用微孔玻璃漏斗（G_2 或 G_4）过滤，滤液储存于棕色试剂瓶中。

① 0.02 mol·L^{-1} $KMnO_4$ 溶液标定。准确称取 0.13～0.16 g 预先干燥过的 $Na_2C_2O_4$ 三份，分别置于 250 mL 锥形瓶中，各加 40 mL 蒸馏水和 10 mL 3 mol·L^{-1} H_2SO_4 溶液，在水浴上加热至 70～80℃，趁热用配制的 $KMnO_4$ 溶液进行滴定。开始时，滴定速度应慢，在第一滴 $KMnO_4$ 溶液滴入后，不断摇动溶液，当红色褪去后再滴加第二滴。随着滴定的进行，溶液中产物 Mn^{2+} 的浓度不断增大，反应速率加快，滴定速度可适当加快，接近终点时紫红色褪去很慢，应减慢滴定速度，同时充分摇动溶液，当溶液呈微红色并在 30 s 内不褪色即为终点，记录所消耗 $KMnO_4$ 溶液的体积。如放置时间长，空气中还原性物质能使 $KMnO_4$ 还原而褪色，或浅粉色转变为其他颜色。对 $KMnO_4$ 平行测定三份，其相对偏差不得大于 0.3%，否则重新分析。

② 医用消毒剂 H_2O_2 溶液的制备。用吸量管吸取 2.00 mL 原装医用 H_2O_2 溶液试样于 250 mL 棕色容量瓶中，加蒸馏水稀释至刻度，摇匀备用。

（2）医用消毒剂中 H_2O_2 含量的测定

用 25.00 mL 移液管准确移取上述容量瓶中的 H_2O_2 溶液于 250 mL 锥形瓶中，加 10 mL 3 mol·L^{-1} H_2SO_4 溶液、50 mL 蒸馏水，将标定后的 $KMnO_4$ 装入棕色酸式滴定管中进行滴定。开始滴定时，要滴加一滴 $KMnO_4$ 等其颜色消失后再滴加另一滴，否则会造成很大的误差。随着滴定的不断进行，$KMnO_4$ 颜色消失也不断加快，接近终点时 $KMnO_4$ 颜色消失会变慢，此时滴加速度也要慢。当锥形瓶内颜色呈微红色，微红色的判断可用一张白纸放在锥形瓶外壁后面，倾斜锥形瓶 45° 观察里边的颜色，若能看到溶液呈微红色并在 30 s 内不褪色即为终点。记录消耗 $KMnO_4$ 标准溶液的体积。平行测定三次，要求 H_2O_2 含量的相对平均偏差不得大于 0.3%，否则重新分析。

10.21.6 思考题

（1）用 $Na_2C_2O_4$ 标定 $KMnO_4$ 时，为什么必须在 H_2SO_4 介质中进行？酸度过高或过低有何影响？可以用 HNO_3 或 HCl 调节酸度吗？

（2）为什么 $KMnO_4$ 溶液要装在棕色酸式滴定管中？

（3）用 $KMnO_4$ 法测定医用消毒剂 H_2O_2 含量时，能否用 HNO_3 或 HCl 来控制酸度？

（4）工业用双氧水能否用 $KMnO_4$ 法测定？若不能，应用什么方法？写出该方法测定 H_2O_2 的方程式和计算公式。

（5）H_2O_2 有哪些重要性质？使用时应注意些什么？

（6）查阅文献，自己设计用 $KMnO_4$ 标准溶液间接滴定法测定溶液中 Ca^{2+} 的实验方案。

10.22 复合滴定方法测定果蔬中维生素 C 的含量

10.22.1 应用背景

维生素 C 是人体必需的主要维生素之一，人体不能合成维生素 C，需要从新鲜蔬菜、水果之中摄取。维生素 C 化学名称为抗坏血酸、己糖醛酸，分子式为 $C_6H_8O_6$，分子量为 176.13，纯品为白色结晶或结晶性粉末，无臭、味酸。维生素 C 是水溶性维生素，水溶液呈酸性，与碱反应一般表现为一元酸，具有还原性。维生素 C 在酸性条件下很稳定，加热稳定不易分解氧化，国标 GB 5009.86—2016 食品中抗坏血酸的测定中有三法，前两法分别是高效液相色谱法和荧光法，第三种方法为 2,6-二氯靛酚滴定法。高效液相色谱法和荧光法两法都需要大型精密仪器，仪器费用昂贵，应用条件受限。2,6-二氯靛酚滴定法根据维生素 C 的氧化还原性质，以蓝色 2,6-二氯靛酚溶液滴定溶液至粉红色来确定其终点。该方法操作简便易行，但大部分水果、蔬菜的样品提取液均具有一定的颜色，因此，滴定终点不易识别。另外，非国标滴定分析方法主要有碘量法和酸碱滴定法。碘量法需要标定碘液，方法烦琐且费时；酸碱滴定法由于终点变色敏锐，所以精密度更高一些，但在酸性条件下采用酸碱滴定法测定果蔬中维生素 C 含量时，果蔬中本身固有的自身颜色和有机酸含量对测定果蔬中维生素 C 含量的滴定方法有着不可避免的干扰。本实验通过复合滴定法，即将复杂的碘量法转化成简单的酸碱滴定法来测定维生素 C，投资少、操作简单、适用于企业生产与科学研究。

10.22.2 实验目的和要求

（1）掌握测定果蔬中维生素 C 含量复合滴定法的原理与方法。
（2）进一步掌握复合滴定法的原理，特别是碘量法向酸碱滴定法的转化过程的操作。
（3）掌握果蔬中维生素 C 测定样液的制备及滴定复合终点的操作技术。
（4）熟练掌握滴定操作与实验数据计算。

10.22.3 实验原理

（1）维生素 C 与碘液反应

$$C_6H_8O_6 + I_2 == C_6H_6O_6 + 2HI$$

由方程式可知：
$$2c_{Vc}V_{Vc} = c_{HI}V_{HI} \tag{①}$$

（2）碘酸与 NaOH 反应

$$HI + NaOH == NaI + H_2O$$

由方程式可知：
$$c_{HI}V_{HI} = c_{NaOH}V_1 \tag{②}$$

（3）维生素 C 与 NaOH 反应

$$C_6H_8O_6 + NaOH == Vc-Na + H_2O$$

由方程式可知：
$$c_{Vc}V_{Vc} = c_{NaOH}V_0 \tag{③}$$

②−③
$$c_{HI}V_{HI} - c_{Vc}V_{Vc} = c_{NaOH}V_1 - c_{NaOH}V_0 \tag{④}$$

将①代入④中
$$2c_{Vc}V_{Vc} - c_{Vc}V_{Vc} = c_{NaOH}V_1 - c_{NaOH}V_0$$

$$c_{Vc}V_{Vc} = (V_1 - V_0)c_{NaOH} \tag{⑤}$$

（4）由⑤中所求得 c_{Vc} 计算出每百克果汁样品中所含维生素 C 质量，取待测果汁 $m(g)$，用酸溶液定容至 $V_样$ (mL)，每百克果汁样品中所含维生素 C 为 X（mg/100g）。

$$X=（c_{Vc}×176.13V_样）/m×100$$

维生素 C 摩尔质量为 176.13 g/mol。

10.22.4 实验仪器、材料与试剂

（1）实验仪器与材料

分析天平；组织捣碎机或果蔬榨汁机；漏斗；漏斗架；布氏漏斗；吸滤瓶；真空泵；滤纸；碱式滴定管；移液管；锥形瓶；烧杯；容量瓶；白色试剂瓶；棕色试剂瓶等。

（2）试剂

NaOH（$0.01 mol·L^{-1}$、$0.1 mol·L^{-1}$）；$H_2C_2O_4$（$0.0025 mol·L^{-1}$）；I_2（$0.002 mol·L^{-1}$）；淀粉指示剂（$5 g·L^{-1}$）；邻苯二甲酸氢钾基准物质；0.1%中性红（60%乙醇溶液）指示剂；酚酞指示剂。

NaOH 标准溶液的配制：称取 4.000 g NaOH 放入小烧杯，加水溶解，定容至 1000 mL，待标定。

碘液的配制❶：称取 2.5 g 碘和 8 g 碘化钾，先将碘化钾用少量水溶解，再加入碘溶解后，加水定容至 1000 mL，置于棕色瓶中，放在暗处保存，其浓度为 0.01 mol/L，稀释 5 倍后，其浓度为 0.002 mol/L。

草酸溶液的配制：称取 $H_2C_2O_4·2H_2O$ 0.3150 g，加水溶解定容至 1000 mL 容量瓶中，其浓度为 0.0025 mol/L。

10.22.5 实验操作

（1）氢氧化钠溶液的标定

精确称取邻苯二甲酸氢钾 0.4000～0.4500 g 于 250 mL 锥形瓶中，加入 50 mL 去离子水，待试样完全溶解后，加入 2～3 滴酚酞指示剂，待标定 NaOH 溶液滴定至溶液呈微红色并保持半分钟不褪色为终点，平行三次并做空白实验，记录所消耗 NaOH 的体积。计算出 NaOH 标准溶液浓度，然后稀释 10 倍使用。

（2）果蔬（橘子或西红柿）中维生素 C 的测定

① 试样处理 将超市购买的市售鲜橘或西红柿去皮、榨汁，用纱布过滤果汁，取果汁滤液 50.0000～100.0000 g 于小烧杯中，用 0.0025 mol/L 草酸溶液溶解后转移至 500 mL 容量瓶中定容至刻度，制得待测样液❷。

② 准确移取待测样液的滤纸过滤液 25 mL 分别于 1 号、2 号、3 号、4 号 250 mL 锥形瓶中❸。

③ 滴定终点颜色预滴定实验：1 号锥形瓶加 1 滴中性红指示剂，用 NaOH 标准溶液滴至由红色变为混合橙黄色 30 s 不褪色，即为终点❹，其他锥形瓶滴定终点颜色与 1 号锥形瓶平行。

④ 空白滴定实验：2 号锥形瓶中滴入 1 滴中性红指示剂，用 NaOH 标准溶液滴至由红色变为混合橙黄色 30 s 不褪色，即为终点，平行滴定三次，记录所消耗 NaOH 体积 V_0（mL）。

⑤ 加碘实验：3 号锥形瓶中加入 1～2 滴淀粉指示剂，0.002 mol/L 碘液滴定至样液变蓝，记录所消耗碘液体积 $V_碘$（mL）。

⑥ 样品测定实验：4 号锥形瓶中加入 0.002 mol/L 碘液 $V_碘$（mL）后，加入 1 滴中性红指示剂，用 NaOH 标准溶液滴至由红色变为混合橙黄色 30 s 不褪色，即为终点，平行滴定三次，

记录所消耗 NaOH 体积 V_1（mL），取其平均值计算出样液的浓度 c_{Vc}：

$$V_{Vc}c_{Vc} = (V_1 - V_0)\, c_{NaOH}$$

⑦ 每百克鲜橘汁中维生素 C 含量为 x（mg/100g）：

$$X = (c_{Vc} \times 176.13 V_{样})/m \times 100$$

10.22.6　注释

❶ 碘液在配制时，可以先将 I_2 和 KI 置于研钵中（通风橱中操作），加入少量蒸馏水研磨，待 I_2 全部溶解后，将溶液转移至棕色试剂瓶中。

❷ 待测样液中维生素 C 含量应大于 0.02mg/mL。

❸ 对于不易过滤的样液可以使用真空泵进行过滤操作。

❹ 终点颜色是样液与指示剂的复合颜色。终点一般以橙黄色或是淡黄色为主色。

10.22.7　思考题

（1）果蔬样液提取液用水或者碱液可不可以，为什么？

（2）待测试样中维生素 C 含量小于 0.02mg/mL 时，可不可以用此方法？如果可以应该怎么做，举一例说明。

（3）此实验中草酸对 NaOH 标准溶液消耗的影响是怎样消除的？

（4）碘液浓度是怎样确定的？

（5）碘液没有标定可以吗？为什么？

（6）果蔬样液提取液草酸的浓度对碘与维生素 C 的反应有影响吗？

（7）果蔬样液提取液草酸的浓度为什么比滴定剂氢氧化钠溶液的浓度小，这样有什么好处？

（8）本实验如果把中性红换成酚酞指示剂可不可以？

第11章

设计性实验

本教材实验教学体系分"基础性训练-综合性实验-研究设计性实验"三个层次。通过基础性训练实验教学，学生掌握分析化学实验基本理论、典型的分析方法和基本操作技能，并能够正确地使用仪器设备，正确地采集、记录、处理实验数据和表达实验结果，学会分析化学实验的基本方法，养成良好的科学研究习惯；通过综合性实验，针对复杂实际样品将各个单一的分析内容联结起来，使已学过的单元知识与技能得到巩固、充实与提高，培养学生综合运用知识技能分析问题和解决问题的能力，以及分析判断、逻辑推理、得出结论的能力，掌握化学研究的一般方法；在完成基础性、综合性实验的基础上，为了激发学生自主学习的积极性和探索开创精神，培养学生创新思维的能力、独立解决实际问题的能力及组织管理能力，安排研究设计性实验，进行科学研究的初步训练。

11.1 设计性实验的实施方法

开设设计性实验的目的在于培养学生独立思考、独立操作、独立解决实际问题的能力。整个实验过程遵循学生为主、教师为辅的原则，即教师提出实验的方向、目的和要求，而实验过程从选题、资料查阅、方案制定、实验开展及论文写作均由学生独立完成，教师作必要的指导和评价。

（1）实施步骤

设计性实验是指给定实验目的要求和实验条件，由学生自行设计实验方案并加以实现的实验。主要分五个阶段：

① 选题。教师提供课题或自行命题。自行命题选题不宜太大，应结合已掌握知识技能及实验室条件，在教师指导下选择 1~3 天内可以完成的实验题目。可以选择针对某分析任务分

析方法的建立或改进，或利用已建立方法对某实际样品体系的分析检验。鼓励学生对实验条件进行探索性的研究，例如试样的处理，反应的介质、酸度、温度、共存组分的干扰和消除，试剂的用量和指示剂的选择等，从而确定最优实验条件。

② 文献资料查阅及综述。根据分析目的和要求，通过手册、工具书、文摘、期刊、互联网及其他信息源进行信息检索，查阅研究课题相关文献，对相关课题的研究现状进行全面系统的调研总结，写出综述。在此基础上拟定自己的研究目标。

③ 实验方案制定。研究目标确定后，结合实验室条件独立设计制定切实可行的实验方案。方案的内容包括分析方法及简要原理，所用仪器和试剂（含试剂的配制），具体实验步骤（试样的预处理和制备，标准溶液的配制和标定，条件试验研究，待测组分的测定），实验结果的计算公式及参考资料等。

在此，分析方法的选择至关重要，选择时应当综合考虑下列因素。

a. 对测定的要求：如成品中常量组分、标准试样和基准物质含量的测定；结果的准确度、微量组分灵敏度测定和生产过程中的测定速度应根据测定要求选择合适方法。

b. 待测组分的性质：如酸碱性、氧化还原性、配位性能、沉淀性能等，以便确定选择合适的滴定分析方法。

c. 待测组分的含量：常量组分通常采用滴定分析法和重量分析法，微量组分采用光度法或其他仪器分析方法。

d. 共存组分干扰和消除。

最终，在保证分析结果准确度的前提下，选择简便、快速、经济、环保的分析方法。实验方案经教师审批后，最终确定。

④ 实验研究。学生独立完成所有实验，包括准备实验、初步实验、正式实验。

准备实验：实验用试剂、仪器、设备的准备等，关乎实验能否顺利开展，应足够重视。

初步实验：对于某些待测组分大致含量不清楚的试样，须进行初步测定，以确定取样量、标准溶液的浓度、滴定管的体积等。

正式实验：在实验过程中，必须以严谨的科学态度进行各项实验工作，做好实验数据的记录，同时要充分发挥观察力、想象力和逻辑思维判断力，对实验中出现的各种现象、数据进行分析与评价。发现原实验方案有不完善的地方，应予以改进和完善。

⑤ 论文写作。实验结束后，按实验的实际做法，根据实验记录进行整理，对所设计的实验方案和实验结果进行评价，并对实验中的现象和问题进行讨论，总结归纳实验规律，以小论文形式完成实验报告。报告大致包括以下各项：

a. 实验题目。

b. 概述（相关研究的概述，列出方法的要点，注明出处，并与后面的参考文献呼应）。

c. 拟定方法的原理。

d. 仪器与试剂。

e. 实验步骤（标定、测定及其他步骤）。

f. 数据记录和结果（附上有关计算公式）。

g. 讨论。

h. 参考文献。

⑥ 成绩评定。论文提交后，组织举行小型报告会讨论交流，由指导教师结合学生实验过程表现最终作出成绩评定。这部分内容占总成绩的 40 %。

（2）设计实验参考选题

① 混合碱体系组成含量的测定（双指示剂法）

② 混合酸（$HCl+H_3PO_4$）的含量测定

③ 沉淀滴定法测定味精中氯化钠的含量

④ 可溶性硫酸盐中含硫量的测定

⑤ 蔬菜与水果中总抗坏血酸含量的测定

⑥ 蛋壳中碳酸钙含量的测定

⑦ 漂白粉中有效氯和总钙量的测定

⑧ HCl-NH_4Cl 各组分含量的测定

11.2　混合碱体系组成含量的测定

11.2.1　应用背景

烧碱（$NaOH$）在生产和储存过程中因吸收空气中 CO_2 而成为 $NaOH$ 和 Na_2CO_3 的混合碱。在测定烧碱中 $NaOH$ 含量的同时，通常要测定 Na_2CO_3 的含量，故称为混合碱的分析。混合碱是 $NaOH$ 与 Na_2CO_3，或 Na_2CO_3 与 $NaHCO_3$ 的混合物，采用双指示剂法，可以测定各组分的含量。通过本实验学生可以学习并掌握双指示剂法测定混合碱中各组分含量的原理和方法，了解双指示剂的使用及应用，培养实验操作技能，为后续课程学习奠定化学实验基础。

11.2.2　实验目的和要求

（1）了解双指示剂法测定混合碱中各组分含量的原理和方法。

（2）了解双指示剂的使用及应用。

11.2.3　实验原理

混合碱是指 Na_2CO_3 与 $NaOH$ 或 Na_2CO_3 与 $NaHCO_3$ 的混合物。当混合碱没有其他酸碱物质时，可用酸碱"双指示剂法"判断其组成并测定各组分含量。在混合碱试样中加入酚酞指示剂，此时溶液呈红色，用标准溶液滴定到溶液由红色恰好变为无色时，则试样中所含 $NaOH$ 完全被中和，Na_2CO_3 则被中和到 $NaHCO_3$，若溶液中含 $NaHCO_3$，则未被滴定，反应如下：

$$NaOH + HCl = NaCl + H_2O$$
$$Na_2CO_3 + HCl = NaCl + NaHCO_3$$

设滴定用去的 HCl 标准溶液的体积为 V_1（mL），再加入甲基橙指示剂，继续用 HCl 标准溶液滴定到溶液由黄色变为橙色。此时试液中的 $NaHCO_3$（或是 Na_2CO_3 第一步被中和生成的，或是试样含有的）被中和为 CO_2 和 H_2O。

$$NaHCO_3 + HCl = NaCl + CO_2 + H_2O$$

当混合碱为 Na_2CO_3 与 $NaHCO_3$ 的混合物时，可作类似的方框图图 11-1 加以分析。

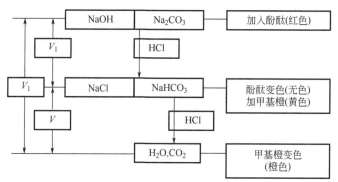

图 11-1　混合碱组分分析方框图

从图 11-1 可以看出，混合碱是 Na_2CO_3 与 NaOH 的混合物时，$V_2 < V_1$；混合碱是 Na_2CO_3 与 $NaHCO_3$ 的混合物时，$V_2 > V_1$，可根据滴定时两步消耗 HCl 体积的比较，判断混合碱的组成并计算其含量。

HCl 标准溶液用 Na_2CO_3 基准试剂标定：

$$Na_2CO_3 + 2HCl =\!=\!= 2NaCl + CO_2 + H_2O$$

可选用甲基橙为指示剂，当溶液由黄色变为橙色时停止滴定。

11.2.4　实验仪器、材料与试剂

（1）实验仪器与材料

电子天平；分析天平；酸式滴定管；移液管；锥形瓶；烧杯；量筒；容量瓶等。

（2）试剂

浓 HCl（AR）；Na_2CO_3（基准试剂）；混合碱试样（配好）；酚酞指示剂（2%乙醇溶液）；甲基橙指示剂（0.2%水溶液）。

11.2.5　实验操作

（1）0.1 mol·L^{-1} HCl 溶液的配制与标定

用量杯量取原装浓 HCl 约 4.5 mL，倒入 500 mL 试剂瓶中，加水稀释至 500 mL，充分摇匀，贴上标签，备用。

准确称取基准物 Na_2CO_3 1.5~2.0 g，倒入烧杯中，加水溶解后转移到 250 mL 容量瓶，定容，摇匀，备用。用移液管准确移取 3 份 25.00 mL 上述溶液置于 250 mL 容量瓶中，分别加入 2~3 滴甲基橙指示剂，用待标定的 HCl 滴定溶液由黄色恰变为橙色，即为终点[❶]。

（2）混合碱各组分含量测定[❷❸]

用 25.00 mL 移液管移取混合碱液于 250 mL 锥形瓶中，加酚酞指示剂 2~3 滴，用 HCl 标准溶液滴定至溶液刚由红色变为微红色，记下消耗 HCl 的体积 V_1。再加入 1~2 滴甲基橙指示剂，继续用 HCl 标准溶液滴定，至溶液由黄色变为橙色，记下第二次消耗 HCl 的体积 V_2，平行做三次。

根据 V_1、V_2 的大小判断混合碱组成。

11.2.6 注释

❶ 近终点时滴定剂应慢速滴入并充分振荡，及时赶走生成的 CO_2，否则指示剂变色不敏锐。

❷ 混合碱为 $NaHCO_3$ 和 Na_2CO_3 时，指示剂用量稍多一些，结果比较准确。

❸ 混合碱为 $NaOH$ 和 Na_2CO_3 时，酚酞指示剂可适当多加几滴，否则常因滴定不完全使 $NaOH$ 的测定结果偏低，Na_2CO_3 的测定结果偏高。

11.2.7 思考题

（1）用双指示剂法测定混合碱组成的方法原理是什么？

（2）采用双指示剂法测定混合碱，判断下列五种情况下混合碱的组成：

① $V_1 = 0$，$V_2 > 0$；② $V_1 > 0$，$V_2 = 0$；③ $V_1 > V_2$；④ $V_1 < V_2$；⑤ $V_1 = V_2$。

11.3 混合酸（HCl+H₃PO₄）的含量测定

11.3.1 应用背景

多元酸和混合酸的滴定属于酸碱滴定的内容之一，其中混合酸（$HCl+H_3PO_4$）的滴定，将一元强酸（HCl）和多元酸（H_3PO_4）的滴定结合起来，旨在考查学生对酸碱滴定原理、多元酸准确滴定的判据、指示剂的选择及理论联系实际的综合运用的能力。通过本实验学生可以学习并掌握双指示剂法测定混合物中个别组分含量的原理和方法，熟悉移液管和碱式滴定管的使用，培养实验操作技能，为后续课程学习奠定化学实验基础。

11.3.2 实验目的和要求

（1）掌握双指示剂法测定混合物中个别组分含量的原理和方法。

（2）熟悉移液管和碱式滴定管的使用。

11.3.3 实验原理

HCl 和 H_3PO_4 混合溶液，用 $NaOH$ 标准溶液滴定。取一份溶液加入甲基红指示剂，当甲基红变色时，HCl 全部被 $NaOH$ 中和，而 H_3PO_4 只能被滴定到 NaH_2PO_4，即只中和了一部分，此时用去 $NaOH$ 体积为 V_1（mL）；取另一份溶液加入百里酚蓝指示剂，滴定至百里酚蓝变色，此时 HCl 全部被中和，而 NaH_2PO_4 被中和至 Na_2HPO_4，共消耗 $NaOH$ 体积为 V_2（mL），据此 HCl 消耗 $NaOH$ 体积为 $V_2-2(V_2-V_1)$，H_3PO_4 消耗 $NaOH$ 体积为 $2(V_2-V_1)$，由此可分别测得总酸量、HCl 及 H_3PO_4 的含量。

11.3.4 实验仪器、材料与试剂

（1）实验仪器与材料

电子天平；分析天平（万分之一）；移液管；滴定管；容量瓶；烧杯；玻璃棒；试剂瓶；

量筒；洗气瓶；称量纸；吸水纸等。

（2）试剂

NaOH 溶液（0.1 mol·L^{-1}）；甲基红指示剂；百里酚蓝指示剂；混合酸（HCl+H$_3$PO$_4$：10.5 mL + 5.8 mL 加蒸馏水至 1000 mL）。

11.3.5　实验操作

精密量取混合酸 10.00 mL 于 250 mL 锥形瓶中，加蒸馏水 30 mL，甲基红指示剂 2 滴，用 NaOH 溶液（0.1 mol·L^{-1}）滴定至橙色为终点，消耗 V_1（mL）。再精密量取本品 10.00 mL，置另一锥形瓶中，加蒸馏水 30 mL，百里酚蓝指示剂 8 滴，用 NaOH 溶液（0.1 mol·L^{-1}）滴定至浅蓝色为终点，消耗 V_2（mL）。供试样中总酸量、HCl 及 H$_3$PO$_4$ 的含量 [g·(100 mL)$^{-1}$] 可分别按下列公式计算：

$$\rho = \frac{c_{NaOH}(V_2)_{NaOH} \times \dfrac{M_{HCl}}{1000} \times 100}{10.00}$$

$$\rho_{HCl} = \frac{c_{NaOH}(2V_1 - V_2)_{NaOH} \times \dfrac{M_{HCl}}{1000} \times 100}{10.00}$$

$$\rho_{H_3PO_4} = \frac{c_{NaOH} \times 2(V_2 - V_1)_{NaOH} \times \dfrac{M_{H_3PO_4}}{1000} \times 100}{10.00}$$

11.3.6　思考题

（1）试说明总酸量、HCl 及 H$_3$PO$_4$ 含量计算式的原理。

（2）本实验如采用连续滴定法，应如何进行？并列出含量计算式。

（3）本实验中选择指示剂的依据是什么？

11.4　沉淀滴定法测定味精中氯化钠的含量

11.4.1　应用背景

味精是一种调味料，主要成分为谷氨酸钠。味精对人体没有直接的营养价值，但它能增加食物的鲜味引起人们食欲，提高人体对食物的消化率。按谷氨酸钠的含量分为若干种规格，其中 99 % 的是结晶呈针状或粒状，其余几种是使用不同量的精盐和味精混合而成的粉状体或混盐结晶体。其中氯化钠（NaCl）也在味精中占了一定的比例。NaCl 对于地球上的生命非常重要。大部分生物中含有多种盐类。血液中的 Na$^+$ 浓度直接关系到体液的安全水平的调节。由信号转换导致的神经冲动的传导也是由 Na$^+$ 调节的。为了明确我们所食用的味精中含 NaCl 的量采用莫尔法来测定。通过本实验学生可以学习并掌握莫尔法的测定原理和滴定条件，学会用硝酸银（AgNO$_3$）标准溶液分析味精中氯化物的含量，理论联系实际，培养学生实验操作技能，为后续课程学习和将来工作奠定化学实验基础。

11.4.2　实验目的

（1）掌握 $AgNO_3$ 标准溶液的制备方法。
（2）熟悉莫尔法的测定原理和滴定条件。
（3）学会用 $AgNO_3$ 标准溶液分析味精中氯化物的含量。

11.4.3　实验原理

$AgNO_3$ 稳定性较差，见光受热都容易分解，因此 $AgNO_3$ 中常含有杂质，如金属银、氧化银、游离硝酸、亚硝酸盐等，$AgNO_3$ 的标准溶液无法直接配制，因此可用间接法先配成近似浓度的溶液后，用基准物质 NaCl 标定。本实验采用莫尔法分析 $AgNO_3$ 的浓度，该方法是在中性或碱性溶液中，以 K_2CrO_4 为指示剂，用配制的 $AgNO_3$ 直接滴定 Cl^-。其反应式为：

$$Ag^+ + Cl^- \Longrightarrow AgCl（白色）$$
$$2Ag^+ + CrO_4^{2-} \Longrightarrow Ag_2CrO_4（砖红色）$$

由于 AgCl 的溶解度（$8.72\times10^{-7}\,mol\cdot L^{-1}$）小于 Ag_2CrO_4 的溶解度（$7.94\times10^{-5}\,mol\cdot L^{-1}$），根据分步沉淀的原理，在滴定过程中，首先析出 AgCl 沉淀，到达化学计量点后，稍过量的 Ag^+ 与 CrO_4^{2-} 生成砖红色的 Ag_2CrO_4 沉淀，指示滴定终点。

滴定必须在中性或碱性溶液中进行，最适宜的 pH 值范围为 $6.5\sim10.5$，因为 CrO_4^{2-} 在溶液中存在下列平衡：

$$2H^+ + 2CrO_4^{2-} \Longrightarrow 2HCrO_4^- \Longrightarrow Cr_2O_7^{2-} + H_2O$$

在酸性溶液中，平衡向右移动，CrO_4^{2-} 浓度降低，使 Ag_2CrO_4 沉淀过迟或不出现，从而影响分析结果。

在强碱性或溶液中有铵盐存在时，要求溶液的酸度范围更窄，一般 pH 值范围为 $6.5\sim7.2$，因为 pH 值更高时，有较多的 NH_3 释放，形成银氨配离子；同时银离子也会转化为氧化银（Ag_2O），发生如下反应：

$$Ag^+ + OH^- \Longrightarrow Ag(OH)$$
$$2Ag(OH) \Longrightarrow Ag_2O + H_2O$$
$$Ag^+ + 2NH_3 \Longrightarrow [Ag(NH_2)_2]^+$$

因此，若被测定的 Cl^- 溶液的酸性太强，应用 $NaHCO_3$ 或 NaB_4O_7 中和；碱性太强，则应用稀硝酸中和，调至适宜的 pH 值后，再进行测定。

K_2CrO_4 的用量对滴定的影响。如果 K_2CrO_4 浓度过高，终点提前到达，同时 K_2CrO_4 本身呈黄色，若溶液颜色太深，影响终点的观察；如果 K_2CrO_4 浓度过低，终点延迟到达。这两种情况都影响滴定的准确度。一般滴定时，K_2CrO_4 浓度以 $5\times10^{-3}\,mol\cdot L^{-1}$ 为宜，即终点体积为 100 mL 时，相当于加入 $50\,g\cdot L^{-1}\,K_2CrO_4$ 溶液 2 mL。

由于 AgCl 沉淀显著地吸附 Cl^- 导致 Ag_2CrO_4 过早出现。为此，滴定时必须充分摇荡，使被吸附的 Cl^- 释放出来，以获得准确的终点。

莫尔法的选择性较差。因它要在中性或碱性溶液中滴定，故凡能与 CrO_4^{2-} 生成沉淀的阳离子（如 Ba^{2+}、Pb^{2+} 等）和凡能与 Ag^+ 生成沉淀的阴离子（PO_4^{3-}、AsO_4^{3-}、S^{2-}）都对测定有干扰。

味精是常用的调味品，其鲜味来自于其中的主要成分"谷氨酸钠"（$C_5H_8NO_4Na$，易溶于水，与 $AgNO_3$ 不反应），另外还含有 NaCl（其他成分不考虑）。因此可以用莫尔法测定味精中 NaCl 含量。

11.4.4　实验仪器、材料与试剂

（1）实验仪器与材料

棕色酸式滴定管；棕色细口试剂瓶；电子分析天平；普通台秤；烧杯；洗瓶；锥形瓶；量筒等。

（2）试剂

$AgNO_3$（s，AR）；NaCl 基准试剂；K_2CrO_4 指示液（50 g·L^{-1}）；味精；蒸馏水（不含 Cl$^-$）；稀 HNO_3 溶液（1∶1）。

11.4.5　实验操作

（1）0.05 mol·L^{-1} $AgNO_3$ 溶液的配制

用台秤称取 $AgNO_3$ 晶体 0.20～0.21 g 于 100 mL 小烧杯中，加 1～2 滴稀 HNO_3 用少量不含 Cl$^-$ 的蒸馏水溶解后，转入 250 mL 棕色细口试剂瓶中，稀释至 250 mL 左右，摇匀后置于暗处备用。

（2）50 g·L^{-1}（5%）K_2CrO_4 指示液的配制

用台秤称取 2.5 g K_2CrO_4 于 100 mL 小烧杯中，用少量不含 Cl$^-$ 的蒸馏水溶解后，转移到棕色小试剂瓶中，备用。

（3）0.05 mol·L^{-1} $AgNO_3$ 溶液的标定

准确称取 0.06～0.08 g 在 500～600℃高温炉中灼烧至恒重的基准试剂 NaCl❶于锥形瓶中，加 50 mL 不含 Cl$^-$的蒸馏水溶解，再加 50 g·L^{-1} K_2CrO_4 指示剂 2 mL，在不断用力振摇下，用待标定的 $AgNO_3$ 溶液❷滴定至溶液呈砖红色即为终点，记录消耗 $AgNO_3$ 溶液的体积。按照步骤（3）对 0.05 mol·L^{-1} $AgNO_3$ 溶液平行标定三次，$AgNO_3$ 浓度的相对平均偏差不得大于 0.3%，否则重新分析。

（4）味精中 NaCl 含量的测定

准确称取味精样品 0.35～0.45 g❸，置于 250 mL 锥形瓶中，加 25 mL 不含 Cl$^-$的蒸馏水溶解，加 50 g·L^{-1} K_2CrO_4 指示剂 2 mL 在不断用力振摇下，用上述标定的 $AgNO_3$ 溶液滴定至溶液显砖红色即为终点，记录消耗 $AgNO_3$ 溶液的体积。

按照步骤（4）对味精中 NaCl 含量平行测定三次，味精中 NaCl 含量的相对平均偏差不得大于 0.3%，否则重新分析。

11.4.6　注释

❶ 将 NaCl 基准试剂放在干燥的坩埚中，用煤气灯小火加热，并用玻璃棒不断搅拌，待加热到不再有盐的爆裂声为止，放在干燥器内冷却。或马弗炉中 500～600℃干燥 40～45 min。

❷ 溶液需要棕色滴定管盛装。

❸ 样品的称量范围由滴定管所消耗的体积在 20～25 mL 为目标推断、设定。

11.4.7　思考题

（1）为什么溶液的 pH 值控制在 6.5～10.5？若有铵盐存在，pH=6.5～10.5？

（2）如何调整溶液的 pH 值在合适的酸度范围内？

（3）滴定时为什么要剧烈地摇动锥形瓶内的溶液？如何防止瓶内溶液溅出？

（4）K_2CrO_4 指示剂浓度和用量如何选择？

11.5 可溶性硫酸盐中含硫量的测定

11.5.1 应用背景

重量分析法是一种最古老的分析方法，它是通过称量物质的质量或质量的变化来确定被测组分含量的定量分析方法。沉淀法是重量分析法中的主要方法。利用沉淀反应使被测组分以微溶化合物的形式沉淀下来，然后将沉淀过滤、洗涤并经烘干或灼烧后使之转化为组成一定的称量形式，最后称量，并计算被测组分的含量。例如，测定试样中的硫时，可以在制备好的溶液中加入过量稀 $BaCl_2$，使生成 $BaSO_4$ 沉淀，根据所称量的沉淀的质量，即可求出试样中硫的质量分数。通过本实验学生可以了解晶形沉淀的沉淀条件、原理和沉淀方法，学习应用重量分析法测定硫酸盐中的含硫量，理论联系实际，培养学生实验操作技能，为后续课程学习和将来工作奠定化学实验基础。

11.5.2 实验目的和要求

（1）了解晶形沉淀的沉淀条件、原理和沉淀方法。
（2）练习重量分析基本操作。
（3）学习应用重量分析法测定硫酸盐中的含硫量。

11.5.3 实验原理

重量分析法可通过使待测组分生成难溶化合物与其他组分分离，然后根据沉淀的质量计算出待测组分的含量，是一种准确、精密的分析方法。

在含有硫酸盐的 HCl 溶液（$0.05\ mol\cdot L^{-1}$ 左右）中，加入 $BaCl_2$，生成 $BaSO_4$ 沉淀。在过量沉淀剂存在下，沉淀的溶解度很小，一般可忽略不计。经过陈化、过滤、洗涤、烘干等步骤，可根据 $BaSO_4$ 沉淀的重量，计算试样中的含硫量。

11.5.4 实验仪器、材料与试剂

（1）实验仪器与材料

电子分析天平（精度 0.1 mg）；称量瓶；干燥器；烘箱；微孔玻璃砂芯坩埚；烧杯；减压抽滤装置；表面皿；玻璃棒等。

（2）试剂

$BaCl_2$ 溶液（$0.1\ mol\cdot L^{-1}$）；硫酸盐固体试样；HCl 溶液（10 %）；$AgNO_3$ 溶液（$0.1\ mol\cdot L^{-1}$）；变色硅胶。

11.5.5 实验操作

① 准确称取 0.5 g 左右试样 2 份（精确至 0.1 mg），置于 400 mL 烧杯中，用约 200 mL 去离子水❶溶解后，加入 10 %稀 HCl❷ 2～3 mL，加热至近沸。趁热边搅拌边逐滴加入❸热的 $0.1\ mol\cdot L^{-1}$ $BaCl_2$ 溶液（2～3 滴/s），并使 $BaCl_2$ 的量约过量 20 %。继续加热，待沉淀下沉上层溶液变为澄清时，再滴加数滴 $BaCl_2$ 溶液，观察是否浑浊。若沉淀完全，盖上表面皿，将溶液

放置 12 h，使沉淀陈化❶。

　　② 将实验用微孔玻璃砂芯坩埚❺ 2 只，于 180℃烘至恒重，保存于干燥器中，备用。

　　③ 用倾析法将沉淀过滤至坩埚中，并用 80℃左右的热水洗涤沉淀至滤出液不含 Cl^- 为止。

　　④ 将坩埚于 180℃烘干，并称至恒重。

　　⑤ 根据 $BaSO_4$ 的重量，用换算因数计算测定结果。

11.5.6　注释

　　❶ 样品加去离子水溶解时，如有不溶性残渣，应过滤除去，再用稀 HCl 洗涤残渣数次。

　　❷ Ba^{2+} 可与许多阴离子结合生成沉淀，但除 $BaSO_4$ 和 $BaSiF_6$ 外，均可溶解于 HCl。而 $BaSiF_6$ 不常见。所以保持溶液为酸性。可避免混入其他钡盐。

　　❸ 为获得颗粒较大的晶形沉淀，除保持试样溶液酸性、较稀、加热状态外，还应注意缓慢加入沉淀剂，以降低过饱和度。沉淀剂过量，可减少沉淀的损失，所以 $BaCl_2$ 量要多加 20 %。生成的沉淀还需陈化。即将热溶液放置 12 h 以上，使其生成较大颗粒，避免过滤时细颗粒通过坩埚细孔而损失。

　　❹ NO_3^-、Cl^-、Fe^{3+} 和碱金属离子等都易与 $BaSO_4$ 发生共沉淀，应该避免这些干扰离子。

　　❺ 玻璃坩埚可用 EDTA 的氨性溶液洗涤，除去 $BaSO_4$ 沉淀，以便重复使用。

11.5.7　思考题

　　（1）计算 $BaCl_2$ 应该加入的量和列出 S 含量的计算式。
　　（2）应如何控制晶形沉淀的沉淀条件？
　　（3）为何要将沉淀洗至无 Cl^-？怎样检查 Cl^-？
　　（4）为什么要控制在一定酸度的 HCl 介质中进行沉淀？
　　（5）什么叫恒重？为什么要恒重？

11.6　蔬菜与水果中总抗坏血酸含量测定

11.6.1　应用背景

　　维生素 C 也称抗坏血酸，是维持人体健康的一种重要物质，是广泛存在于新鲜水果、蔬菜及许多生物中的一种重要的维生素。作为一种高活性物质，可参与许多新陈代谢过程。维生素 C 可以促进机体对钙和叶酸的吸收，对于贫血的治疗有一定的作用。维生素 C 还可以促进抗体、胶原形成，苯丙氨酸、酪氨酸、叶酸的代谢，铁、碳水化合物的利用，以及脂肪、蛋白质的合成，维持免疫功能。同时，维生素 C 还具备抗氧化、抗自由基的作用，抑制酪氨酸酶的形成，从而达到美白、淡斑的功效。体内补充大量的维生素 C 后，可以缓解铅、汞、镉、砷等重金属对机体的毒害作用。此外，维生素 C 还可以预防癌症，减少癌症的发生率。含有维生素 C 的食物主要有番茄、橘子、苦瓜，适当食用对人体有益。通过本实验学生可以学习并掌握荧光法定量测定抗坏血酸含量的原理与方法，熟悉荧光分光光度计的基本操作及应用方法，理论联系实际，培养学生实验操作技能，为后续课程学习和将来工作奠定化学实验基础。

11.6.2 实验目的和要求

（1）熟悉荧光分光光度计的基本操作及应用方法。

（2）了解荧光法定量测定抗坏血酸含量的原理与方法。

11.6.3 实验原理

样品中还原性抗坏血酸经活性炭氧化为脱氢抗坏血酸后，与邻苯二胺（OPDA）反应生成有荧光的喹喔啉，其荧光强度与脱氢抗坏血酸浓度在一定条件下成正比，以此测定食物中抗坏血酸和脱氢抗坏血酸总量。

脱氢抗坏血酸与硼酸可形成复合物而不与 OPDA 反应，以此排除样品中荧光杂质产生的干扰，本方法最小检出限为 0.022 mg·L^{-1}。

采用标准曲线法，系列标准液荧光强度分别减去标准空白荧光强度为纵坐标，对应的抗坏血酸含量为横坐标，求回归方程。样品溶液荧光强度分别减去相应样品溶液空白荧光强度，由标准曲线得溶液浓度，按下列公式计算样品中抗坏血酸及脱氢抗坏血酸总含量。

$$x = \frac{cV}{m_s D \times 100}$$

式中，x 为样品中抗坏血酸及脱氢抗坏血酸总量，mg/（100 g）$^{-1}$；c 为由回归方程求得的样品溶液浓度，mg·L^{-1}；m_s 为试样质量，g；D 为样品溶液的稀释倍数；V 为荧光反应所用试液体积，mL。

11.6.4 实验仪器、材料与试剂

（1）实验仪器与材料

荧光分光光度计；捣碎机；实验室常用玻璃器皿等。

（2）试剂

样品；偏磷酸（AR）；醋酸（CH_3COOH，AR）；H_2SO_4（AR）；醋酸钠（CH_3COONa，AR）；硼酸（H_3BO_3，AR）；邻苯二胺（AR）；NaOH（AR）；活性炭（AR），百里酚蓝指示剂。

偏磷酸-醋酸液：取 15 g 偏磷酸，加入 40 mL 冰醋酸及 250 mL 水，加热，搅拌，使溶解，冷却后加水至 500 mL，即得（于 4℃冰箱中可保存 7～10 天）。

0.15 mol·L^{-1} H_2SO_4 溶液：取 1 mL 浓 H_2SO_4，滴加入水中，再加水稀释至 120 mL。

偏磷酸-醋酸-硫酸液：以 0.15 mol·L^{-1} H_2SO_4 溶液为稀释液，其余同偏磷酸-醋酸液配制。

50 % CH_3COONa 溶液：取 50 g CH_3COONa，加水溶解使成 100 mL 溶液。

H_3BO_3-CH_3COONa 溶液：取 3 g H_3BO_3，溶于 100 mL CH_3COONa 溶液中（临用前配制）。

邻苯二胺溶液：取 20 mg 邻苯二胺，临用前用蒸馏水稀释至 100 mL。

1 g·L^{-1} 抗坏血酸标准液（临用前配制）：取 50 mg 抗坏血酸，精密称量，置 5 mL 容量瓶中，用偏磷酸-醋酸溶液溶解并稀释至刻度。

100 mg·L^{-1} 抗坏血酸标准溶液：精密量取 1 g·L^{-1} 抗坏血酸标准液 10 mL，置 100 mL 容量瓶中，用偏磷酸-醋酸溶液稀释至刻度（定容前试 pH，若其 pH>2.2 时，则用 0.15 mol·L^{-1} 硫酸溶液稀释）。

0.04 %百里酚蓝指示剂：取 0.1 g 百里酚蓝，加 0.02 mol·L^{-1} NaOH 溶液，在玻璃研钵中研磨至溶解，NaOH 用量约为 11 mL，磨溶后用水稀释至 250 mL（百里酚蓝指示剂的变色范围为

pH=1.2 为红色；pH=2.8 为黄色；pH>4 为蓝色）。

活性炭活化：加 200 g 炭粉于 1 LHCl 溶液（1:9）中，加热回流 1～2 h，过滤，用水洗至滤液中无铁离子为止，置于 110～120℃烘箱中干燥，备用。

11.6.5　实验操作

（1）样品液的制备

称取鲜样 100 g，加偏磷酸-醋酸液 100 mL，倒入捣碎机内打成匀浆，用百里酚蓝指示剂调试匀浆酸碱度。如呈红色，即可用偏磷酸-醋酸液稀释，若呈黄色或蓝色，则用偏磷酸-醋酸-硫酸液稀释，使其 pH=1.2（匀浆的取量需根据样品中抗坏血酸的含量而定。样品液含量在 40～100 mg·L^{-1} 之间，一般取 20 g 匀浆，用偏磷酸-醋酸溶液稀释至 100 mL，过滤，滤液备用）。

（2）氧化处理

取上述滤液及 100 mg·L^{-1} 抗坏血酸标准溶液各 100 mL 于 250 mL 具塞锥形瓶中，加 2 g 活性炭，用力振摇 1 min，过滤，弃去初 5 mL 滤液，分别收集其余全部滤液，即样品氧化液和标准品氧化液，待测定。

（3）用量及空白液配制

取标准氧化液 10 mL 两份分别于 100 mL 容量瓶中，分别标明"标准"及"标准空白"。取样品氧化液 10 mL 两份分别于 100 mL 容量瓶中，分别标明"样品"及"样品空白"。于"标准空白"及"样品空白"溶液中各加 H_3BO_3-CH_3COONa 溶液 5 mL，混合摇动 15 min，用水稀释至 100 mL，在 4℃冰箱中放置 2～3 h，取出备用。于"样品"及"标准"溶液中各加入 50% CH_3COONa 溶液 5 mL，用水稀释至 100 mL，备用。

（4）荧光反应及强度的测定

精密量取上述"标准"溶液（抗坏血酸含量 10 mg·L^{-1}）0.5 mL、1.0 mL、1.5 mL、2.0 mL，分别置于 10 mL 具塞比色管中，在暗室迅速向各管中加入邻苯二胺溶液 5 mL，定容至 10 mL。振摇混合，在室温下反应 35 min，于激发光波长 338 nm、发射光波长 420 nm 处测定荧光强度。取实验步骤（3）中"标准空白"溶液、"样品空白"溶液及"样品"溶液各 2 mL，分别置于 10 mL 比色管中，按标准溶液同法处理后进行测定。

11.6.6　思考题

（1）为什么抗坏血酸标准溶液要临用前配制？

（2）本实验如何消除样品中荧光杂质产生的干扰？

（3）查阅文献看看还有什么方法能测定蔬菜、水果及其制品中总抗坏血酸含量，并对不同方法的优缺点进行比较。

11.7　蛋壳中碳酸钙含量的测定

11.7.1　实验目的

（1）培养学生查阅相关文献的能力。

（2）运用所学知识及有关参考文献对实际试样进行实验方案设计。

（3）在教师指导下对蛋壳中碳酸钙（$CaCO_3$）含量进行分析，培养学生独立分析问题、解决问题的能力。

（4）掌握蛋壳样品的前处理方法，巩固滴定分析基本操作。

11.7.2　实验任务

查阅有关蛋壳中 $CaCO_3$ 含量的定量分析方法的文献。分析文献，根据要求，写出实验设计方案（包括实验目的、仪器与试剂、实验方法、实验步骤、数据处理等）。根据教师修改意见，完善实验方案。根据确定的实验方案，对样品进行分析测定。

11.7.3　实验提示

鸡蛋壳的主要成分为 $CaCO_3$，其次为 $MgCO_3$、蛋白质、色素以及少量的 Fe、Al。其中钙含量的测定方法有配位滴定法、酸碱滴定法、高锰酸钾滴定法和原子吸收法等。

配位滴定法即 EDTA 滴定法，其原理是以 NaOH 调节溶液的 pH 值为 12.0，使 Mg^{2+} 以 $Mg(OH)_2$ 沉淀形式被掩蔽，以钙指示剂指示终点。滴定前，钙指示剂与 Ca^{2+} 形成酒红色的配合物，当滴定到达终点时，EDTA 夺取了与钙指示剂结合的 Ca^{2+}，使钙指示剂游离出来呈蓝色。因此溶液由酒红色变为蓝色即为滴定终点，测定 Ca^{2+} 的含量，换算出 $CaCO_3$ 的含量。

酸碱滴定法原理是将蛋壳研碎后与已知浓度的过量的酸标准溶液作用，其中，过量的 HCl 标准溶液用 NaOH 标准溶液返滴定，根据原先加入的 HCl 的物质的量与返滴定所消耗的 NaOH 的物质的量之差，即可求得蛋壳中 $CaCO_3$ 的含量（忽略 $MgCO_3$ 含量的影响）。

高锰酸钾法原理是利用蛋壳中的 Ca^{2+} 与 $C_2O_4^{2-}$ 形成难溶的草酸盐沉淀，将沉淀经过滤、洗涤、分离后溶解，用高锰酸钾法测定 $C_2O_4^{2-}$ 含量，换算出 $CaCO_3$ 的含量。

无论采用哪种方法，都要对样品进行预处理，将待测元素溶解在溶液中，才能进行测定。此外，要考虑如何评价你所选择的分析方法及实验结果的可靠性。

11.7.4　实验要求

（1）独立完成实验操作，对不同的实验条件进行探索，总结经验。

（2）做好实验原始数据的记录。

（3）若实验失败，需找出原因，修改方案，然后重做。

（4）对实验现象和实验数据进行分析讨论，评价实验数据的精密度及可靠性，并得出结果。

（5）设计性实验以论文形式报告实验的全部工作，相关计算公式和参考书目反映在论文中。

11.8　漂白粉中有效氯和总钙量的测定

11.8.1　实验目的

（1）掌握碘量法测定漂白粉中有效氯的方法及原理。

（2）掌握配位滴定法测定漂白粉中总钙的方法及原理。

（3）培养学生查阅文献资料、撰写实验方案和组织实物分析工作的能力。

11.8.2　实验任务

从市场上购买漂白粉样品，拟定分析方案，准确测定其中有效氯和总钙的含量。

11.8.3　实验原理

漂白粉的化学式为 $Ca(OCl)_2 \cdot CaCl_2$，它们广泛用于作为纺织、印染、造纸等工业中的漂白剂。随着人们生活水平的提高以及对健康的重视，漂白粉又常用于饮水、地面、泳池、公共车辆的消毒，特别是灾后环境消毒。其中有效氯和总钙量是影响产品质量的两个重要指标。

（1）有效氯的测定原理

漂白粉的有效成分为 $Ca(OCl)_2$，在酸性溶液中与碘化钾反应析出碘，然后与 $Na_2S_2O_3$ 标准溶液反应，可用淀粉溶液作指示剂指示其终点。反应如下：

$$Ca(OCl)_2 + 4HCl \longrightarrow CaCl_2 + 2Cl_2 + 2H_2O$$

上述反应中产生的 Cl_2 与 I^- 作用，其反应如下：

$$Cl_2 + 2I^- \longrightarrow 2Cl^- + I_2$$

再以淀粉为指示剂，用 $Na_2S_2O_3$ 溶液滴定析出的 I_2，其反应如下：

$$I_2 + 2Na_2S_2O_3 \longrightarrow 2NaI + Na_2S_4O_6$$

（2）配位滴定法测定固体总钙

可考虑采用 EDTA 配位滴定法测定样品中的总钙含量，应选择合适的指示剂，并控制适宜的实验条件，正确判断滴定终点的颜色变化。由于漂白粉中的次氯酸盐能使钙指示剂褪色，干扰测定，因此应考虑在配位滴定中避免次氯酸盐的影响。

11.8.4　实验要求

（1）综述（关于漂白粉的化学组成、有效氯和总钙量测定的理论意义和实际应用意义、分析方法研究现状）。

（2）完成实验方案的设计，教师批阅。

（3）按教师的批阅意见完善方案，开展实验，对实验数据进行处理并完成实验报告。

（4）实验报告撰写格式。

一、实验原理。

二、试剂和仪器。

三、实验步骤。

四、数据处理。

五、结果讨论与误差分析。

附录

附录一 技能操作规范要求

1. 原始记录（分析检验人员的外检产品，要有可追溯性）

序号	规范要求	不规范情况（犯规动作）举例
1	记录项目完整	记录缺项
2	记录应及时	记录不及时（指数据测得后不记录）
3	记录应记在原始记录纸上	临时记在其他纸上
4	记录应用钢笔或原子笔或水笔	记录用铅笔
5	记录中改错，需使用"横杠"划去错误的部分，并签名，画横线后需能看清被改数字字迹，原始数据写错，应保留原始真实数据，由考评员核实后才可更改	原始记录更改采用图圆圈或墨涂，并本人不签字原始数据未经考评员同意，自己私自改变
6	记录中字迹应端正，不潦草	字迹潦草，有看不清的字
7	计算中数字修约，应按"四舍六入五留双"进行	不按"四舍六入五留双"进行修改
8	作图完整（图名、坐标名称、单位、数值、作者、制作日期），数值点准确，直线或曲线光滑	数值点错，点的符号与误差不匹配（符号太大）直线或曲线粗细不均、不光滑
9		计算错误，按首先出现处记，而引起连续计算中错不再记，但在平行中重复出现计算错误应累计；检验结果的评判按其考生计算错的为准，不应按考评员纠正计算错后的结果评分

2. 称量

光电机械天平称量操作

序号	规范要求	不规范情况（犯规动作）
1	看水平，若不水平应调节底角螺丝	不看水平
2	看砝码是否齐全，位置摆放正确	不检查
3	清扫天平托盘	不清扫或校正天平零点后清扫
4	校零点	不校正

序号	规范要求	不规范情况（犯规动作）
5	干燥器的使用：平推干燥器盖，干燥器盖涂油脂面应向上放，取出被量物品后马上盖好干燥器盖；被称量瓶只能在天平托盘中、称量人手中和干燥器中	开干燥器盖不平推；干燥器盖涂油脂面向下放；取物后不立即盖好干燥器盖；取称量瓶直接用手拿取；未校好零点就去用称量瓶；将称量瓶放在桌子台面上
6	称量：天平关闭时才能加减砝码或取放称量物品，读数时门应关好，称量挥发性或吸湿性物品时必须密闭，敲击称量物时称量瓶口离承接器口1 cm左右，根据承接器口的大小定	天平开启时放取称量物品或砝码（天平操作为0分），称量时不关门，或开关前门，或开关门太重发出声音，或造成天平移动，天平开着做其他事；称量物撒落在天平内或工作台上；称量挥发物或易湿物品时不加盖或密闭；称量瓶口上有颗粒未敲掉；中途离开天平室时天平不关或砝码不复零位或物品留在天平内
7	结束工作：称量物品放回原处，砝码复位，校零，使用登记；台面清理干净，套上防尘罩	物品留在天平内或放在工作台上；砝码不复零位；零点不校；天平门不关；天平未关（套防尘罩时碰开）；使用记录不写；工作台面留有废纸等物品

电子天平称量操作

序号	规范要求	不规范情况（犯规动作）
1	看水平，若不水平应调节底脚螺丝	不看水平
2	清扫天平托盘	不清扫或校正天平零点后清扫
3	校零点	不校
4	干燥器的使用：平推干燥器盖，干燥器盖涂油脂面应向上放，取出被称量物品后马上盖好干燥器盖；被称量瓶只能在天平托盘中、称量人手中和干燥器中	开干燥器盖不平推；干燥器盖涂油脂面向下放；取物后不立即盖好干燥器盖；取称量瓶直接用手拿取；未校好零点就去用称量瓶；将称量瓶放在桌子台面上
5	称量：读数时门应关好，称量挥发性或吸湿性物品时必须密闭，敲击称量物时称量瓶口离承接器口1 cm左右，根据承接器口的大小定	称量时不关门，或开关门太重发出声音或造成天平移动；天平开着，托盘上放着物品做其他事；称量物撒落在天平内或工作台上；称量挥发物或易湿物品时不加盖或密闭；称量瓶口上有颗粒未敲掉；中途离开天平室时物品留在天平内
6	结束工作：称量物品放回原处，校零，使用登记；台面清理干净，套上防尘罩	物品留在天平内或放在工作台；天平零点不校；天平门不关；使用记录不写；工作台面留有废纸等物品

3. 玻璃容器仪器的操作

滴定管的操作

序号	规范要求	不规范情况（犯规动作）
1	检漏：装水至0刻度处，夹于滴定管架上，待2 min后检查下面瓷板或滤纸上是否有液滴，用滤纸检查活塞处（橡皮管接头处）是否有渗液或管尖上有液滴或滴内液面下降。将活塞旋转180°后停2 min后再检查	不检查；活塞不旋转180°后再查；不用滤纸查活塞处、橡皮管接头处是否有渗液
2	清洗：不挂液，各用水和待装溶液10～15 mL洗三次	挂液；用同一种溶液未洗满三次；每次洗的溶液在30 mL以上
3	装满液后应检查是否有气泡，若有应赶走	有气泡[注意：气泡往往在活塞（玻璃珠）下方]；放0刻线时，多余溶液放在地面上
4	滴定：管尖嘴插入锥形瓶（烧杯）口下1～2 cm处，边摇边滴，摇动是向同一方向做圆周运动，开始每分钟8～10滴（成虚线状），近终点时每次1滴或半滴或1/4滴，用洗瓶吹入少量水冲洗瓶壁；眼睛应观察溶液的颜色变化，而不应向上看滴定管中溶液面读数	滴定管嘴尖插入溶液，或离得太远，滴入溶液引起锥形瓶内溶液飞溅；滴定时溶液放出速度太快，几乎成直线；摇动锥形瓶时为前后或左右摇动，或幅度太大使溶液飞溅出来；滴定时，不看指示剂颜色变化，而看滴定管的读数（凑数据）；终点滴过（扣滴数）或终点不到；不做空白试验；滴定过程中漏液

序号	规范要求	不规范情况（犯规动作）
5	读数：滴定后应停留一定时间（60 s）再读数，读数时滴定管应垂直、液面与视线在同一水平	读数不等待一定时间； 读数时滴定管不垂直； 液面与视线不在同一水平
6	计算	缺项：滴定管表观读数不校正、溶液体积温度变化不校正、偏差不计算，或上述几种计算错误同时存在
7	结束工作：容器内的剩余溶液按"三废"处理规定处理，用水洗净，装满水至管口或不装水将滴定管倒夹在滴定架上	余液留着； 余液不按"三废"处理规定处理； 滴定管不用水洗； 不装满水至管口或不将滴定管倒夹在滴定架上

吸量管的操作

序号	规范要求	不规范情况（犯规动作）
1	检查管尖口及上口是否完好	不检查
2	清洗：不挂液；各用水和待装溶液洗三次，洗后液体不应从上管口倒出	挂液； 用同一种溶液未洗满 3 次，或用同一次倒出溶液洗 3 次； 洗后液体从上管口倒出
3	吸液：吸量管应垂直，插入液面 2～3 cm，吸液过刻度线 5 mm 左右；吸液时不能直接插入定容的容量瓶中	不垂直； 吸量管直接插入定容的容量瓶中； 将溶液吸入洗耳球内； 吸空起气泡； 管尖插入容器的底部
4	调节液面：吸液后用滤纸擦去吸量管外壁沾留液体；吸量管应垂直，用干净的废液杯（与吸量管约成 30°角）接液，管尖口与接液容器壁相碰，调至刻度线（液面下缘与刻线相切），管内不应有气泡；看刻度时视线应与液面在同一水平线上	调节前不用滤纸擦去吸量管外壁沾留液体； 调节好再擦去吸量管外壁沾留液体； 不垂直； 不成一定角度，管尖不碰接液容器壁； 废液放回需用的容器内或放在地面上； 管内有气泡； 看刻度时，视线不与液面同一水平
5	放液：吸量管应垂直，接液容器应与吸量管成约 30°角接液，管尖口与接液容器壁相碰；放液完应停留 15 s 左右	不垂直； 不成一定角度，管尖不碰接液容器壁； 不停留一定时间； 分刻度吸量管每次不从最高刻度放起； 不是吹出式吸量管用洗耳球吹出； 使用过的吸量管（仍需用时）放在桌上，不放在吸管架上
6	结束：实验结束应用水洗吸量管后放在吸管架上	不清洗； 未放固定位置上

使用容量瓶的操作

序号	规范要求	不规范情况（犯规动作）
1	检漏（密合性检查）：装水至刻线处，用滤纸擦干瓶口和瓶塞，塞好瓶塞，用食指按住瓶塞，将量瓶转 180°倒竖，停留 30s，用滤纸检查瓶塞与瓶口之间是否渗液	不检查
2	清洗：不挂液；各用水洗 3 次	挂液； 未用水洗满 3 次； 用实验三级水洗，使用水太多
3	溶液转移：溶液（包括固体溶解后的溶液，固体一定要溶解完全）应沿玻璃棒和烧杯口嘴倒溶液，并用水（5～10 mL）洗 3 次烧杯	不用玻璃棒转移； 转移完后不用水洗 3 次； 固体溶解时，溶剂不沿壁倒入，或直冲杯底使颗粒飞溅； 固体未完全溶解，就转移； 热溶液或低于室温的溶液转移入容量瓶
4	稀释：用稀释剂加到总体积的 3/4 处，将量瓶摇几次，稀至离刻线 1 cm 处放置 1～2 min，再添加至刻线，若沿壁滴加还需放置 1～2 min 后看液面是否到刻线，看时视线与刻线水平，且容量瓶应垂直	3/4 处不摇，或倒转摇； 看刻线不等待一定时间，或视线与刻线不水平； 看刻线时容量瓶不垂直； 稀释超过或不到刻线
5	混匀：盖上瓶塞，用左（右）手食指按住塞子，右（左）手指尖顶住瓶底边缘，将瓶倒转过来，使气泡上升到顶，再翻转过来，如此反复 10～15 次。如有气体产生，需混匀中间放掉气体	翻转次数不足； 用手心握住容量瓶底摇动； 漏液

序号	规范要求	不规范情况（犯规动作）
6	使用与结束工作	从容量瓶中取液时瓶塞放在台上； 取液后瓶塞不盖； 实验结束后容量瓶中余液不按规定处理，或不用水清洗

4. 重量分析的操作

序号	规范要求	不规范情况（犯规动作）
1	固体溶解：将玻璃棒下端靠紧烧杯壁加入溶剂，若有气体产生，应再加少量水润湿，盖好表面皿，沿烧杯嘴用滴管慢慢加入溶剂（若有固体不溶物时应过滤）	溶剂倒入不用玻璃棒，直冲烧杯底，造成固体或溶剂飞溅； 溶剂倒入速度过快，造成固体或溶剂飞溅； 有气泡产生时，不加盖表面皿，或不沿烧杯嘴滴加溶剂； 有不溶物时不过滤，或过滤后不洗涤滤渣
2	沉淀：晶形沉淀时应边搅拌边滴加沉淀剂，搅拌速度不能太快，防止溶液飞溅至外面，玻璃棒不能碰烧杯壁或底部；非晶形沉淀在热溶液中进行沉淀，滴加速度应快，溶液不能沸腾，沉淀结束后应检查沉淀是否完全	晶形沉淀时沉淀剂滴加速度过快； 搅拌太快，溶液飞溅出来； 搅拌时发出声音、碰壁； 非晶形沉淀时，溶液加热至沸腾，造成飞溅或外溢； 不做沉淀完全检查； 玻璃棒随意拿到沉淀容器外面
3	陈化：可以热陈化或冷陈化	陈化时不加表面皿； 热陈化时溶液沸腾至飞溅； 玻璃棒随意拿到沉淀容器外面
4	过滤：滤器选择、滤纸选择和折法； 长颈漏斗应充满水柱，滤纸和漏斗壁之间无气泡，用倾析法过滤，滤液倒入滤器中不超过滤纸或滤器口边缘 5 mm，防止沉淀溢出滤器； 沉淀在烧杯中洗 3 次； 沉淀转移入滤器中，用"淀帚"擦洗玻璃棒和烧杯壁； 洗涤干净检验	选择错； 滤纸折法不对； 长颈漏斗未充满水柱； 滤纸和漏斗壁之间有气泡； 滤液倒入漏斗中太满； 沉淀透过滤纸，滤液浑浊； 不用倾析法过滤； 洗涤液用量太多，或洗涤次数太多； 是否洗涤干净不检验； 两次洗涤之间滤液未滤完就加洗涤液
5	沉淀包裹：从滤纸多层折叠处取出滤纸，进行折叠，将包尖头向上放入瓷坩埚中	不从滤纸多层折叠处取出滤纸； 滤纸取出时断裂； 包尖头不向上放入瓷坩埚中
6	干燥、炭化、灼烧：在 105℃ 左右干燥，在小火上炭化，不能引燃滤纸，待完全炭化后，进入高温炉灼烧，取出坩埚时，钳子应预热，取出的坩埚应先放于石棉板上，稍冷后放入干燥器中，间隔一定时间应开启干燥器盖 2~3 次，放在天平室中，冷至室温称量	干燥温度太高，发生爆裂； 炭化时发生着火； 炭化不完全，有黑色滤纸存在； 炭化时坩埚盖不盖，或盖了不留缝； 冷钳子不预热直接钳坩埚； 热坩埚直接放入干燥器中，放入热坩埚后干燥器盖未在一定时间内开启平衡压力； 灼烧时间从低温起算，或灼烧时间不够； 热坩埚从马弗炉中取出后直接放在台上，不用石棉垫； 未冷却到室温就称量； 坩埚翻落
7	称量	略

5. 紫外-可见分光光度法的操作

序号	规范要求	不规范情况（犯规动作）
1	仪器预热，通向光电接收管的光闸门应关闭	仪器不预热； 通向光电接收管的光闸门不关闭
2	比色液制备： 添加试剂数量与顺序正确； 比色溶液稀释至刻线	添加试剂数量或顺序不正确； 超过或不到刻线

序号	规范要求	不规范情况（犯规动作）
3	吸收池操作； 进行配对测定； 手必须拿吸收池毛面； 比色液倒入吸收池体积的 1/2~3/4； 用滤纸吸干池外液滴，再用擦镜纸擦干； 吸收池内应无气泡； 吸收池放在吸收池架中应垂直； 调换溶液时，应先用蒸馏水洗 3 次，再用被测溶液洗 3 次，每次洗涤液用量在吸收池体积的 1/4~1/3（若从稀浓度测到高浓度时，可直接用被测液洗吸收池）； 吸收池清洗不能用腐蚀吸收池的洗涤液	未进行配对测定（可根据题目要求定）； 手拿吸收池光面； 比色液倒入吸收池时太满，造成外溢； 用滤纸擦吸收池光面液滴； 吸收池内有气泡； 吸收池放在吸收池架中不垂直； 调换溶液时，每次洗涤用溶液量为满吸收池； 调换溶液时，不用被测液洗吸收池 3 次； 有溶液滴在吸收池架上； 用铬酸洗液或强碱或具有氟化物的溶液清洗吸收池
4	测定吸光度； 待仪器稳定后进行测量； 调节波长须顺同一方向调节，防止机械传动存在倒顺间隙； 调节波长后稳定一定时间后测定； 进行读数后，应立刻关闭光闸门； 从稀浓度测量到高浓度； 测定时溶液不能滴在仪器上； 测定的吸光度读数范围应在 0.2~0.7	仪器未稳定就进行测量； 调节波长来回调节，不是顺同一方向调节； 调节波长不对； 调节波长后立即进行测定； 读吸光度后，不关光闸门； 从高浓度到低浓度或跳跃式测定； 测定时溶液滴在仪器面板上； 测定的吸光度读数范围超出了 0.2~0.7（根据实验规定来考虑）
5	结束工作； 仪器关闭准确； 吸收池清洗干净后，倒放在滤纸上； 玻璃仪器清洗； 使用记录登记； 废液按规定要求处理； 桌面清洁，物件摆放整齐	仪器不关闭； 暗盒盖不盖； 暗盒内不放干燥剂； 不清洗或清洗不干净； 清洗吸收池后不倒放在滤纸上，或未干就放入盒内； 未清洗； 未进行登记； 未按规定要求处理废液，直接倒入水槽中； 桌面不清洁，物件摆放不整齐

附录二　常用酸碱试剂的密度和浓度

名称	密度/g·mL^{-1}	含量/%	浓度 mol·L^{-1}
盐酸	1.18~1.19	36~38	11.6~12.4
硝酸	1.39~1.40	65.0~68.0	14.4~15.2
硫酸	1.83~1.84	95~98	
磷酸	1.69	85	14.6
高氯酸	1.68	70.0~72.0	11.7~12.0
冰醋酸	1.05	99.8（优级纯） 99.0（分析纯、化学纯）	17.4
氢氟酸	1.13	40	22.5
氢溴酸	1.49	47.0	8.6
氨水	0.88~0.90	25.0~28.0	13.3~14.8

附录三　常用标准物质的干燥条件和应用

名称	分子式	干燥后组成	干燥条件/℃	标定对象
碳酸氢钠	$NaHCO_3$	Na_2CO_3	270~300	酸
碳酸钠	$Na_2CO_3 \cdot 10H_2O$	Na_2CO_3	270~300	酸
硼砂	$Na_2B_4O_7 \cdot 10H_2O$	$Na_2B_4O_7 \cdot 10H_2O$	放在含 NaCl 和蔗糖饱和液的干燥器中	酸

名称	分子式	干燥后组成	干燥条件/℃	标定对象
碳酸氢钾	$KHCO_3$	K_2CO_3	270~300	酸
草酸	$H_2C_2O_4 \cdot 2H_2O$	$H_2C_2O_4 \cdot 2H_2O$	室温空气干燥	碱或$KMnO_4$
邻苯二甲酸氢钾	$KHC_8H_4O_4$	$KHC_8H_4O_4$	105~110	碱或高氯酸
重铬酸钾	$K_2Cr_2O_7$	$K_2Cr_2O_7$	120	还原剂
溴酸钾	$KBrO_3$	$KBrO_3$	130	还原剂
碘酸钾	KIO_3	KIO_3	130	还原剂
铜	Cu	Cu	室温干燥器中保存	还原剂
三氧化二砷	As_2O_3	As_2O_3	硫酸干燥器中保存	氧化剂
草酸钠	$Na_2C_2O_4$	$Na_2C_2O_4$	105~110	氧化剂
碳酸钙	$CaCO_3$	$CaCO_3$	110	EDTA
锌	Zn	Zn	室温干燥器中保存	EDTA
氧化锌	ZnO	ZnO	800	EDTA
氯化钠	$NaCl$	$NaCl$	500~600	$AgNO_3$
氯化钾	KCl	KCl	500~600	$AgNO_3$
硝酸银	$AgNO_3$	$AgNO_3$	硫酸干燥器中保存	氯化物、硫氰酸盐

附录四　常用指示剂

酸碱指示剂

名称	变色范围（pH 值）	颜色变化	溶液配制方法
甲基紫	0.13~0.50（第一次变色）；1.0~1.5（第二次变色）；2.0~3.0（第三次变色）	黄~绿 绿~蓝 蓝~紫	$0.5 \text{ g} \cdot \text{L}^{-1}$水溶液
百里酚蓝	1.2~1.8（第一次变色）	红~黄	$1 \text{ g} \cdot \text{L}^{-1}$乙醇溶液
甲酚红	0.2~1.8（第一次变色）	红~黄	$1 \text{ g} \cdot \text{L}^{-1}$乙醇溶液
甲基黄	2.9~4.0	红~黄	$1 \text{ g} \cdot \text{L}^{-1}$乙醇溶液
甲基橙	3.1~4.4	红~黄	$1 \text{ g} \cdot \text{L}^{-1}$水溶液
溴酚蓝	3.0~4.6	黄~紫	$0.4 \text{ g} \cdot \text{L}^{-1}$乙醇溶液
刚果红	3.0~5.2	蓝紫~红	$1 \text{ g} \cdot \text{L}^{-1}$水溶液
溴甲酚绿	3.8~5.4	黄~蓝	$1 \text{ g} \cdot \text{L}^{-1}$乙醇溶液
甲基红	4.4~6.2	红~黄	$1 \text{ g} \cdot \text{L}^{-1}$乙醇溶液
溴酚红	5.0~6.8	黄~红	$1 \text{ g} \cdot \text{L}^{-1}$乙醇溶液
溴甲酚紫	5.2~6.8	黄~紫	$1 \text{ g} \cdot \text{L}^{-1}$乙醇溶液
溴百里酚蓝	6.0~7.6	黄~蓝	$1 \text{ g} \cdot \text{L}^{-1}$乙醇溶液（体积分数为50 %）
中性红	6.8~8.0	红~亮黄	$1 \text{ g} \cdot \text{L}^{-1}$乙醇溶液
酚红	6.4~8.2	黄~红	$1 \text{ g} \cdot \text{L}^{-1}$乙醇溶液
甲酚红	7.0~8.8（第二次变色）	黄~紫红	$1 \text{ g} \cdot \text{L}^{-1}$乙醇溶液
百里酚蓝	8.0~9.6（第二次变色）	黄~蓝	$1 \text{ g} \cdot \text{L}^{-1}$乙醇溶液
酚酞	8.2~10.0	无~红	$1 \text{ g} \cdot \text{L}^{-1}$乙醇溶液
百里酚酞	9.4~10.6	无~蓝	$1 \text{ g} \cdot \text{L}^{-1}$乙醇溶液

酸碱混合指示剂

名称	变色点	颜色		配制方法	备注
		酸色	碱色		
甲基橙-靛蓝二磺酸钠	4.1	紫	绿	一份$1 \text{ g} \cdot \text{L}^{-1}$甲基橙水溶液； 一份$2.5 \text{ g} \cdot \text{L}^{-1}$靛蓝二磺酸钠水溶液	
溴甲酚绿-甲基红	5.1	酒红	绿	三份$1 \text{ g} \cdot \text{L}^{-1}$溴甲酚绿乙醇溶液； 一份$2 \text{ g} \cdot \text{L}^{-1}$甲基红乙醇溶液	
甲基红-亚甲基蓝	5.4	红紫	绿	二份$1 \text{ g} \cdot \text{L}^{-1}$甲基红乙醇溶液； 一份$1 \text{ g} \cdot \text{L}^{-1}$亚甲基蓝乙醇溶液	pH=5.2 紫红； pH=5.4 暗红； pH=5.6 绿

名称	变色点	颜色		配制方法	备注
		酸色	碱色		
溴甲酚绿-氯酚红	6.1	黄绿	蓝紫	一份 1 g·L⁻¹ 溴甲酚绿钠盐水溶液； 一份 1 g·L⁻¹ 氯酚红钠盐水溶液	pH=5.8 蓝； pH=6.2 蓝紫
溴甲酚紫-溴百里酚蓝	6.7	黄	蓝紫	一份 1 g·L⁻¹ 溴甲酚紫钠盐水溶液； 一份 1 g·L⁻¹ 溴百里酚蓝钠盐水溶液	
中性红-亚甲基蓝	7.0	紫蓝	绿	一份 1 g·L⁻¹ 中性红乙醇溶液； 一份 1 g·L⁻¹ 亚甲基蓝乙醇溶液	pH=7.0 蓝紫
溴百里酚蓝-酚红	7.5	黄	紫	一份 1 g·L⁻¹ 溴百里酚蓝钠盐水溶液； 一份 1 g·L⁻¹ 酚红钠盐水溶液	pH=7.2 暗红； pH=7.4 淡紫； pH=7.6 深紫
甲酚红-百里酚蓝	8.3	黄	紫	一份 1 g·L⁻¹ 甲酚红钠盐水溶液； 三份 1 g·L⁻¹ 百里酚蓝钠盐水溶液	pH=8.2 玫瑰； pH=8.4 紫
百里酚蓝-酚酞	9.0	黄	紫	一份 1 g·L⁻¹ 百里酚蓝乙醇溶液； 三份 1 g·L⁻¹ 酚酞乙醇溶液	
酚酞-百里酚酞	9.9	无	紫	一份 1 g·L⁻¹ 酚酞乙醇溶液； 一份 1 g·L⁻¹ 百里酚酞乙醇溶液	pH=9.6 玫瑰； pH=10 紫

酸碱混合指示剂

名称	颜色变化	配制方法
铬酸钾	黄～砖红	5 g 铬酸钾溶于水，稀释至 100 mL
硫酸铁铵	无～血红	40 g 硫酸铁铵溶于水，加几滴硫酸，用水稀释至 100 mL
荧光黄	绿色荧光～玫瑰红	0.5 g 荧光黄溶于乙醇，用乙醇稀释至 100 mL
二氯荧光黄	绿色荧光～玫瑰红	0.1 g 二氯荧光黄溶于乙醇，用乙醇稀释至 100 mL
曙红	黄～玫瑰红	0.5 g 曙红钠盐溶于水，稀释至 100 mL

氧化还原指示剂

名称	变色点	颜色		配制方法
		氧化态	还原态	
二苯胺	0.76	紫	无	1 g 二苯胺在搅拌下溶于 100 mL 浓硫酸中
二苯胺磺酸钠	0.85	紫	无	5 g·L⁻¹ 水溶液
邻菲罗啉-Fe（Ⅱ）	1.06	淡蓝	红	0.5 g $FeSO_4·7H_2O$ 溶于 100 mL 水中，加两滴硫酸，再加 0.5 g 邻菲罗啉
邻苯氨基甲酸	1.08	紫红	无	0.2 g 邻苯氨基甲酸，加热溶解在 100 mL 0.2 % Na_2CO_3 溶液中，必要时过滤
硝基邻二氮菲-Fe（Ⅱ）	1.25	淡蓝	紫红	1.7 g 硝基邻二氮菲溶于 100 mL 0.025 mol·L⁻¹ Fe^{2+} 溶液中
淀粉				1 g 可溶性淀粉加少许水调成糊状，在搅拌下注入 100 mL 沸水中，微沸 2 min，放置，取上层清液使用（若要保持稳定，可在研磨淀粉时加 1 mg HgI_2）

沉淀滴定法指示剂

名称	颜色		配制方法
	化合物	游离态	
铬黑 T	红	蓝	称取 0.5 g 铬黑 T 和 2.0 g 盐酸羟胺，溶于乙醇，用乙醇稀释至 100 mL，使用前制备；将 1.0 g 铬黑 T 与 100 g NaCl 研细，混匀
二甲酚橙（XO）	红	黄	2 g·L⁻¹ 水溶液（去离子水）
钙指示剂	酒红	蓝	0.2 g 钙指示剂与 100.0 g NaCl 研细，混匀
紫脲酸铵	黄	紫	1.0 g 紫脲酸铵与 200.0 g NaCl 研细，混匀
K-B 指示剂	红	蓝	0.50 g 酸性铬蓝 K 加 1.250 g 萘酚绿，再加 25.0 g K_2SO_4 研细，混匀
磺基水杨酸	红	无	10 g·L⁻¹ 水溶液
PAN	红	黄	2 g·L⁻¹ 乙醇溶液
Cu-PAN (Cu+PAN)	红	浅绿	0.05 mol·L⁻¹ Cu^{2+} 溶液 10 mL，加 pH=5～6 的 HAc 缓冲溶液 5 mL，1 滴 PAN 指示剂，加热至 60℃ 左右，用 EDTA 滴至绿色，得到约 0.025 mol·L⁻¹ 的 CuY 溶液，使用时取 2～3 mL 于试液中，再加数滴 PAN 溶液

附录五　　配位滴定常用的缓冲溶液

溶液组成	pK_a	溶液 pH	配制方法
氨基乙酸-HCl	2.35（pK_{a_1}）	2.3	氨基乙酸 150 g 溶于 500 mL 水，加盐酸 80 mL，用水稀释至 1000 mL
一氯乙酸-NaOH	2.86	2.8	一氯乙酸 200 g 于 200 mL 水中，加氢氧化钠 40 g，溶解后，稀释至 1000 mL
邻苯二甲酸氢钾-HCl	2.95（pK_{a_1}）	2.9	邻苯二甲酸氢钾 500 g 溶于 500 mL 水，加盐酸 80 mL，用水稀释至 1000 mL
甲酸-NaOH	3.76	3.7	甲酸 95 g 和氢氧化钠 40 g 溶于 500 mL 水，溶解后，用水稀释至 1000 mL
NH$_4$Ac-HAc	4.74	4.5	乙酸铵 77 g 溶于 200 mL 水中，加醋酸 59 mL，用水稀释至 1000 mL
NaAc-HAc	4.74	5.0	无水乙酸钠 120 g 溶于水，加冰醋酸 60 mL，用水稀释至 1000 mL
六亚甲基四胺-HCl	5.15	5.4	六亚甲基四胺 40 g 溶于水，加盐酸 10 mL，用水稀释至 1000 mL
NH$_4$Ac-HAc	4.74	6.0	乙酸铵 600 g 溶于水，加醋酸 20 mL，用水稀释至 1000 mL
NH$_4$Cl-NH$_3$	9.26	8.0	氯化铵 100 g 溶于水，加氨水 7 mL，用水稀释至 1000 mL
NH$_4$Cl-NH$_3$	9.26	9.0	氯化铵 70 g 溶于水，加氨水 48 mL，用水稀释至 1000 mL
NH$_4$Cl-NH$_3$	9.26	10	氯化铵 54 g 溶于水，加氨水 350 mL，用水稀释至 1000 mL

附录六　　实验室仪器清单及基本操作考核参考指标

公用仪器

名称及规格	名称及规格
分析天平	托盘天平
电热干燥箱	马弗炉
电热炉或电热板	坩埚钳（长柄）
吸量管（1 mL、2 mL、5 mL、10 mL）	移液管（25 mL、50 mL、100 mL）
酒精灯	抽滤瓶
试剂瓶（棕色、透明色）（500 mL）	塑料洗瓶（500 mL）
分光光度计 722S 型	水浴锅
比色管（50 mL）	

个人仪器清单

名称	规格	数量	名称	规格	数量
酸式滴定管	50 mL	1	移液管	25 mL	1
碱式滴定管	50 mL	1	塑料滴管	3 mL	1
烧杯	50 mL	1	玻璃棒		1
烧杯	250 mL	1	滴定台	带滴定管夹	1
烧杯	500 mL	1	洗耳球		1
量筒	10 mL	1	容量瓶	250 mL	2
锥形瓶	250 mL	3			

基本操作考核参考指标

考核项目	总分	操作要点	评分
分析天平的使用	20	清洁及预热	2
		查看、调节水平	3
		取、放称量瓶	5
		样品倾出	6
		读数记录	4

考核项目	总分	操作要点	评分
滴定分析操作	40	滴定管的选择与洗涤	2
		检漏及涂油、更换部件	5
		润洗	2
		排气泡	3
		调零及读数	5
		滴定手法（包括锥形瓶使用）	8
		滴定速度控制	4
		终点预判及操作	4
		终点辨认	5
		数据记录	2
移液管的使用	20	洗涤	3
		润洗	3
		移液	5
		调标线	5
		放液	4
容量瓶的使用	20	容量瓶检漏及配套	2
		洗涤	3
		试样溶解	3
		试样转移	3
		初步摇匀	2
		定容	4
		摇匀	3

参考文献

[1] 李莉，徐蕾，崔凤娟. 分析化学实验[M]. 哈尔滨：哈尔滨工业大学出版社，2016.

[2] 王平，李莉，隋丽丽，等. 分析化学实验[M]. 哈尔滨：哈尔滨工程大学出版社，2013.

[3] 蔡明招. 分析化学实验[M]. 北京：化学工业出版社，2004.

[4] 北京大学化学与分子工程学院实验室安全技术教学组. 化学实验室安全知识教程[M]. 北京：北京大学出版社，2012.

[5] 武汉大学化学与分子科学学院实验中心. 分析化学实验[M]. 武汉：武汉大学出版社，2013.

[6] 黄杉生. 分析化学实验[M]. 北京：科学出版社，2008.

[7] 池玉梅. 分析化学实验[M]. 北京：中国医药科技出版社，2014.

[8] 李志富. 分析化学实验[M]. 北京：化学工业出版社，2017.

[9] 罗盛旭，范春蕾. 分析化学实验[M]. 北京：化学工业出版社，2016.

[10] 张小玲，张慧敏，邵清龙. 分析化学实验[M]. 北京：北京理工大学出版社，2007.

[11] 李红英，全晓塞. 分析化学实验[M]. 北京：化学工业出版社，2018.

[12] 张雪梅，徐宝荣，吴瑛. 分析化学实验[M]. 北京：化学工业出版社，2017.

[13] 孙尔康，张剑荣，马全红，等. 分析化学实验[M]. 南京：南京大学出版社，2009.

[14] 王彤，段春生. 分析化学实验[M]. 北京：高等教育出版社，2013.